Gerenciamento da qualidade na indústria alimentícia

B546g Bertolino, Marco Túlio.
   Gerenciamento da qualidade na indústria alimentícia : ênfase na segurança dos alimentos / Marco Túlio Bertolino. – Porto Alegre : Artmed, 2010.
   320 p. ; 23 cm.

   ISBN 978-85-363-2302-2

   1. Indústria de alimentos. 2. Gerenciamento da qualidade – Alimentos. 3. Segurança dos alimentos. I. Título.

CDU 338.439.02

Catalogação na publicação: Ana Paula M. Magnus – CRB-10/Prov-009/10

MARCO TÚLIO BERTOLINO

Químico. Mestre em Engenharia Ambiental pela Fundação Universidade Regional de Blumenau (FURB). *Lead Assessor* em Gestão da Qualidade (ISO 9001), com formação reconhecida pela International Register of Certified Auditors (IRCA), e em Segurança dos Alimentos (ISO 22000), com formação reconhecida pelo Registro de Auditores Certificados (RAC). Possui treinamento em HACCP acreditado pelo International HACCP Alliance.

Gerenciamento da qualidade na indústria alimentícia

ÊNFASE NA SEGURANÇA DOS ALIMENTOS

Reimpressão atualizada 2017

2010

© Artmed Editora S.A., 2010

Capa: Paola Manica
Ilustrações: Carlos Soares
Preparação de originais: Alessandra B. Flach
Leitura final: Daniela Origem e Antonio Augusto da Roza
Editora sênior – Biociências: Cláudia Bittencourt
Projeto gráfico/editoração eletrônica: TIPOS design editorial

Reservados todos os direitos de publicação, em língua portuguesa, à
ARTMED® EDITORA S.A.
Av. Jerônimo de Ornelas, 670 - Santana
90040-340 Porto Alegre RS
Fone (51) 3027-7000 Fax (51) 3027-7070

É proibida a duplicação ou reprodução deste volume, no todo ou em parte,
sob quaisquer formas ou por quaisquer meios (eletrônico, mecânico, gravação,
fotocópia, distribuição na Web e outros), sem permissão expressa da Editora.

SÃO PAULO
Av. Embaixador Macedo Soares, 10.735 - Pavilhão 5 - Cond. Espace Center
Vila Anastácio 05095-035 São Paulo SP
Fone (11) 3665-1100 Fax (11) 3667-1333

SAC 0800 703-3444

IMPRESSO NO BRASIL
PRINTED IN BRAZIL
Impresso sob demanda na Meta Brasil a pedido de Grupo A Educação.

Apresentação

São estonteantes as mudanças que ocorreram nos últimos 20 anos. A globalização é a marca de um mundo novo, no qual produtos são importados e exportados para todos os lugares. Evidência disso são as gôndolas dos supermercados. Basta ler os rótulos dos alimentos para ver que há produtos de toda parte, de diversos Estados do Brasil e de diversos países, todos competindo.

Nesse cenário, as organizações que produzem alimentos, suas matérias-primas, seus insumos e suas embalagens devem estar preparadas para absorver as mudanças sociais, tecnológicas e econômicas de maneira rápida e satisfatória, considerando que essas transformações são cada vez mais intensas e dinâmicas, e qualidade passa a ser uma exigência absoluta dos consumidores e, portanto, dos mercados. Qualidade não é mais um diferencial competitivo, mas uma condição para se manter no mercado.

Tratando-se do segmento alimentício, uma das dimensões da qualidade chama-se segurança dos alimentos, pois não basta um alimento ser gostoso, ter boa textura, aparência, odor e sabor, não basta também uma embalagem bonita. É preciso ser seguro a quem o consome, pois uma falha que permita a contaminação do produto pode destruir uma organização, retirando-a de vez do mercado.

Este livro aborda o gerenciamento da qualidade na indústria de alimentos, com ênfase, como não poderia deixar de ser, na segurança dos alimentos, criando uma sinergia entre os conceitos de gerenciamento de qualidade total (TQM; *total quality management*) e análise de perigos e pontos críticos de controle (APPCC). Além disso, apresenta uma detalhada análise das Normas ISO 9001:2015 e ISO 22000:2005, respectivamente, para sistemas de gestão da qualidade e para sistemas de gestão da segurança dos alimentos.

O coração de um sistema de gestão da qualidade para a indústria alimentícia é a APPCC, recomendada por organismos internacionais como a Organização Mundial do Comércio (OMC), a Food and Agriculture Organization (FAO) e a Organização Mundial da Saúde (OMS) e já exigida por segmentos do setor alimentício da Comunidade Econômica Europeia, dos Estados Unidos e do Canadá. Desde a criação da OMC, em 1995, as regras que regem o comércio entre os países têm se tornado mais rígidas. Essas regras são objeto de acordos internacionais assinados pelos países quando da sua adesão à OMC, e a APPCC é aceita de forma unânime.

Apesar da implantação de um sistema de gestão da qualidade e segurança dos alimentos não ser uma exigência legal, mas um processo voluntário, cabendo às organizações decidir por sua implantação ou não, gradativamente está se tornando uma exigência de mercado, em âmbito nacional e internacional. É parte do senso comum do segmento alimentício que a forma mais eficaz de garantir produtos seguros ao consumidor final é aplicar o sistema APPCC aos processos e adquirir insumos de organizações que também o implantaram, em associação com um sistema de gestão da qualidade que seja ao mesmo tempo forte e dinâmico, permitindo uma visão de processo, ênfase no mercado e uma dinâmica focada na melhoria contínua.

Sumário

1 Gerenciamento da qualidade total 11

Conceito de TQM, uma abordagem segundo o modelo japonês 16

Sistemas de gestão da qualidade e de segurança dos alimentos 18

    Construção do conceito de sistema de gestão 20

    Integração de sistemas de gestão 25

    Elementos de um SGQ + SA 28

2 Planejamento (P – *plan*) 37

Planejamento do SGQ + SA 39

Escopo 39

Comprometimento da direção (missão, visão e política do SGQ + SA) 41

Objetivos e metas 48

Requisitos legais e outros requisitos 52

    Referências legais e estatutárias 55

Documentação e controle de documentos 67

Registros e controle de registros 73

Recursos 76

Funções, responsabilidades e autoridade 81

Competência, treinamento e conscientização 84

    Gerenciamento do crescimento do ser humano 87

Planejamento do produto 92

3 Execução (D – *do*) 97

Controle operacional 99

    Por que controlar o processo 102

Programa de pré-requisitos 107

    Diretrizes para boas práticas de fabricação 109

    Considerações iniciais sobre boas práticas de fabricação 109

Controle de potabilidade da água   114
Manejo e gerenciamento de resíduos   115
Higiene dos manipuladores   117
Controle integrado de pragas urbanas   119
Diretrizes para limpeza e higienização   142
Manutenção corretiva e preventiva   152
Prevenção da contaminação cruzada   153
Adesão ao programa de pré-requisitos e aos programas
 de pré-requisitos operacionais   155
Análise de perigos e pontos críticos de controle (APPCC)   155
Origem do sistema APPCC   171
Definição, abrangência e objetivos do sistema APPCC   172
Os sete princípios do sistema APPCC   172
Considerações sobre a aplicabilidade do sistema APPCC   175
Sistema APPCC e o contexto comercial mundial   175
Normatização do sistema APPCC   176
Controle de instrumentos de medição e ensaio   190
Controle de produto não conforme   197
Preservação do produto   200
Rastreabilidade   200
Emergências e *recall*   203
Recall   203
Gestão de crises   207
Comunicação   210
Aquisição   216
Qualificação dos fornecedores   220
Reavaliação, manutenção ou desqualificação dos fornecedores   222
Pesquisa e desenvolvimento   222
Ciclo de vida do produto   223
Matriz BCG   228
Modelo de Fuller   230

4   Verificação (C – *check*)   241
Monitoramento e medição   243
Auditoria interna   243
Realização da auditoria interna   247

5 **Ação (A – *act*) 251**
Análise de dados 253
Ações corretivas e preventivas 253
Solução de problemas 260
Melhoria contínua 266
Análise crítica por parte da administração 268

Termos importantes nas áreas de gerenciamento da qualidade e segurança dos alimentos 273

Anexos 293

Referências 305

Índice 315

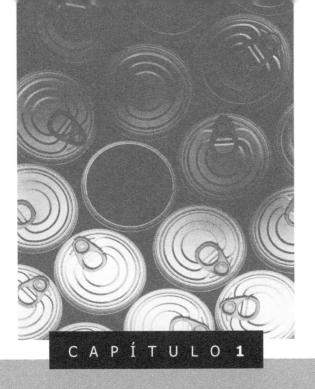

CAPÍTULO **1**

Gerenciamento da qualidade total

Para alcançar os níveis de qualidade necessários ao atual contexto competitivo, torna-se necessário uma revolução nos processos administrativos da organização. Uma organização deve estar preparada para absorver, de maneira rápida e satisfatória, as mudanças sociais, tecnológicas e econômicas do ambiente no qual está inserida. Considerando-se que essas transformações são cada vez mais intensas e dinâmicas, pois se trata de um cenário globalizado, em que a competição inclui não só os vizinhos na cidade, no Estado ou no país, mas produtos de todo o mundo, uma visita às gôndolas do supermercado é suficiente para constatar essa realidade.

Qualidade não é mais um diferencial competitivo, mas uma condição para se manter no mercado. Por isso, o tema qualidade deve vir em primeiro lugar. Isso significa dizer que o enfoque dos lucros em primeiro lugar deve ser abandonado. A justificativa é que, dando prioridade à qualidade, os lucros virão como consequência. Se uma organização segue o princípio da qualidade em primeiro lugar, seus lucros aumentarão com o decorrer do tempo. Todavia, se persegue o objetivo de atingir lucros a curto prazo, perderá a competitividade no mercado, seja sua atuação nacional ou internacional, e, a longo prazo, perderá os lucros.

Nesse contexto, a organização deve adotar uma postura de preocupação constante com a qualidade de todos os processos da organização, iniciando pela definição clara do que seria um produto de qualidade com base nas necessidades e expectativas dos clientes e das possibilidades da organização em questão. Em seguida, fazer um planejamento da qualidade, aliando projeto, desenvolvimento de novos produtos e serviços e garantia da qualidade da produção. Esse princípio fomenta na organização uma insatisfação contínua com os níveis de qualidade obtidos, buscando sempre níveis mais elevados, o que se constitui em mola propulsora para a busca da melhoria contínua.

Entendendo a importância do tema, as organizações iniciaram suas ações para manutenção de produtos com qualidade, mediante o chamado controle de qualidade (Figura 1.1), formato bastante arraigado no segmento alimentício até os dias atuais. Contudo, sozinha, essa abordagem não é plenamente eficaz, por basear-se em amostragens estatísticas. Por isso, vem evoluindo para o que chamamos de garantia de qualidade (Figura 1.2). Isso ocorreu porque o controle da qualidade, para ser efetivo, necessita de um sistema dinâmico, capaz de abranger todos os setores da organização, de forma direta ou indireta, com o objetivo de contribuir para a melhoria e a garantia da qualidade e da segurança dos produtos.

Os problemas de qualidade, sob essa nova ótica, deixaram de ser considerados apenas como questões tecnológicas e passaram a ser entendidos como parte do plano de negócios da organização, sendo abordados como problemas de gerenciamento. É por isso que as organizações bem-sucedidas estão constantemente preocupadas em desenvolver sistemas administrativos fortes e, ao mesmo tempo,

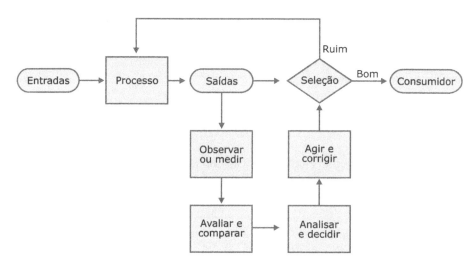

Figura 1.1 Controle de qualidade (inspeção e análise *end of pipe*).

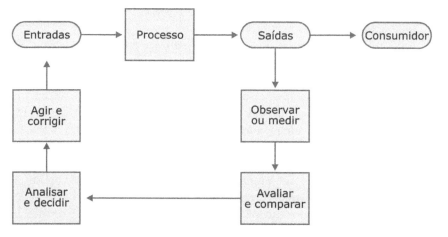

Figura 1.2 Garantia da qualidade (ações *on-line*).

flexíveis, de forma a garantir sua manutenção no mercado. É nesse contexto que os sistemas de gestão da qualidade provenientes do gerenciamento da qualidade total (TQM) têm se mostrado uma alternativa interessante.

O grande ganho nessa evolução da forma de se autoentender e agir em relação à qualidade é que qualidade não se faz por inspeção no final de linha por controle de qualidade. Na verdade, ações *end of pipe* apenas separam o que tem qualidade do que não tem, sendo o custo dos produtos defeituosos descartados ou reprocessados absorvido pelos produtos que seguiram para o mercado por estarem dentro de suas especificações. Isto ajuda em uma redução, mas não elimina as falhas nos produtos. Note-se que, ainda assim, logicamente, qualidade significa maior custo de produção, provocado pela absorção dos custos de não qualidade. Além disso, no segmento de alimentos, no qual grande parte das análises é destrutiva, garantir a qualidade e a segurança de 100% dos produtos via inspeção e análise significaria inspecionar e analisar todos os produtos, o que é totalmente inviável.

Em contrapartida, pela visão da garantia da qualidade, em que as ações deixam de ser *end of pipe* e passam a fazer parte de toda a cadeia produtiva, há uma redução significativa dos defeitos nos locais exatos onde eles se originam. Por meio de um efetivo controle de processos, erros são minimizados e, com isso, um maior percentual de produtos atende à especificação no final de uma linha industrial, reduzindo, assim, custos de não qualidade e tornando os produtos mais competitivos. Outro efeito colateral positivo da garantia da qualidade é que, além da redução de custos de não qualidade internos, como o caso da perda de produtos que não estão em conformidade no processo industrial, custos de reprocessamento, perda de matéria-prima, energia, horas-homem, entre outros, ocorre também uma redução de custos de não conformidade externa, como devoluções, fretes por devoluções, perda de clientes e até perda de mercado. Com isso, há uma maior segurança para o produto, perenizando e valorizando a marca.

Praticar qualidade, então, é desenvolver, projetar, produzir e comercializar produtos de qualidade que sejam mais econômicos, mais úteis, seguros e sempre satisfatórios para o consumidor. Assim, é possível concluir que a qualidade deixa de ser responsabilidade de um departamento de controle de qualidade, ou mesmo de um departamento de garantia da qualidade, para ser uma obrigação de todos, do presidente da organização ao funcionário do mais baixo nível hierárquico. Por isso, a prática da qualidade necessita de um sistema que crie condições favoráveis ao seu aperfeiçoamento constante.

Especificamente no segmento de alimentos, para melhor entender o que deve ser considerado qualidade, pode-se discuti-la conceitualmente sob duas óticas, a chamada *qualidade percebida* e a chamada *qualidade intrínseca*. *Qualidade percebida* pode ser entendida como aquilo que um consumidor espera do produto. Ela está associada às características desejadas que atraem aquele que irá consumir, e, depois, o atraem novamente para a recompra, como crocância, odor, cor, textura, sabor, ou seja, propriedades organolépticas em geral, além de composição nutricional, atratibilidade e características da embalagem. Nessa perspectiva, qualidade pode ser avaliada comparando-se aquilo que foi planejado àquilo que se obteve ao final do processo e que se disponibilizou para o mercado consumidor. O mesmo pode ser constatado por meio de análises sobre a satisfação dos consumidores em relação ao produto em questão. Esse não é um processo estático, mas dinâmico, pois a expectativa dos consumidores em relação a um produto é algo mutável. Já *qualidade intrínseca* é tudo aquilo que um consumidor espera como óbvio de um produto, por exemplo, que tenha o peso indicado na embalagem, que não utilize ingredientes proibidos pelos órgãos oficiais, que os ingredientes utilizados estejam nas dosagens adotadas estatutariamente como seguras, que não tenha nenhum tipo de contaminante, seja ele químico, físico ou microbiológico, e que esteja dentro da lei.

A Norma ISO 9001:2015 foca elementos para garantir a qualidade percebida, enquanto a Norma ISO 22000:2005 tem um foco voltado para a qualidade intrínseca, mais especificamente para prevenir perigos físicos, químicos e microbiológicos com potencial para causar dano à saúde dos consumidores. Essas duas normas são referenciadas ao longo dos capítulos, por sua importância estratégica na abordagem desse tema.

Conceito de TQM, uma abordagem segundo o modelo japonês

Os atuais sistemas de gestão da qualidade têm suas raízes nos conceitos de TQM (*total quality management*). Um sistema gerencial segundo o modelo japonês de TQM considera o envolvimento de todas as pessoas em todos os setores da organização e visa satisfazer suas necessidades, por meio da prática da garantia da qualidade. Tendo como premissa básica que o objetivo principal de uma organização é sua sobrevivência, o TQM vai buscar isso mediante a satisfação das pessoas. Assim, o primeiro passo é identificar todos aqueles afetados por sua existência e como atender suas necessidades. Deve-se considerar a forma e os diferentes momentos em que a organização interage com consumidores, acionistas, empregados e comunidade na qual está situada.

O TQM consiste na criação de uma vantagem competitiva sustentável, a partir do constante aprimoramento do processo de identificação e do atendimento das necessidades e expectativas dos clientes quanto aos produtos requeridos, bem como da utilização eficiente dos recursos existentes, de modo a agregar o máximo de valor ao resultado final. Os objetivos da utilização desse método gerencial são:

- Garantir uma maior satisfação do cliente, fornecendo produtos que correspondam a suas expectativas, monitorando suas constantes mudanças (*customer in*).
- Melhorar a qualidade do atendimento.
- Aumentar a eficiência e a produtividade, mantendo cada etapa do processo produtivo sob controle, detectando possíveis falhas e rastreando suas causas.
- Garantir maior integração do pessoal, promovendo a comunicação entre os vários setores e os diferentes níveis hierárquicos (comunicação vertical e horizontal).
- Reduzir custos, minimizando o retrabalho.
- Promover maior lucratividade e crescimento.

O TQM, como é visto hoje, surgiu no Japão a partir de ideias americanas após a II Guerra Mundial. O modelo apresenta contribuições de várias fontes, utiliza, por exemplo, alguns conceitos trazidos da escola da administração científica de Taylor,[1] o controle estatístico do processo de Shewhart,[2] e as teorias humanísticas de Maslow,[3] Herzberg[4] e McGregor.[5] Contudo, as maiores contribuições vieram de nomes como Deming,[6] Juran[7] e Ishikawa.[8] Deming deu um enfoque maior à utilização de métodos estatísticos de maneira sistemática. Juran, por sua vez, procurou mostrar que apenas o esforço da mão de obra no controle da qualidade não era suficiente, responsabilizando a administração por cerca de 85% dos problemas de qualidade. A busca pela qualidade total passa a ser, então, uma função gerencial. E Ishikawa é o responsável pela união de todos esses conhecimentos da maneira organizada e sistêmica como é conhecido o TQM hoje. Introduz, ainda, a participação de uma massa crítica de funcionários das organizações na resolução de problemas de qualidade, com os chamados círculos de controle de qualidade (CCQs).

Outros importantes pensadores da qualidade foram Crosby[9] e Feigenbaum.[10] O primeiro, pela filosofia do zero defeito; o segundo, pela visão de que qualidade deixa de ser responsabilidade de um departamento especializado em controle da qualidade e passa a ser função de todas as áreas da empresa.

O que está por trás do conceito de TQM, bem como de sua metodologia, é uma filosofia muito bem definida. As organizações que adotam o TQM como modelo gerencial seguem rigorosamente alguns princípios básicos, em que as atividades são orientadas, de modo especial, pelos anseios dos clientes.

Faz parte do passado a época em que a demanda era muito maior do que a oferta e, com isso, as organizações podiam fabricar seus produtos independentemente das necessidades dos consumidores. Tudo o que era produzido era consumido devido a escassez de oferta. Os consumidores, então, adaptavam suas necessidades em função do que podiam conseguir no mercado. Hoje, as coisas mudaram, a demanda continua grande, mas a oferta multiplicou-se. Agora, são as organizações que precisam adaptar-se aos gostos e às necessidades dos clientes. Quem não seguir essa tendência corre o risco de ficar fora do mercado. Tal afirmação pode ser comprovada ao passear nos corredores de um supermercado e ver a quantidade de produtos e marcas com preços, sabores e embalagens diferentes.

As organizações atentas à nova realidade criam um canal de comunicação sempre aberto com o mercado, promovendo um diálogo contínuo. Esse canal tem como função básica saber o que o cliente pensa em todas as etapas da compra do produto ou serviço. O que o cliente precisa, quais são suas necessidades, o que ele espera do produto e o que a organização deveria estar oferecendo; o que ele espera da organização durante a compra e qual deve ser a postura da organização representada, no momento da compra, pelo funcionário de linha de frente; qual sua impressão pós-compra; se ele está satisfeito e por quê. Todas essas informações devem ser tratadas dentro da organização e funcionar como ponto de partida para o desenvolvimento de novos produtos e para a implantação de novas tecnologias. Além disso, a organização precisa ter uma infraestrutura que garanta a ausência de erros em todas as etapas do processo produtivo até o cliente, instalando uma rede de serviços para total satisfação, que deve ser melhorada de maneira contínua.

Sistemas de gestão da qualidade e de segurança dos alimentos

Na comercialização de produtos entende-se como verdade que clientes consolidados são aqueles que estão satisfeitos, pois tornam a comprar o produto de que gostaram. Portanto, a satisfação dos clientes é uma função direta da qualidade do produto. Considerando-se que a qualidade do produto não é consistente a longo prazo se não for obtida a partir da qualidade do processo, o segredo está em entender e controlar as etapas dos processos de fabricação do produto.

Toda organização possui inúmeros fluxos de processo que se repetem diariamente. Conhecer, analisar e planejar o melhor funcionamento desses fluxos resultará em processos mais estáveis e seguros, que, logicamente, irão gerar produtos mais estáveis e seguros. Deve-se, então, gerenciar a rotina dos processos, o que pode ser feito por meio de ações e verificações conduzidas para que cada empregado assuma as responsabilidades no cumprimento das obrigações conferidas a cada indivíduo e a cada organização. Isso pode ser feito de forma mais eficaz via ciclo PDCA, desenvolvido por Shewhart, mas que começou a ser conhecido como ciclo de Deming, por ter sido amplamente difundido por este. O PDCA é um método bastante simples, que pode ser utilizado tanto para a gerência da organização como para cada um dos processos. A sigla PDCA vem do inglês *plan*, *do*, *check* e *action*, que significa que, nas atividades gerenciais, tudo precisa ser planejado, executado, verificado e, quando necessário, corrigido ou melhorado. Ações de garantia da qualidade organizadas no ciclo PDCA formarão o que se chama de sistema de gestão da qualidade, e esta é a abordagem que este livro busca dar ao tema, conforme demonstra a Figura 1.3.

A lógica da Figura 1.3 está em um processo de planejamento (P), execução (D) da atividade planejada, verificação (C) se o que foi planejado e executado atingiu os objetivos desejados, e, a partir desse resultado, podem ser tomados dois caminhos, ou ações (A). O primeiro caminho é adotado caso se tenha atingido os objetivos, devendo-se, assim, padronizar a sistemática utilizada, substituindo-se, então, o P (planejamento) por S (*standart*), ou seja, operacionalmente, assume-se como padrão o planejamento que resultou em sucesso. De outra forma, um segundo caminho é para o caso em que a execução do planejamento

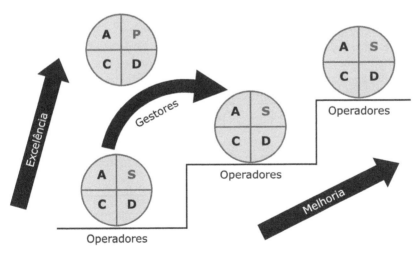

Figura 1.3 PDCA como ferramenta de gerenciamento da qualidade.

não atinge os objetivos desejados. Assim, é preciso analisar a causa do fracasso e replanejar, corrigindo a estratégia, reexecutar e reverificar, para novamente avaliar se os objetivos almejados foram atingidos. Do contrário, repete-se tudo novamente. Se os objetivos forem atingidos, o P é substituído pelo S. Contudo, mesmo quando se atingem os objetivos planejados, o S não deve substituir o P indefinidamente, pois novos padrões devem ser buscados em direção a uma maior satisfação dos clientes, pois os anseios destes em relação aos produtos são mutáveis, e também para alcançar padrões maiores de segurança dos alimentos. Assim, os gestores devem, eventualmente, substituir o S pelo P, almejando girar o PDCA em direção a níveis mais elevados.

Construção do conceito de sistema de gestão

Para entender um sistema de gestão da qualidade, é importante iniciar pela construção do conceito de sistema de gestão, partindo-se dos conceitos de sistema com base no pensamento sistêmico e do conceito de gestão para se estabelecer uma visão global sobre esse tema. O pensamento sistêmico é uma forma particular de elaborar construtos que permitam conceber quadros de referência para auxiliar na capacidade de perceber, identificar, esclarecer e descrever padrões de inter-relações, em vez de cadeias lineares de causa e efeito de eventos existentes. Em outras palavras, o pensamento sistêmico é uma forma de abordagem que auxilia a compreender o todo, distinguir padrões de mudanças e ver as estruturas subjacentes às situações percebidas como complexas.

A busca por um método mais eficaz de fazer a gestão das organizações tem sido assunto recorrente ao longo de toda a história industrial, tendo ocorrido uma transição dos princípios básicos aplicados na administração das organizações e na administração científica de Taylor para os adotados pela abordagem sistêmica (Quadro 1.1). É evidente que os princípios administrativos anteriores contribuíram para os avanços tecnológicos observados nas últimas décadas e são úteis para a resolução de problemas simples. No entanto, a partir de certo momento, a divisão de esforços passou a provocar dificuldades, visto que os problemas existentes foram se tornando cada vez mais complexos e com inúmeras variáveis e disciplinas envolvidas e inter-relacionadas, o que resultou na introdução da teoria dos sistemas na administração.

A teoria dos sistemas, basicamente, adiciona aos antigos conceitos de progresso por meio da divisão de esforços um conceito complementar, que é o de progresso por meio da integração de esforços. Este serve de embasamento para a seguinte definição de sistema: um conjunto de elementos dinamicamente relacionados que interagem entre si para funcionar como um todo, formando um construto unitário que satisfaz às seguintes condições:

QUADRO 1.1
MUDANÇAS NOS PRINCÍPIOS DE GESTÃO

Anteriores	Atuais
Reducionismo Todas as coisas podem ser decompostas em elementos fundamentais simples que constituem unidades indivisíveis do todo. Procura explicar os fenômenos decompondo o todo, tanto quanto possível, em partes mais simples, facilmente solucionadas e explicáveis. A solução ou explicação do todo consiste das soluções e das explicações das partes. **Pensamento analítico** Admite-se que, atingindo resultados positivos em cada departamento, seriam obtidos resultados positivos na organização como um todo.	**Expansionismo** Sustenta que todo fenômeno é parte de um fenômeno maior; assim, o desempenho de um sistema depende de como ele se relaciona com algo que o envolve e do qual faz parte. O expansionismo admite que cada fenômeno seja constituído de partes, mas sua ênfase é determinar do que aquele fenômeno faz parte. Essa transferência da visão voltada aos elementos fundamentais para a visão voltada ao todo é a abordagem sistêmica. **Pensamento sistêmico** O fenômeno que se pretende explicar é visto como parte de um sistema maior, que é explicado quanto ao papel que desempenha nesse sistema.

- tem um propósito a ser satisfeito ou alguma função a ser desempenhada;
- cada elemento pode afetar o desempenho do sistema;
- a maneira como cada elemento do sistema afeta seu desempenho depende do comportamento ou das propriedades de pelo menos um outro elemento do sistema, ou seja, os elementos do sistema necessariamente interagem entre si, de uma forma direta ou indireta, promovendo um sinergismo entre eles (resultado maior do que a soma individual);
- existe um subconjunto de elementos que são suficientes para realizar funções definidas para o sistema em mais de um ambiente; cada um dos elementos desse subconjunto é necessário, mas insuficiente para realizar a função definida para o sistema como um todo;
- o efeito de qualquer subconjunto de elementos sobre o sistema como um todo depende do comportamento de pelo menos um outro subconjunto.

Deve ser incluída a retroalimentação como uma das características desejáveis aos sistemas, ou seja, deve haver uma comunicação de retorno que corrija os desvios do sistema em relação a seus objetivos ou propósitos. Essa ideia é apresentada na Figura 1.4.

As propriedades de um sistema derivam das interações entre suas partes, e não de ações tomadas de modo separado. Como consequência dessas interações, emergem situações que podem não ser previstas, principalmente a partir do exame individual de seus componentes, o que reforça a mudança para o princípio do expansionismo e do pensamento sistêmico. A introdução de melhorias separadamente em um dos elementos do sistema pode não resultar em melhorias no desempenho deste.

Após a definição de sistema, deve ser conhecido o termo "gestão", que pode, por questão de objetividade, ser definido com base na ISO 9000:2005 "atividades coordenadas para atingir e controlar uma organização". Porém, também se deve destacar que o termo gestão abrange não só a atuação sobre as pessoas, mas também a atuação sobre as máquinas e sobre o ambiente (Figura 1.5). Dessa forma, os sistemas de gestão podem ser entendidos como um conjunto de elementos relacionados de maneira dinâmica, que interagem entre si para funcionar como um todo. Sua função é dirigir e controlar um propósito determinado em uma organização, seja um propósito específico ou global. Essa definição é convergente com as apresentadas pelas Normas ISO 9001:2015 e ISO 22000:2005, que

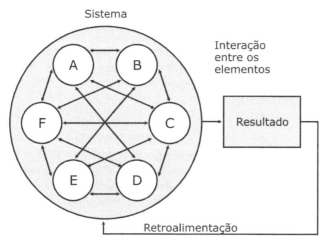

Figura 1.4 Representação de um sistema.

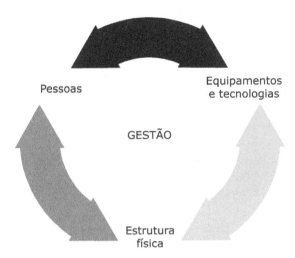

Figura 1.5 Abrangência da gestão.

tratam, respectivamente, do sistema de gestão da qualidade (SGQ) e do sistema de gestão da segurança dos alimentos (SGSA), conforme mostra o Quadro 1.2.

QUADRO 1.2
DEFINIÇÃO E PROPÓSITO DE SISTEMAS DE GESTÃO

Sistema de gestão	Norma para implementação	Definição	Propósito específico
SGQ	ISO 9001:2015	Sistema de gestão para dirigir e controlar uma organização no que diz respeito à qualidade (Norma ISO 9001:2015)	Qualidade
SGSA	ISO 22000:2005	Sistema de gestão da segurança de alimentos Requisitos para qualquer organização na cadeia produtiva de alimentos	Segurança de alimentos

Fonte: ISO 9001:2015 e ISO 22000:2005.

Assim, pode-se afirmar que os sistemas de gestão apresentados apenas acrescentam seus propósitos específicos ao sistema de gestão global de uma organização. Os requisitos gerais para sistemas de gestão da qualidade e para sistemas de gestão de segurança dos alimentos, baseados, respectivamente, nas Normas ISO 9001:2015 e ISO 22000:2005, são apresentados no Quadro 1.3.

QUADRO 1.3
OBJETIVOS ESPECÍFICOS DO SISTEMA DE GESTÃO DA QUALIDADE (SGQ) E DO SISTEMA DE GESTÃO DE SEGURANÇA DOS ALIMENTOS (SGSA)

SGQ com base na ISO 9001:2015	SGSA com base na ISO 22000:2005
4.4 Sistemas de gestão da qualidade e seus processos	**Requisitos gerais**
4.4.1 A organização deve estabelecer os processos necessários para o sistema de gestão da qualidade e sua aplicação na organização, e deve: a) determinar as entradas requeridas e as saídas esperadas desses processos; b) determinar a sequência e a interação desses processos; c) determinar e aplicar os critérios e métodos (incluindo monitoramento, medições e indicadores de desempenho relacionados) necessários para assegurar a operação e o controle eficazes desses processos; d) determinar os recursos necessários para esses processos e assegurar a sua disponibilidade; e) atribuir as responsabilidades e autoridades para esses processos; f) abordar os riscos e oportunidades conforme determinados de acordo com os requisitos 6.1;	A organização deve estabelecer, documentar, implementar e manter um sistema eficaz de gestão de segurança dos alimentos, e atualizá-lo quando necessário, de acordo com os requisitos da Norma ISO 22000:2005. A organização deve: a) assegurar que os perigos à segurança dos alimentos que possam ocorrer em relação aos produtos considerados no escopo do sistema sejam identificados, avaliados e controlados de tal modo que não causem dano direto ou indireto ao consumidor; b) comunicar, por meio da cadeia produtiva de alimentos, assuntos de segurança relativos a esses produtos; c) comunicar informações relativas ao desenvolvimento, à implementação e à atualização do sistema de gestão de segurança dos alimentos, com a extensão necessária, para garantir a segurança de alimentos requerida por esta norma; d) avaliar periodicamente e atualizar, quando necessário, o sistema de gestão de segurança dos alimentos, para assegurar que reflita as ativi

▶ ▶ ▶

QUADRO 1.3
OBJETIVOS ESPECÍFICOS DO SISTEMA DE GESTÃO DA QUALIDADE (SGQ) E DO SISTEMA DE GESTÃO DE SEGURANÇA DOS ALIMENTOS (SGSA)

SGQ com base na ISO 9001:2015	SGSA com base na ISO 22000:2005
g) avaliar esses processos e implementar quaisquer mudanças necessárias para assegurar que esses processos alcancem seus resultados pretendidos; h) melhorar os processos e o sistema de gestão da qualidade **4.4.2** Na extensão necessária, a organização deve: a) manter informação documentada para apoiar a operação de seus processos; b) reter informação documentada para ter confiança em que os processos sejam realizados conforme planejado.	dades da organização e incorpore as informações mais recentes sobre perigos à segurança de alimentos sujeitos ao controle. Quando uma organização optar por adquirir externamente qualquer processo que possa afetar a conformidade do produto final, deve assegurar o controle sobre tais processos, o qual deve ser identificado e documentado dentro do sistema de gestão de segurança dos alimentos.

Fonte: ISO 9001:2015 e ISO 22000:2005.

Integração de sistemas de gestão

A quantidade de organizações que implementaram SGQs com base nas normas da série ISO 9000 é extremamente significativa. Atualmente, superam 1 milhão de certificações, emitidas em 175 países. Já a ISO 22000 – uma norma mais recente e específica para o segmento de alimentos, insumos, matérias-primas e embalagens – já supera 30 mil certificações em todo o mundo.

Uma das razões pela qual a Norma ISO 22000:2005 foi desenvolvida de modo a permitir a integração é que ela traz requisitos específicos para propósitos específicos (segurança dos alimentos) sem apresentar requisitos conflitantes com os propósitos de outras normas, o que poderia resultar em um entrave para sua aceitação e disseminação. Além disso, sua base é o sistema APPCC. A implementação do sistema APPCC é compatível com a implementação de outros sistemas de gestão da qualidade, tais como a série ISO 9001:2015, devendo ser integrado a tais sistemas no caso de coexistirem. A integração de dois ou mais sistemas de gestão resultará em um sistema de gestão integrado, no qual devem ser respeitados os propósitos específicos de cada sistema, buscando-se, porém, a complementariedade através de elementos comuns (equivalentes) entre eles (Hazard..., 2001).

Apesar de os sistemas de gestão apresentados no Quadro 1.2 possuírem características que permitam sua integração, as organizações possuem duas possibilidades distintas de ampliar o número de propósitos considerados com a implementação de sistemas de gestão específicos ao seu sistema de gestão global:

- Sistemas de gestão não integrados: implementação de novos sistemas de gestão (com os propósitos desejados), de forma paralela e independente dos sistemas preexistentes.
- Sistemas de gestão integrados (SGI): integração dos elementos de novos sistemas (com os propósitos desejados) aos elementos do sistema de gestão preexistente.

A Figura 1.6 é uma representação que busca ilustrar a diferença entre os sistemas de gestão integrados em relação aos sistemas de gestão não integrados, destacando a existência de elementos comuns. A partir de sua análise, é possível dizer que a integração é interessante, por apresentar mais propósitos atendidos com um menor número de elementos. Podem existir situações em que um requisito de determinado sistema de gestão seja totalmente comum aos requisitos do outro sistema; situações que não são totalmente comuns, apenas parcialmente; ou situações em que os requisitos apresentem particularidades específicas de um sistema de gestão que não possibilitem uma integração com outro sistema de gestão. Pode-se citar como exemplos de integração de elementos de sistemas de gestão:

- a utilização de uma única política organizacional que trate de qualidade e segurança dos alimentos;
- a utilização de um único procedimento para controle de documentos ou de registros, que trate de forma comum assuntos relacionados com qualidade e segurança dos alimentos;
- a execução de uma única auditoria e de uma única análise crítica por parte da alta direção que aborde elementos do SGQ e de um SGSA.

Muitos empresários estão percebendo que não é prático e nem eficiente implementar sistemas gerenciais funcionais separados e concebidos a partir de diferentes perspectivas de gerenciamento na mesma organização. Muitas das deficiências podem ser eliminadas por um sistema gerencial integrado e modular,

Figura 1.6 Sistemas de gestão integrados e não integrados.

capaz de manipular os sistemas de gestão envolvidos de maneira consistente. Afinal, um único gerenciamento integrado pode acelerar a melhoria do desempenho nas áreas de qualidade e segurança dos alimentos.

A integração de um sistema de gestão da qualidade com um sistema de gestão da segurança de alimentos pode ser vista como uma oportunidade para reduzir custos com o desenvolvimento e a manutenção de sistemas separados, ou de inúmeros programas e ações, que, na maioria das vezes, se sobrepõem e acarretam gastos desnecessários. Os sistemas de gestão implementados separadamente e de forma incompatível resultam em custos, aumento da probabilidade de falhas e de enganos, esforços duplicados, criação de uma burocracia desnecessária e um impacto negativo junto às partes interessadas, em especial trabalhadores e clientes. Já os sistemas de gestão integrados (SGIs) possuem uma série de vantagens:

- Harmonizam e minimizam o volume, a administração e a manutenção do sistema de gerenciamento de documentos/menor burocracia.
- Promovem a coordenação e o equilíbrio dos propósitos específicos dos sistemas de gestão no sistema de gestão global da organização.
- Garantem a redução dos custos com auditorias internas e de certificação.
- Minimizam os custos do processo de implementação de novos sistemas (menor número de elementos a serem implementados).
- Reduzem o tempo total de paralisação das atividades durante a realização das auditorias.

- Possibilitam a realização de uma implementação progressiva e modular de novos sistemas de gestão ao sistema de gestão global.
- Permitem alinhamento de objetivos, processos e recursos para diferentes áreas funcionais (qualidade, ambiental, saúde e segurança ocupacional e segurança dos alimentos).
- Reduzem o tempo utilizado para treinamentos (treinamentos integrados).
- Eliminam esforços duplicados e redundâncias.
- Geram sinergia pelos diferentes sistemas implementados de maneira conjunta.
- Aumentam a eficácia e melhoram a eficiência do sistema global.

Por essas razões, este livro pretende analisar de forma mais aprofundada um sistema de gestão que integre qualidade e segurança dos alimentos, buscando abordar ações para busca tanto da qualidade percebida quanto da qualidade intrínseca, com base nas Normas ISO 9001:2015 e ISO 22000:2005. Esse sistema de gestão é denominado sistema de qualidade e segurança dos alimentos (SA), e deve ser entendido como um único sistema de gestão, simbiótico. Para fins de simplificação da leitura, chamaremos apenas de SGQ + SA, uma composição formada por SGQ + SGSA.

Elementos de um SGQ + SA

Para compreender a lógica utilizada em um SGQ + SA, é importante iniciar por uma macroanálise dos elementos que o compõem, a partir do ciclo PDCA. Tal análise é apresentada no Quadro 1.4. O ciclo do PDCA também é chamado ciclo de Deming, pois foi introduzido nos processos organizacionais por W. E. Deming, e é atualmente a base estrutural das normas para sistemas de gestão. É aplicado para se atingir resultados dentro de um sistema de gestão e pode ser utilizado em qualquer empresa para garantir o sucesso nos negócios, independentemente da área de atuação.

O ciclo começa pelo planejamento. Em seguida, a ação ou o conjunto de ações planejadas são executados. Verifica-se se o que foi feito estava de acordo com o planejado, de maneira constante e repetida (ciclicamente), e inicia-se uma ação para eliminar ou pelo menos mitigar defeitos no produto ou na execução. Os passos são os seguintes:

- *Plan* (planejamento): estabelecer uma meta ou identificar o problema (aquilo que impede o alcance dos resultados esperados, ou seja, o alcance da meta); analisar o fenômeno (analisar os dados relacionados ao proble-

ma); analisar o processo (descobrir as causas fundamentais dos problemas) e elaborar um plano de ação.
- **Do** (execução): realizar, executar as atividades conforme o plano de ação.
- **Check** (verificação): monitorar periodicamente os resultados, avaliar processos e resultados, confrontando-os com o planejado, objetivos, as especificações e o estado desejado, consolidando as informações e, eventualmente, elaborando relatórios. Atualizar ou implantar a gestão.
- **Act** (ação): agir de acordo com o avaliado e com os relatórios; dependendo da situação, determinar e elaborar novos planos de ação, de forma a melhorar a qualidade, a eficiência e a eficácia, aprimorando a execução e corrigindo eventuais falhas.

A distribuição dos diferentes elementos de um SGQ + SA nos quatro passos do ciclo PDCA foi feita associando o objetivo de cada elemento em um contexto de planejamento, execução, verificação e ação. A comparação detalhada desses requisitos é feita nos próximos capítulos.

QUADRO 1.4
MACROANÁLISE DOS ELEMENTOS DE UM SISTEMA DE GESTÃO DA QUALIDADE E SEGURANÇA DOS ALIMENTOS

PLANEJAMENTO (P – PLAN)

Planejamento do SGQ + SA • Qualquer empreitada que almeja o sucesso deve começar por um bom planejamento.

Escopo • Definir a abrangência do SGQ + SA, incluindo produtos e endereço onde ocorre processo.

Política do SGQ + SA • Definir a política da qualidade e de segurança dos alimentos, que é a materialização documental do comprometimento da alta direção.

Objetivos e metas • Da política devem derivar objetivos e metas para tornar mais claras as ações a serem realizadas para a implantação do SGQ + SA.

QUADRO 1.4
MACROANÁLISE DOS ELEMENTOS DE UM SISTEMA DE GESTÃO DA QUALIDADE E SEGURANÇA DOS ALIMENTOS

Requisitos legais • Identificar obrigações legais (legislação de alimentos) referentes ao desenvolvimento e à produção de alimentos, dando ênfase à segurança que deve ser cumprida pela organização.

Documentação e registros • Providenciar a documentação necessária ao adequado funcionamento do SGQ + SA e os registros que servirão como evidência objetiva.

Controle de documentos e de registros • Garantir a adequação, a identificação e a manutenção dos documentos do SGQ + SA. Garantir que os registros do SGQ + SA sejam mantidos e recuperados quando necessário.

Recursos • Para atingir objetivos e metas, é necessário que a alta direção seja o provedor da disponibilidade de recursos humanos, tecnológicos e financeiros para implantar e manter o SGQ + SA.

Funções, responsabilidade e autoridade • As responsabilidades e autoridades devem ser estabelecidas para as funções envolvidas com o SGQ + SA, garantindo clareza sobre quem tem que tomar quais decisões.

Competência, treinamento e conscientização • Providenciar para que os empregados envolvidos com o funcionamento do SGQ + SA tenham a competência e a conscientização necessárias para exercer com eficácia suas atividades, focando a qualidade dos produtos e sua inocuidade pela perspectiva da segurança dos alimentos.

Planejamento do produto • Planejado o SGQ + SA, é também necessário planejar o produto, para garantir seus parâmetros de qualidade, adequação a requisitos legais e estatutários e garantir que é seguro e inócuo à saúde dos consumidores.

EXECUÇÃO (D – *DO*)

Controle operacional • O controle do macro e do microprocesso da organização, o entendimento e a competência na gestão da interface entre esses processos são o elemento-chave para prover produtos de qualidade e seguros, pois qualidade não se faz na inspeção final, mas ao longo do processo, durante o qual a construção do produto acontece.

▶ ▶ ▶

QUADRO 1.4
MACROANÁLISE DOS ELEMENTOS DE UM SISTEMA DE GESTÃO DA QUALIDADE E SEGURANÇA DOS ALIMENTOS

Programa de pré-requisitos • O programa de pré-requisitos trata de controles operacionais que são a "chave" para a segurança dos alimentos, tais como controle de pragas, manutenção preventiva, controle de potabilidade da água, controle da saúde dos manipuladores, manejo de resíduos, limpeza e higienização e outras questões também associadas a boas práticas de fabricação.

APPCC • Trata-se de um controle operacional pela perspectiva da segurança dos alimentos, o que inclui identificar perigos químicos, físicos e microbiológicos capazes de contaminar os produtos alimentícios e de causar danos aos consumidores e planejar medidas eficazes para seu controle (plano de análise de perigos e pontos críticos de controle – APPCC).

Controle de instrumentos de medição e ensaio • Controlar processos de forma válida obviamente requer a garantia de que os instrumentos de medição e ensaio sejam controlados, devidamente calibrados em relação a padrões rastreáveis.

Controle de produto que não está em conformidade • Apesar do planejamento e do controle, erros podem ocorrer, e, nesse caso, o produto dito não conforme ou potencialmente não seguro aos consumidores não deve seguir diretamente para o mercado, a menos que retrabalhado para correção e/ou eliminação do perigo.

Preservação do produto • Não adianta perfeição em todas as etapas do processo se, depois de pronto, o produto não é conservado corretamente, já que isso pode modificar suas características, contrariar suas especificações ou mesmo torná-lo impróprio para o consumo.

Rastreabilidade • Em um eventual problema, rastrear o produto na cadeia de produção (para trás) e na cadeia de distribuição (para a frente) é essencial; no primeiro caso, para analisar as causas que geraram o problema e tomar atitudes de contenção; no segundo, se necessário, para recuperar o produto já distribuído no mercado.

Emergências e *recall* • Estar preparado para ações rápidas, e, se necessário, retirar do mercado produtos que tenham escapado dos controles planejados e potencialmente inseguros; isto pode salvar uma marca de sua descontinuidade.

▶ ▶ ▶

QUADRO 1.4
MACROANÁLISE DOS ELEMENTOS DE UM SISTEMA DE GESTÃO DA QUALIDADE E SEGURANÇA DOS ALIMENTOS

Comunicação • Prover mecanismos para a comunicação entre os níveis de comando organizacionais e também com as partes interessadas é uma *conditio sine qua non* em qualquer sistema de gestão.

Aquisição • Para ter produtos adequados e seguros, é um pré-requisito que se parta de matérias-primas, insumos e embalagens adequados.

Pesquisa e desenvolvimento • Qualquer desenvolvimento em uma organização que busca a fabricação de produtos de qualidade e seguros deve já incorporar requisitos para essa finalidade durante a pesquisa e o desenvolvimento dos produtos.

VERIFICAÇÃO (C – *CHECK*)

Monitoramento e medição • Só se gerencia o que pode ser medido. Então, medir e monitorar o SGQ + SA para garantir sua adequação e eficácia é essencial para girar o ciclo PDCA.

Auditoria interna • Auditoria é um braço do monitoramento e da medição, porém busca um olhar sistêmico. Auditoria serve para avaliar o SGQ + SA, para garantir o cumprimento dos requisitos preestabelecidos pela organização e pelas Normas ISO 9001:2015 e ISO 22000:2005.

AÇÃO (A – *ACT*)

Análise de dados • Não basta medir e monitorar os dados obtidos, eles precisam ser analisados para indicar tendências e ajudar a antecipar situações que gerem produtos não conformes ou inseguros.

Ação corretiva e preventiva • É preciso trabalhar para que problemas não aconteçam, mas, se ocorrerem, deve-se aprender com os erros para evitar que ocorram novamente, isto é, promover uma ação corretiva. Melhor ainda é se antecipar ao erro e tomar atitudes em relação a situações identificadas como potencialmente capazes de gerar produtos fora de conformidade e/ou inseguros, isto é, uma ação preventiva.

► ► ►

> **QUADRO 1.4**
> **MACROANÁLISE DOS ELEMENTOS DE UM SISTEMA DE GESTÃO DA QUALIDADE E SEGURANÇA DOS ALIMENTOS**
>
> **Melhoria contínua** • Promover ações para revisar os elementos do SGQ + SA, buscando maior adequação às necessidades do mercado e maior garantia de segurança para os produtos fabricados, é elementar para uma organização que quer permanecer no mercado.
>
> ---
>
> **Análise crítica por parte da administração** • A análise do SGQ + SA serve para demonstrar aos altos executivos pontos fracos e fortes desse sistema, para discutir possibilidades de melhoria e a necessidade de gestão de recursos.

Notas

1. Frederick Winslow Taylor (Filadélfia, Pensilvânia, 20 de março de 1856), conhecido por F. W. Taylor, engenheiro mecânico norte-americano, considerado o "Pai da Administração Científica" por propor a utilização de métodos científicos cartesianos na administração de empresas. Seu foco era a eficiência e a eficácia operacional na administração industrial. Por sua orientação cartesiana extrema, inflexível, mecanicista, elevou enormemente o desempenho das indústrias em que atuou, da mesma forma, no entanto, gerou demissões, insatisfação e estresse para seus subordinados e problemas com sindicatos.

2. Walter Andrew Shewhart (New Canton, Illinois, 18 de março de 1891), lecionou e trabalhou com W. E. Deming, sendo sua contribuição mais importante, tanto para a estatística quanto para a indústria, o desenvolvimento do controle estatístico de processo (CEP), que incorpora o uso de variáveis aleatórias independentes e identicamente distribuídas. O princípio geral por trás da ideia é que, quando um processo está em estado de controle e seguindo uma distribuição particular e aleatória com certos parâmetros, pode-se determinar quando o processo se afasta desse estado e as ações corretivas que devem ser tomadas.

3. Abraham Maslow (Nova York, 1 de abril de 1908), psicólogo norte-americano, conhecido pela proposta de hierarquia de necessidades. Trabalhou no MIT, fundando o centro de pesquisa National Laboratories for Group Dynamics.

4. Frederick Herzberg (Lynn, Massachusetts, 18 de abril de 1923), autor da Teoria dos Dois Fatores, que aborda a situação de motivação e satisfação das pessoas. Herzberg verificou e evidenciou, por meio de muitos estudos práticos, que dois fatores distintos devem ser considerados na satisfação do cargo: os fatores higiênicos e os motivacionais.

5. Douglas McGregor (Detroit, 1906), um dos pensadores mais influentes na área das relações humanas, doutorou-se em Harvard, onde lecionou Psicologia Social, e foi professor de Psicologia no MIT. É mais conhecido pelas teorias de motivação X e Y: a primeira assume que as pessoas são preguiçosas e que necessitam de motivação, pois encaram o trabalho como um mal necessário para ganhar dinheiro, enquanto a segunda baseia-se no pressuposto de que as pessoas querem e necessitam trabalhar. Um argumento contra as teorias X e Y é o fato de elas serem mutuamente exclusivas. Antes de sua morte, McGregor estava desenvolvendo a teoria Z, que sintetizava as teorias X e Y, entre outros, nos seguintes princípios: emprego para a vida, preocupação com os empregados, controle informal, decisões tomadas por consenso, boa transmissão de informações do topo para os níveis mais baixos da hierarquia.

6. William Edwards Deming (Sioux, 14 de outubro de 1900), estatístico, professor universitário, autor, palestrante e consultor, é bastante reconhecido pela melhoria dos processos produtivos nos Estados Unidos durante a II Guerra Mundial, sendo, porém, mais conhecido por seu trabalho no Japão, onde, a partir de 1950, ensinou altos executivos como melhorar projeto, qualidade de produto, teste e vendas (este último item por meio dos mercados globais) a partir de vários métodos, incluindo a aplicação de métodos estatísticos como análise de variantes e teste de hipóteses.

7. Joseph Moses Juran (Braila, 24 de dezembro de 1904), consultor de negócios famoso por seu trabalho com qualidade e gerência de qualidade. Sua obra mais clássica, *Quality Control Handbook*, publicada pela primeira vez em 1951 e ainda considerada referência para todo gestor de qualidade, despertou o interesse dos japoneses, que, preocupados com a reconstrução de sua economia no pós-guerra, convidaram-no a ensiná-los os princípios de gestão de qualidade. Juntamente com W. Edwards Deming, é considerado outro pai da revolução da qualidade do Japão e um dos colaboradores em sua transformação em potência mundial.

8. Kaoru Ishikawa (Tóqui, 1915) traduziu, integrou e expandiu os conceitos de gerenciamento de Deming e Juran para o sistema japonês. Talvez sua contribuição mais importante tenha sido seu papel-chave no desenvolvimento de uma estratégia especificamente japonesa da qualidade. A característica japonesa é a ampla participação na qualidade, não somente de cima para baixo dentro da organização, mas em toda organização, partindo ideias também de baixo para cima, sendo sua filosofia voltada para a obtenção da qualidade

total (qualidade, custo, entrega, moral e segurança) com a participação de todas as pessoas da organização, da alta gerência aos operários do chão de fábrica. Ishikawa também enfatiza a participação dos funcionários por meio dos círculos de controle de qualidade (CCQ), para a melhoria contínua dos níveis de qualidade e resolução de problemas.

9. Philip B. "Phil" Crosby (18 de junho de 1926), empresário e escritor norte-americano que contribuiu para a teoria da gestão e métodos de gestão da qualidade. Seu nome está associado aos conceitos de zero defeito e de fazer certo à primeira vez, baseando-se na teoria de que a qualidade é assegurada se todos se esforçarem por fazer seu trabalho correto. Para esse autor, qualidade é responsabilidade dos trabalhadores, não considerando, no entanto, outros aspectos que a afetam e estão fora do controle dos operários, como problemas com matéria-prima fornecida, erros de projeto, entre outros. Para ele, qualidade significava conformidade com especificações, as quais variam segundo a necessidade do cliente. Essa abordagem pode atingir alguns resultados positivos em curto prazo; no entanto, em longo prazo, a motivação das pessoas acaba diminuindo e a sustentação do programa de qualidade torna-se comprometida, sendo necessária a existência de "meios" bem definidos, com uma metodologia bem estruturada, a fim de garantir o sucesso do programa e a conquista da qualidade total.

10. Armand Feigenbaum (1922), *expert* em qualidade da General Eletric (GE) em Nova York, é considerado outro dos pais da qualidade, afirmando que esta é um trabalho de todos na organização, não sendo possível fabricar produtos de alta qualidade se o departamento de manufatura trabalha de forma isolada. Segundo ele, diferentes departamentos devem intervir nas parcelas do processo que resultam no produto. Tal colaboração varia desde o projeto do produto até o controle pós-venda, para que não ocorram erros que prejudiquem a cadeia produtiva, causando problemas ao consumidor. Feigenbaum ficou conhecido pela introdução do termo *total quality management* (TQM) em 1961.

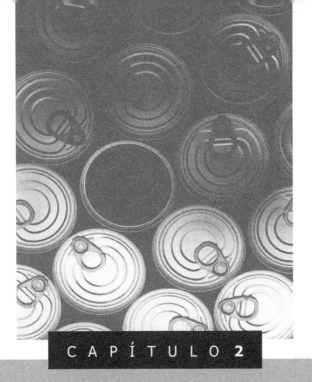

CAPÍTULO 2

Planejamento
(P – *plan*)

Planejamento do SGQ + SA

Logicamente, para obter o fim esperado, tudo deve começar com um bom planejamento. Por isso, planejamento é um dos requisitos exigidos pelas Normas ISO 9001:2015 e ISO 22000:2005, conforme mostra o Quadro 2.1.

Escopo

A definição da abrangência do campo de aplicação de um sistema de gestão é uma etapa fundamental em sua implementação e faz parte do planejamento, uma vez que permite clareza sobre o que compõe e o que não compõe um sistema de gestão. Essa definição é exigida pelas Normas ISO 9001:2015 e ISO 22000:2005 segundo os requisitos 4.3 e 4.1, respectivamente, transcritos no Quadro 2.2.

Uma organização tem liberdade e flexibilidade para definir a abrangência de seus sistemas de gestão da qualidade e segurança dos alimentos, podendo optar

QUADRO 2.1
1REQUISITOS 6.1.1 E 6.1.2 DA NORMA ISO 9001:2015
E REQUISITO 5.3 DA NORMA ISO 22000:2005

ISO 9001:2015	ISO 22000:2005
6.1 Ações para abordar riscos e oportunidades **6.1.1** Ao planejar o SGQ, a organização deve considerar as questões referidas em 4.1 e os requisitos referidos em 4.2 e determinar os riscos e oportunidades que precisam ser abordados para: a) assegurar que o sistema de gestão da qualidade possa alcançar seus resultados pretendidos; b) aumentar efeitos desejáveis; c) prevenir, ou reduzir, efeitos indesejáveis; d) alcançar melhoria.	**5.3 Planejamento do sistema de gestão de segurança dos alimentos** A alta direção deve assegurar que: a) o planejamento do sistema de gestão de segurança dos alimentos seja conduzido para cumprir com os requisitos apresentados em 4.1, bem como com os objetivos da organização que apoiam a segurança dos alimentos; b) a integridade do sistema de gestão de segurança dos alimentos é mantida quando mudanças são planejadas e implementadas.

QUADRO 2.1
**1REQUISITOS 6.1.1 E 6.1.2 DA NORMA ISO 9001:2015
E REQUISITO 5.3 DA NORMA ISO 22000:2005**

ISO 9001:2015	ISO 22000:2005

6.1.2 A organização deve planejar:
a) ações para abordar esses riscos e oportunidades;
b) como:
    1) integrar e implementar as ações nos processos do seu SGQ;
    2) avaliar a eficácia dessas ações.	

Fonte: ISO 9001:2015 e ISO 22000:2005.

QUADRO 2.2
**REQUISITO 4.3 DA NORMA ISO 9001:2015
E REQUISITO 4.1 DA NORMA ISO 22000:2005**

ISO 9001:2015	ISO 22000:2005
4.3 Determinando o escopo do SGQ A organização deve determinar os limites e a aplicabilidade do SGQ para estabelecer o seu escopo. Ao determinar esse escopo, deve considerar: a) as questões externas e internas; b) os requisitos das partes interessadas pertinentes; c) os produtos e serviços da organização.	**4.1 Requisitos gerais** A organização deve definir o escopo do sistema de gestão da segurança de alimentos. O escopo deve especificar produtos ou categorias de produtos, processos e locais de produção que são abrangidos pelo sistema de gestão da segurança de alimentos.

Fonte: ISO 9001:2015 e ISO 22000:2005.

pela implementação do SGQ + SA para toda a organização e/ou para todos os produtos ou para unidades operacionais específicas da organização e/ou produtos específicos. Essa definição é a determinação do escopo, ou seja, de até onde, na organização, será aplicado o sistema de gestão. Quando uma parte do processo for excluída do escopo, a organização deve ser capaz de explicar tal exclusão, lembrando-se de que a credibilidade do SGQ + SA depende da escolha desse escopo.

Comprometimento da direção (missão, visão e política do SGQ + SA)

Para que um SGQ + SA seja bem-sucedido, a iniciativa e sua implantação devem vir de cima para baixo, ou seja, é um processo *top-down*, no qual *top* representa os executivos do mais alto nível hierárquico, chamados ao longo de texto de alta direção. Dentro do processo de implementação do SGQ + SA, a alta direção tem um papel bem definido. O primeiro passo é assumir a frente do programa, estabelecer uma política clara de qualidade e segurança dos alimentos, definir as crenças e os valores coerentes com a nova postura da organização, bem como fazer sua disseminação para todas as pessoas da organização.

Para a maioria das organizações, o comprometimento da cúpula administrativa com um programa de qualidade e segurança dos alimentos é uma situação inovadora, que os funcionários demoram certo tempo para absorver. Esse tempo pode ser bastante reduzido se, em conjunto com palestras e seminários, os funcionários puderem observar e comprovar a veracidade dos discursos por meio de exemplos diários de compromisso dos executivos com a filosofia do SGQ + SA. A coerência entre o discurso e a prática é fundamental.

O enfoque da qualidade não deve ser percebido como mais uma onda passageira, mas sim como um caminho único para assegurar a competitividade e a sobrevivência no mercado. É de extrema importância, então, que toda a organização aja de acordo com a nova filosofia, criando uma cultura de qualidade,[1] ou seja, uma cultura em que cada um, em cada área da organização, é responsável pela qualidade.

O Quadro 2.3 transcreve os requisitos das Normas ISO 9001:2015 e ISO 22000:2005 que tratam sobre política do sistema de gestão com relação ao comprometimento da direção.

Só faz sentido falar em implantação de um sistema de gestão da qualidade e segurança dos alimentos, então, se ele for um desejo da alta direção e for visto como uma mudança de caráter estratégico da organização ao entender o que é qualidade e como ela deve abranger a vida da organização como um todo. Assim,qualidade e como ela deve abranger a vida da organização como um todo.

QUADRO 2.3
REQUISITO 5.1 DAS NORMAS ISO 9001:2015 E ISO 22000:2005

ISO 9001:2015	ISO 22000:2005
5.1 Liderança e comprometimento **5.1.1 Generalidades** A alta direção deve demonstrar liderança e comprometimento com relação ao SGQ: a) responsabilizando-se por prestar contas pela eficácia do SGQ; b) assegurando que a política da qualidade e os objetivos decorrentes sejam estabelecidos e que sejam compatíveis com o contexto e a direção estratégica da organização; c) assegurando a integração dos requisitos do SGQ nos processos de negócios da organização; d) promovendo o uso da abordagem de processo e da mentalidade de gestão de riscos; e) assegurando que os recursos necessários estejam disponíveis; f) comunicando a importância de uma gestão da qualidade eficaz e de estar conforme com os requisitos do SGQ; g) assegurando que o SGQ alcance seus resultados pretendidos; h) engajando, dirigindo e apoiando pessoas a contribuir para a eficácia do SGQ; i) promovendo melhorias; j) apoiando outras funções a demonstrar como sua liderança se aplica às questões do SGQ nas áreas sob sua responsabilidade.	**5.1 Comprometimento da direção** A alta direção deve fornecer evidências de seu comprometimento com o desenvolvimento e com a implementação do sistema de gestão da segurança de alimentos e com a melhoria contínua de sua eficácia: a) demonstrando que a segurança de alimentos é apoiada pelos objetivos de negócios da organização; b) comunicando à organização a importância em atender aos requisitos desta norma, a qualquer requisito estatutário e regulamentar e a requisitos de clientes relacionados com a segurança de alimentos; c) estabelecendo a política de segurança de alimentos; d) conduzindo análises críticas gerenciais; e) garantindo a disponibilidade de recursos.

Fonte: ISO 9001:2015 e ISO 22000:2005.

Assim, sua implantação inicia-se na realização de um planejamento estratégico, para definir quais as necessidades da organização que garantirão sua sobrevivência. Um planejamento bem elaborado é sempre baseado em fatos e dados relativos ao ambiente de mercado, em tendências futuras e na própria visão da organização. O primeiro objetivo do planejamento é a definição clara da missão da organização, ou seja, qual é a razão de sua existência, qual é o seu negócio. Em seguida, é traçada uma visão de longo prazo, a qual expressa o sonho da alta administração em relação à situação de sua organização dentro de 5 a 10 anos.

É importante aqui a definição de alguns princípios, credos, crenças e valores, os quais são as linhas gerais da conduta gerencial e pessoal na organização, como um código de ética que determina certos limites que devem ser respeitados. Todas essas definições devem estar expressas claramente em uma política de qualidade e segurança dos alimentos. A política de qualidade deve nascer, então, do planejamento estratégico, da missão e da visão da organização e expressar a importância da qualidade e da segurança dos alimentos para a organização, a competitividade pela qualidade, a relação de compromisso com os clientes internos e externos, a responsabilidade e o comprometimento da força de trabalho e a insatisfação contínua da organização com os níveis de qualidade obtidos.

O objetivo de uma política em um sistema de gestão é definir um direcionamento geral para a organização, bem como os princípios de sua atuação em relação ao sistema gestor em foco. Em síntese, pode-se dizer que a política em um sistema de gestão é uma carta de intenções, composta por pontos que efetivamente sejam cumpridos pela organização e que possam ser evidenciados de maneira clara. Ainda a respeito da política, pode-se dizer que sua formalização atende aos seguintes propósitos:

- Fornecer uma forma de previsibilidade de ações às pessoas de dentro e de fora da organização (clientes, fornecedores, funcionários e partes interessadas).
- Motivar as pessoas na organização a pensar com maior profundidade sobre os problemas relacionados às questões que envolvem a qualidade e a segurança dos alimentos.
- Fornecer uma base para as ações da gerência e dar legitimidade a elas.
- Permitir a comparação entre a prática da organização e suas intenções.

O Quadro 2.4 transcreve os requisitos das Normas ISO 9001:2015 e ISO 22000:2005 que tratam sobre política do sistema de gestão com relação à política da qualidade e de segurança dos alimentos.

A política de um SGQ + SA tem a finalidade de projetar objetivos fundamentais, gerais e de longo prazo e princípios de conduta da organização em relação à segurança de seus produtos. A política possui três características específicas:

> **QUADRO 2.4**
> **REQUISITOS 5.2 DA NORMA ISO 9001:2015**
> **E DA NORMA ISO 22000:2005**

ISO 9001:2015	ISO 22000:2005
5.2 Política **5.2.1 Desenvolvendo a política da qualidade** A Alta Direção deve estabelecer, implementar e manter uma política da qualidade que: a) seja apropriada ao propósito e ao contexto da organização e apoie seu direcionamento estratégico; b) proveja uma estrutura para o estabelecimento dos objetivos da qualidade; c) inclua um comprometimento em satisfazer requisitos aplicáveis; d) inclua um comprometimento com a melhoria contínua do **SGQ**.	**5.2 Política de segurança dos alimentos** A alta direção deve definir, documentar e comunicar sua política de segurança dos alimentos. A alta direção deve assegurar que a política de segurança dos alimentos: a) seja apropriada ao propósito da organização na cadeia produtiva de alimentos; b) esteja em conformidade com os requisitos estatutários e regulamentares e em concordância mútua com os requisitos dos clientes quanto à segurança dos alimentos; c) seja comunicada, implementada e mantida em todos os níveis da organização; d) seja analisada criticamente para a adequação contínua; e) considere adequadamente a comunicação; f) seja apoiada por objetivos mensuráveis.

1 Ela é a expressão específica da autoconsciência gerencial e representa o autocomprometimento da direção da organização. Atua tanto interna quanto externamente à organização.

2 Seu efeito interno deriva da definição das condições de contorno e balizamento para decisões e ações relevantes voltadas para a qualidade e a segurança dos alimentos na organização, o que proporciona orientação e transmite segurança de postura.

3 Seu efeito externo se baseia na documentação da responsabilidade em relação à saúde dos consumidores, visando a construção de uma imagem de confiabilidade para o mercado.

A política do SGQ + SA é a força motora para a implementação e o aprimoramento do sistema de gestão de uma organização do segmento alimentício, permitindo que seu desempenho seja mantido e aperfeiçoado. Quando uma organização possui mais de um sistema de gestão, com objetivos específicos em relação ao seu sistema de gestão global, como é o caso de um sistema de gestão da qualidade e de um sistema de gestão de segurança dos alimentos, tem-se a opção de possuir políticas separadas ou integradas. É importante lembrar que as políticas são documentos de cunho público. Nos Quadros 2.5 a 2.8 são apresentados exemplos de políticas integradas de empresas do segmento alimentício.

Deve-se destacar que a alta direção precisa liderar a organização no rumo de sua política, não apenas para que todos os trabalhadores sintam sua preocupação com o assunto, mas, principalmente, pelo apoio moral e financeiro necessário. Um aspecto fundamental para um bom resultado em um programa de gestão é a adesão às ações concretas desencadeadas na organização e a política estabelecida, pois, caso contrário, o programa poderá perder sua credibilidade. Com isso, políticas que não expressam a realidade e objetivos exequíveis podem provocar a desmotivação dos empregados.

É condição obrigatória em uma política de gestão a inclusão do comprometimento com a legislação. Esse comprometimento deve ser assegurado, primeiramente, pelo conhecimento e pelo acesso à legislação de alimentos aplicável à

QUADRO 2.5

EXEMPLO DE POLÍTICA INTEGRADA DE SISTEMA DE GESTÃO DA QUALIDADE (SGQ), SISTEMA DE GESTÃO DE SEGURANÇA DOS ALIMENTOS (SGSA) E SISTEMA DE GESTÃO AMBIENTAL (SGA)

Vivemos nossos VALORES e MISSÃO com o objetivo da GARANTIA TOTAL DA QUALIDADE.

A prevenção da poluição, a preservação dos recursos naturais, o atendimento aos requisitos especificados e legais, a produção de alimentos seguros e a velocidade como diferencial competitivo, por meio da comunicação efetiva, geram bases sólidos para o alcance de nossa VISÃO.

Nosso resultado é a conquista de colaboradores satisfeitos e conscientes que, por meio de melhorias contínuas, sentem o orgulho e a responsabilidade de fazer bem feito, pois

"QUALIDADE TOTAL NÃO ADMINITE OMISSÕES".

Fonte: Duas Rodas Industrial Ltda, empresa de aromas, aditivos alimentares, produtos agroindustriais (poupas e flocos de frutas desidratadas), condimentos, misturas e coberturas para sorvetes.

> QUADRO 2.6
> **EXEMPLO DE POLÍTICA INTEGRADA DE SISTEMA DE GESTÃO DA QUALIDADE (SGQ) E SISTEMA DE GESTÃO DE SEGURANÇA DOS ALIMENTOS (SGSA)**
>
> A Harald tem como Política do Sistema de Gestão:
> - Atender aos requisitos do mercado, provendo alimentos com qualidade e segurança;
> - Atender requisitos estatutários e regulamentares;
> - Estabelecer e manter fluxo de informações de segurança de alimentos para cadeia produtiva na qual a Harald está inserida;
> - Melhorar continuamente a eficácia dos sistemas de: gestão da qualidade e segurança de alimentos.
>
> Fonte: Harald Indústria e Comércio de Alimentos Ltda, empresa que produz chocolates, derivados e confeitos.

> QUADRO 2.7
> **EXEMPLO DE POLÍTICA INTEGRADA DE SISTEMA DE GESTÃO DA QUALIDADE (SGQ), SISTEMA DE GESTÃO DE SEGURANÇA DOS ALIMENTOS (SGSA) E SISTEMA DE GESTÃO AMBIENTAL (SGA)**
>
> Produzir alimentos seguros e de alta qualidade, tendo como compromisso:
> - Excelência;
> - Ética;
> - Comprometimento dos colaboradores;
> - Melhoria da relação com clientes e filiadas;
> - Conservação do meio ambiente.
>
> Fonte: Moinho Cotriguaçu – Cooperativa Central, que processa farinha de trigo.

organização e por um processo contínuo de monitoramento do seu atendimento. Outra questão importante é a exigência de que as políticas sejam comunicadas a todas as pessoas na organização, com a intenção de torná-las conscientes de suas obrigações individuais e coletivas em relação à qualidade e à segurança dos produtos produzidos. Para isso, deve haver a criação de um processo de divulgação das políticas e conscientização dos empregados. É aconselhável, também, que essa política esteja disponível ao público externo, o que inclui outras organizações, em uma relação *business to business*, e consumidores em geral, o que pode ser feito via *site* da empresa ou de outras formas.

QUADRO 2.8
EXEMPLO DE POLÍTICA INTEGRADA DE SISTEMA DE GESTÃO DA QUALIDADE (SGQ), SISTEMA DE GESTÃO AMBIENTAL (SGA), SISTEMA DE GESTÃO DE SEGURANÇA DOS ALIMENTOS (SGSA) E SISTEMA DE GESTÃO DA SEGURANÇA E SAÚDE OCUPACIONAL (SGSSO)

A DUCOCO ALIMENTOS tem como missão: "Crescer agregando valor à empresa e a seus colaboradores, de forma a ocupar uma posição de destaque na preferência do consumidor, ofertando alimentos com qualidade, que levam inovação e praticidade no seu dia a dia".

Por isso, tem ações voltadas para:
– Busca contínua da melhoria dos processos produtivos e dos produtos;
– Compromisso com a segurança dos alimentos;
– Atendimento dos requisitos dos clientes visando sua satisfação e dos requisitos legais e estatutários;
– Incentivo ao desenvolvimento pessoal;
– Controle de aspectos ambientais para minimizar a poluição e impactos nocivos ao meio ambiente;
– Redução de riscos para segurança ocupacional.

A DUCOCO ALIMENTOS acredita que atingir a qualidade total, o crescimento empresarial e humano, é uma responsabilidade de todos colaboradores.

Fonte: Ducoco Alimentos SA , empresa que produz Leite de Coco, Água de Coco, Coco ralado, Coco queimado, Coco úmido e adoçado e sobremesas em pó.

Contudo, não basta que a política seja do conhecimento de todas as pessoas da organização, ela deve também ser satisfatoriamente disseminada e compreendida, sendo desnecessário memorizá-la, mas compreendê-la, em especial buscando que cada empregado saiba como seu trabalho contribui ou não para o atendimento da política do SGQ + SA. A divulgação pode ser feita de diversas maneiras, por exemplo, por meio de palestras, informativos periódicos, murais, cartazes, confraternizações, durante reuniões ou treinamentos. Isso, porém, pode não apresentar resultados satisfatórios sem a efetiva participação da diretoria, visto que ela deve praticar a política. Se o compromisso da diretoria é sincero e convincente, outros níveis hierárquicos, como o pessoal de supervisão, também apoiarão a política. Quando o apoio de todos os níveis é evidente, os empregados tendem a aderir prontamente à política da qualidade e segurança dos alimentos.

Objetivos e metas

Os objetivos gerais derivados da política da qualidade e segurança dos alimentos estabelecem um quadro para as decisões e as ações relevantes em um plano mais executivo. Todavia, são genéricos demais para serem aplicados diretamente em um plano tático. Para tornar aplicáveis os objetivos gerais da política, é preciso convertê-los em metas concretas para áreas designadas da organização. Por isso, é interessante que a política seja desdobrada em objetivos, e estes sejam expressos em metas numéricas e em cronogramas associados.

Assim, o estágio seguinte à elaboração da política do SGQ + SA é a análise dos pontos fracos e fortes da organização, que, com os dados externos (mercado, concorrentes, tendências, características dos produtos, riscos potenciais à saúde dos consumidores), gerarão as estratégias organizacionais ou as diretrizes de mais alta prioridade. Essas diretrizes constituem o planejamento de longo prazo da organização, que são desdobradas em diretrizes de médio e curto prazo. Da mesma forma, são ainda desdobradas para os níveis hierárquicos escalonados abaixo, tomando forma de metas bem definidas (objetivo, quantificação e prazo) e procedimentos para sua obtenção. Esse desdobramento permite traduzir aquelas diretrizes em atividades concretas a serem conduzidas em cada gerência, que, por sua vez, as aplica a cada posto de trabalho.

Com o mecanismo de desdobramento das diretrizes, os líderes de departamento estabelecem suas metas em função das diretrizes da alta administração. Os métodos para o alcance das metas são propostos a partir de uma análise de processo, conduzida com base em fatos e dados em que são consideradas as diretrizes dos níveis superiores, a análise dos resultados históricos, as mudanças no meio e a visão estratégica do próprio gerente. Esses métodos, à medida que descem na hierarquia, tornam-se cada vez mais concretos, até se transformarem em projetos que afetam tarefas específicas. Quando as diretrizes estabelecidas necessitam de trabalho em conjunto de diversos departamentos, requerendo concordância entre diferentes lideranças, é necessário um gerenciamento interfuncional e interdepartamental. Nesse ponto, é útil usar os conceitos de clientes e fornecedores internos, os quais são fundamentais, tendo em vista a segmentação vigente nas organizações, ajudando as interfaces departamentais. Algumas vezes, é difícil encontrar um espírito de equipe que abranja todos os diversos departamentos, podendo existir rivalidade e transferência de culpas e responsabilidades. Um ambiente de companheirismo e ajuda mútua se desenvolve apenas onde há um clima organizacional receptivo, e garantir isso é tarefa da alta administração. É função da alta administração ajudar para que se rompam as barreiras, a fim de que todos trabalhem em conjunto e em harmonia. É obrigação da alta gerência promover o trabalho em equipe.

Os objetivos maiores da organização devem ser expandidos para os diversos departamentos. Cada departamento define, então, suas metas, sempre levando em consideração a organização como um todo. As metas departamentais devem atender aos requisitos de seus clientes internos, que são os processos posteriores. Dessa maneira, forma-se uma cadeia de clientes e fornecedores dentro da organização. Assim, para que o cliente final (externo) tenha suas necessidades atendidas, é necessário que cada elo da cadeia seja fortificado por um relacionamento de parceria.

O controle de qualidade total, que é a base do SGQ + SA, não pode ser completo sem a total aceitação desse tipo de enfoque por todos os trabalhadores. O "bairrismo departamental" precisa ser derrubado, dando lugar à livre comunicação. O todo é sempre maior do que a soma das partes, se houver sinergia entre elas. Este é o espírito do que se busca: trabalho em equipe com amizade, responsabilidade e respeito.

O desdobramento da política em objetivos quantificados, realizado de forma sucessiva ao longo de todos os níveis da organização, permite que cada pessoa saiba exatamente de que forma deve contribuir com o sistema de gestão, fazendo com que a organização torne-se mais "manobrável", ágil e dinâmica. Os objetivos a serem estabelecidos devem ser mensuráveis sempre que possível, ou seja, somente não serão mensuráveis quando a organização não encontrar meios adequados para realizar seu acompanhamento de forma quantitativa. Exemplos de objetivos para atingir a qualidade são apresentados no Quadro 2.9.

As recomendações quanto ao controle de qualidade têm como objetivo facilitar a análise crítica dos resultados nos processos de monitoramento, possibilitando avaliar o desempenho do SGQ + SA de forma mais eficaz e baseada em fatos. Não é suficiente apenas definir objetivos e metas para a qualidade e segurança dos alimentos. É necessário estabelecer, por meio de programas concretos, o caminho pelo qual tais objetivos podem ser alcançados. Isso pode ser feito por meio de um plano ou programa da qualidade e segurança dos alimentos. O Quadro 2.10 transcreve os requisitos das Normas ISO 9001:2015 e ISO 22000:2005 sobre planejamento, objetivos e metas.

Os objetivos e metas devem construir a base para decisões no processo de melhoria contínua e, como consequência, de oportunidades de inovação tecnológica, bem como no controle de riscos e impactos específicos sobre a qualidade e a segurança dos produtos. É essencial que as metas estabelecidas possam ser medidas e alcançadas, pois o compromisso com a melhoria contínua significa que padrões cada vez mais elevados devem ser estabelecidos. Para alcançar seus objetivos, metas e programas, a organização deve considerar, entre outros fatores, os seguintes:

QUADRO 2.9
EXEMPLOS DE OBJETIVOS

Objetivo	Prazo	Responsável
Reduzir em 40% as reclamações de SAC por qualidade percebida, com base no resultado médio histórico do ano anterior.	1 ano	Gerente de qualidade
Atingir um máximo de 20 reclamações de SAC por qualidade intrínseca, com base no resultado médio histórico do ano anterior.	1 ano	Gerente de qualidade
Não ter multa devido a problemas com agências da vigilância sanitária do Município ou Estado.	1 ano	Gerente de qualidade
Ter 30% do faturamento associado com novos produtos desenvolvidos, demonstrando contínua avaliação e atendimento das expectativas de clientes.	1 ano	Gerente de pesquisa e desenvolvimento Gerente de *marketing*
Receber no mínimo 90% de resultados entre excelente e bom em uma pesquisa de satisfação.	1 ano	Gerente de *marketing*

- resultados obtidos a partir da identificação de perigos específicos capazes de afetar a inocuidade dos produtos;
- resultados de exigências legais e outras;
- opções tecnológicas;
- recursos financeiros e operacionais;
- visão dos trabalhadores e de outras partes interessadas;
- novos empreendimentos e projetos;
- dados históricos referentes às questões de qualidade e segurança dos alimentos;
- alinhamento com os objetivos globais da organização;
- possibilidade de revisão de suas partes;
- o valor obtido ao atingir as metas deve ser superior ao custo para estabelecê-las e administrá-las;
- geração de benefícios para toda a organização.

QUADRO 2.10
REQUISITOS 6.2.1 E 6.2.2 DA NORMA ISO 9001:2015
E REQUISITO 5.2 DA NORMA ISO 22000:2005

ISO 9001:2015	ISO 22000:2005
6.2 Objetivos da qualidade e planejamento para alcançá-los **6.2.1** A organização deve estabelecer objetivos da qualidade nas funções, níveis e processos pertinentes necessários ao SGQ. Os objetivos devem ser: a) coerentes com a política da qualidade; b) mensuráveis; c) levar em conta requisitos aplicáveis; d) pertinentes para a conformidade de produtos e serviços e para aumentar a satisfação do cliente; e) monitorados; f) comunicados; g) atualizados como apropriado. A organização deve manter informação documentada sobre os objetivos da qualidade. **6.2.2** Ao planejar como alcançar seus objetivos da qualidade, a organização deve determinar: a) o que será feito; b) quais recursos são necessários; c) quem é o responsável; d) quando isso será concluído; e) como os resultados serão avaliados.	**5.2 Política de segurança de alimentos** A alta direção deve definir, documentar e comunicar sua política de segurança de alimentos. A alta direção deve assegurar que a política de segurança de alimentos: f) seja apoiada por objetivos mensuráveis.

Fonte: ISO 9001:2015 e ISO 22000:2005.

Requisitos legais e outros requisitos

Cada pessoa possui diferentes princípios e valores para o que é certo ou errado. Com o intuito de minimizar essas diferenças, a sociedade formaliza normas de conduta, que são denominadas leis. É primordial em um sistema de gestão que, no mínimo, a organização cumpra as leis, no caso de um SGQ + SA, relacionadas à legislação de alimentos. As organizações devem ter consciência de como suas atividades são, ou devem ser, afetadas pelas exigências legais, como devem aplicá-las e comunicá-las aos empregados e às partes interessadas. Os requisitos das Normas ISO 9001:2015 e ISO 22000:2005 que tratam desse tema estão transcritos no Quadro 2.11.

É fundamental o conhecimento da legislação de alimentos pertinente às atividades de uma organização na condução do SGQ + SA, a qual deve ser levada em consideração em tomadas de decisão estratégicas. Em um primeiro momento, tal requisito pode parecer incoerente, pois pressupõe que qualquer organização, mesmo que não vá buscar a implementação de um sistema de gestão, deve cumprir

---

QUADRO 2.11
REQUISITOS 8.2.1, 8.2.2, 8.2.3 E 8.2.4 DA NORMA ISO 9001:2015 E REQUISITOS 5.1, 5.6.1, 5.6.2, 7.2.2 E 7.2.3 DA NORMA ISO 22000:2005

ISO 9001:2015	ISO 22000:2005
8.2 Requisitos para produtos e serviços	**5.1 Comprometimento da direção**
8.2.1 Comunicação com o cliente	A alta direção deve fornecer evidências de seu comprometimento com o desenvolvimento e a implementação do sistema de gestão da segurança de alimentos e com a melhoria contínua de sua eficácia:
A comunicação com clientes deve incluir:	b) comunicando à organização a importância em atender aos requisitos desta norma, qualquer requisito estatutário e regulamentar, assim como requisitos de clientes relacionados com a segurança dos alimentos.
a) prover informação relativa a produtos e serviços;	
b) lidar com consultas, contratos ou pedidos, incluindo mudanças;	
c) obter retroalimentação do cliente relativa a produtos e serviços, incluindo reclamações;	**5.6.1 Comunicação externa**
d) lidar ou controlar propriedade do cliente;	Os requisitos de segurança de alimentos de autoridades estatutárias e regulamentares e clientes devem estar disponíveis.
e) estabelecer requisitos específicos para ações de contingência, quanto pertinente.	▶ ▶ ▶

QUADRO 2.11
**REQUISITOS 8.2.1, 8.2.2, 8.2.3 E 8.2.4 DA NORMA ISO 9001:2015
E REQUISITOS 5.1, 5.6.1, 5.6.2, 7.2.2 E 7.2.3 DA NORMA ISO 22000:2005**

ISO 9001:2015	ISO 22000:2005

ISO 9001:2015

8.2.2 Determinação de requisitos
A organização deve assegurar que:
a) os requisitos sejam definidos, incluindo:
    1) os requisitos estatutários e regulamentares aplicável;
    2) aqueles considerados aplicáveis pela própria organização;
b) possa atender aos pleitos para os produtos e serviços que ela oferece.

8.2.3 Análise crítica de requisitos

8.2.3.1 A organização deve assegurar que tenha a capacidade de atender aos requisitos para os produtos e serviços a serem ofertados. Para isso, deve conduzir análise crítica antes de se comprometer com qualquer fornecimento, incluindo os requisitos:
a) especificados pelo cliente, incluindo os necessários para atividades de entrega e pós-entrega;
b) especificados pela organização;
c) estatutários e regulamentares aplicáveis a produtos e serviços;
d) de contrato ou pedido diferentes daqueles previamente expressos.

A organização deve assegurar que requisitos de contrato ou pedido divergentes daqueles previamente definidos sejam resolvidos.

Os requisitos devem ser confirmados com os clientes antes de sua aceitação, quando o cliente não prover uma declaração documentada de seus requisitos.

ISO 22000:2005

5.6.2 Comunicação interna
Para manter a eficácia do sistema de gestão da segurança de alimentos, a organização deve garantir que a equipe de segurança de alimentos seja informada em tempo apropriado das mudanças, incluindo, mas não se limitando a:
h) requisitos estatutários e regulamentares.

7.2 Programa de pré-requisitos (PPR)

7.2.2 A organização deve identificar requisitos estatutários e regulamentares relacionados com o estabelecido pelo PPR.

7.2.3 Quando selecionar e/ou estabelecer um PPR, a organização deve considerar e utilizar informações apropriadas (p. ex., requisitos estatutários e regulamentares, requisitos de clientes, diretrizes reconhecidas, princípios e códigos de boas práticas da comissão do *Codex Alimentarius* ou normas nacionais, internacionais ou do setor).

▶ ▶ ▶

> **QUADRO 2.11**
> **REQUISITOS 8.2.1, 8.2.2, 8.2.3 E 8.2.4 DA NORMA ISO 9001:2015**
> **E REQUISITOS 5.1, 5.6.1, 5.6.2, 7.2.2 E 7.2.3 DA NORMA ISO 22000:2005**

ISO 9001:2015	ISO 22000:2005
8.2.3.2 A organização deve reter informação documentada, como aplicável, sobre: a) os resultados da análise crítica; b) quaisquer novos requisitos para os produtos e serviços. **8.2.4 Mudanças nos requisitos para produtos e serviços** A organização deve assegurar que informação documentada pertinente seja emendada, e que pessoas pertinentes sejam alertadas dos requisitos mudados, quando os requisitos para produtos e serviços forem mudados.	

Fonte: ISO 9001:2015 e ISO 22000:2005.

a lei. Porém, cumprir requisitos legais não abrange só leis e prescrições da União, dos Estados e dos Municípios e acordos federais internacionais, mas também disposições concretas ou concessões de órgãos públicos. Além destes, devem ser considerados outros requisitos, tais como regras de conduta e princípios dos setores econômicos em que atuam, acordos com órgãos públicos ou normas que estão incluídas em lei e normas e diretrizes internas da organização, que, muitas vezes, vão além do que é exigido legalmente. Também devem ser consideradas outras práticas que a organização é obrigada a atender por questões contratuais ou por iniciativa própria. Logicamente, a extensão das obrigações legais irá depender do ramo de atividade da organização.

Diversas formas podem ser adotadas para a aplicação desses requisitos, tais como:

- consulta sistemática a páginas de Internet do governo que apresentam bancos de dados com as legislações relacionadas ao segmento alimentício;
- contratação de empresas de assessoria especializadas na identificação e na atualização de aspectos legais;
- contratação de assessoria jurídica.

Referências legais e estatutárias

A seguir, são apresentadas algumas legislações nacionais e também códigos e diretrizes do *Codex Alimentarius*[2] (Codex Alimentarius Commission, 2001) para servir de referência. Todas as referências do *Codex* podem ser obtidas no *site* http://www.codexalimentarius.net, e as demais no *site* da Anvisa, http://www.anvisa.gov.br.

Códigos e diretrizes do *Codex Alimentarius*
Generalidades
- CAC/RCP 1-1969 (Rev.4-2003), Recommended International Code of Practice – General Principles of Food
- Hygiene; incorporates Hazard Analysis and Critical Control Point (HACCP) system and guidelines for its application
- Guidelines for the Validation of Food Hygiene Control Measures)
- Principles for the Application of Traceability/Product Tracing with Respect to Food Inspection and Certification Commodity Specific Codes and Guidelines

Alimentação para animais
- CAC/RCP 45-1997, Code of Practice for the Reduction of Aflatoxin B1 in Raw Materials and Supplemental Feeding Stuffs for Milk Producing Animals
- CAC/RCP 54-2004, Code of Practice for Good Animal Feeding

Alimentos para usos especiais
- CAC/RCP 21-1979, Code of Hygienic Practice for Foods For Infants and Children)
- CAC/GL 08-1991, Guidelines on Formulated Supplementary Foods for Older Infants and Young Children

Alimentos com processos específicos
- CAC/RCP 8-1976 (Rev. 2-1983), Code of Hygienic Practice for the Processing and Handling of Quick Frozen Foods
- CAC/RCP 23-1979 (Rev. 2-1993), Recommended International Code of Hygienic Practice for Low and Acidified LowAcid Canned Foods
- CAC/RCP 46-1999, Code of Hygienic Practice for Refrigerated Packaged Foods with Extended Shelf Life

Ingredientes
- CAC/RCP 42-1995, Code of Hygienic Practice for Spices and Dried Aromatic Plants

Frutas e vegetais
- CAC/RCP 22-1979, Code of Hygienic Practice for Groundnuts (Peanuts)
- CAC/RCP 2-1969, Code of Hygienic Practice for Canned Fruit and Vegetable Products
- CAC/RCP 3-1969, Code of Hygienic Practice for Dried Fruit
- CAC/RCP 4-1971, Code of Hygienic Practice for Desiccated Coconut
- CAC/RCP 5-1971, Code of Hygienic Practice for Dehydrated Fruits and Vegetables, Including Edible Fungi
- CAC/RCP 6-1972, Code of Hygienic Practice for Tree Nuts
- CAC/RCP 53-2003, Code of Hygienic Practice For Fresh Fruits and Vegetables

Carne e derivados
- CAC/RCP 41-1993, Code for Ante-mortem and Post-mortem Inspection of Slaughter Animals and for Ante-mortem and Post-mortem Judgement of Slaughter Animals and Meat
- CAC/RCP 32-1983, Code of Practice for the Production, Storage and Composition of Mechanically Separated Meat and Poultry for Further Processing
- CAC/RCP 29-1983, Rev. 1 (1993), Code of Hygienic Practice for Game
- CAC/RCP 30-1983, Code of Hygienic Practice for the Processing of Frog Legs
- CAC/RCP 11-1976, Rev. 1 (1993), Code of Hygienic Practice for Fresh Meat
- CAC/RCP 13-1976, Rev. 1 (1985), Code of Hygienic Practice for Processed Meat and Poultry Products
- CAC/RCP 14-1976, Code of Hygienic Practice for Poultry Processing
- CAC/GL 52-2003, General Principles of Meat Hygiene Code of Hygienic Practice for Meat)

Leite e derivados
- CAC/RCP 57-2004, Code of Hygienic Practice for Milk and Milk Products
- Revision of the Guidelines for the Establishment of a Regulatory Programme for the Control of Veterinary Drug Residues in Foods Prevention and Control of Drug Residues in Milk and Milk Products (including milk and milk products)

Ovos e derivados
- CAC/RCP 15-1976, Code of Hygienic Practice for Egg Products (amended 1978, 1985)
- Revision of the Code of Hygienic Practice for Egg Products)

Peixe e derivados
- CAC/RCP 37-1989, Code of Practice for Cephalopods
- CAC/RCP 35-1985, Code of Practice for Frozen Battered and/or Breaded Fishery Products
- CAC/RCP 28-1983, Code of Practice for Crabs
- CAC/RCP 24-1979, Code of Practice for Lobsters
- CAC/RCP 25-1979, Code of Practice for Smoked Fish
- CAC/RCP 26-1979, Code of Practice for Salted Fish
- CAC/RCP 17-1978, Code of Practice for Shrimps or Prawns
- CAC/RCP 18-1978, Code of Hygienic Practice for Molluscan Shellfish
- CAC/RCP 52-2003, Code of Practice for Fish and Fishery Products
- Code of Practice for Fish and Fishery Products (aquaculture)

Águas
- CAC/RCP 33-1985, Code of Hygienic Practice for the Collection, Processing and Marketing of Natural Mineral Waters
- CAC/RCP 48-2001, Code of Hygienic Practice for Bottled/Packaged Drinking Waters (Other than Natural Mineral Waters)

Transporte de alimentos
- CAC/RCP 47-2001, Code of Hygienic Practice for the Transport of Food in Bulk and Semi-packed Food
- CAC/RCP 36-1987 (Rev. 1-1999), Code of Practice for the Storage and Transport of Edible Oils and Fats in Bulk
- CAC/RCP 44-1995, Code of Practice for Packaging and Transport of Tropical Fresh Fruit and Vegetables

Varejo
- CAC/RCP 43-1997 (Rev. 1-2001), Code of Hygienic Practice for the Preparation and Sale of Street Foods (Regional Code — Latin America and the Caribbean)
- CAC/RCP 39-1993, Code of Hygienic Practice for Precooked and Cooked Foods in Mass Catering
- CAC/GL 22-1997 (Rev. 1-1999), Guidelines for the Design of Control Measures for Street Vended Foods in Africa

Códigos e diretrizes para perigos à segurança dos alimentos

- CAC/RCP 38-1993, Code of Practice for Control of the Use of Veterinary Drugs
- CAC/RCP 50-2003, Code of Practice for the Prevention of Patulin Contamination in Apple Juice and Apple Juice Ingredients in Other Beverages
- CAC/RCP 51-2003, Code of Practice for the Prevention of Mycotoxin Contamination in Cereals, including Annexes on Ochratoxin A, Zearalenone, Fumonisin and Tricothecenes
- CAC/RCP 55-2004, Code of Practice for the Prevention and Reduction of Aflatoxin Contamination in Peanuts
- CAC/RCP 56-2004, Code of Practice for the Prevention and Reduction of Lead Contamination in Foods
- Guidelines for the Control of Listeria Monocytogenes in Foods
- Code of Practice for the Prevention and Reduction of Inorganic Tin Contamination in Canned Foods
- Code of Practice to Minimize and Contain Antimicrobial Resistance
- Code of Practice for the Prevention and Reduction of Aflatoxin Contamination in Treenuts

Cógidos para medidas de controle

- CAC/RCP 19-1979 (Rev. 1-1983), Code of Practice for the Operation of Irradiation Facilities Used for the Treatment of Foods
- CAC/RCP 40-1993, Code of Hygienic Practice for Aseptically Processed and Packaged Low-acid Foods
- CAC/RCP 49-2001, Code of Practice for Source Directed Measures to Reduce Contamination of Food with Chemicals
- CAC/GL 13-1991, Guidelines for the Preservation of Raw Milk by Use of the Lactoperoxidase System
- CAC/STAN 106-1983 (Rev. 1-2003), General Standard for Irradiated Foods

Legislações brasileiras

Para produtos produzidos e comercializados no Brasil, a legislação nacional deve ser rigorosamente seguida tanto para os produtos que são regidos pela Agência Nacional de Vigilância Sanitária (Anvisa) quanto pelo Ministério da Agricultura, Pecuária e Abastecimento (Mapa). Essas informações encontram-se plenamente disponíveis nos sites desses órgãos e devem ser consultadas sempre. Além dessas, é preciso pesquisar se existem legislações específicas em âmbito estadual ou mesmo municipal.

Este livro não tem como objetivo relatar toda legislação relacionada a alimentos, mas irá introduzir resumidamente as informações que devem constar nos rótulos dos alimentos, por considerar importante tal assunto, uma vez que por meio do rótulo são disponibilizadas informações aos consumidores.

O rótulo é responsável por trazer dados importantes do produto ao consumidor. Segundo a Anvisa, rótulo é toda inscrição, legenda e imagem ou, toda matéria descritiva ou gráfica que esteja escrita, impressa, estampada, gravada ou colada sobre a embalagem do alimento.

As informações obrigatórias a constarem nos rótulos, tamanho das letras e disposição das informações devem estar de acordo com as determinações das resoluções governamentais, e, de forma geral, devem incluir peso líquido (gramatura), identificação de origem, identificação do lote, prazo de validade, informações nutricionais, lista de ingredientes, alergênicos e armazenamento e conservação do produto, os quais serão apresentados a seguir.

Peso líquido – gramatura

A indicação quantitativa do conteúdo líquido dos produtos pré-medidos deve constar na rotulagem da embalagem, ou no corpo dos produtos, na vista principal, e deve ser de cor contrastante com o fundo onde estiver impressa, de modo a transmitir ao consumidor uma fácil, fiel e satisfatória informação da quantidade comercializada. No caso de embalagem transparente, a indicação quantitativa deve ser de cor contrastante com a do produto.

A quantidade de alimento presente nas embalagens pré-medidas no Brasil normalmente é expressa em mililitro (mL), litro (L), grama (g), quilo (Kg), ou por unidade. Para produtos, é sua gramatura (em gramas), ou seja, o peso líquido de produtos contido numa determinada embalagem.

Toda vez que há uma redução na quantidade de um produto já disponível no mercado, as empresas são obrigadas a informar ao consumidor a mudança de forma clara, precisa e ostensiva.

A comunicação deve ser feita na própria embalagem, pelo prazo mínimo de três meses, com dados sobre a quantidade existente antes e depois da mudança (quanto aumentou, ou diminuiu), em termos absolutos e percentuais.

Identificação da origem

Devem ser indicados o nome e o endereço do fabricante. Atualmente, a maioria das indústrias oferece aos clientes o Serviço de Atendimento ao Consumidor (SAC), disponibilizando também no rótulo o telefone e o *e-mail*, para facilitar o contato em caso de dúvidas, críticas ou sugestões.

Identificação do lote

Todo rótulo deve ter impressa uma indicação em código que permita identificar o lote a que pertence o alimento. Em alguns casos, a data de validade ou de fabricação pode ser considerada como identificação para rastreabilidade do lote.

Porém, quanto mais completa a informação, melhor será seu uso em processos de rastreabilidade para tratativa de problemas. Um código de identificação do lote pode trazer informações valiosas, como turno de fabricação, máquina/equipamento, unidade produtora, entre outras. Em alguns casos, pode, inclusive, ser indicada a hora de fabricação/envase.

Prazo de validade

Deve estar presente de forma visível e clara. No caso de alimentos que exijam condições especiais para sua conservação, deve ser indicado o melhor local de armazenamento (*freezer*, congelador, geladeira) e o vencimento correspondente. O mesmo se aplica a alimentos que podem se alterar depois de abertas suas embalagens. O consumidor deve estar sempre atento à data de validade ao adquirir um alimento. Todo produto vencido deve ser desprezado, pois, além de perder a garantia de qualidade oferecida pelo fabricante, pode trazer riscos à saúde.

Informações nutricionais

O rótulo é o "documento de identidade" de um produto. Por isso, para além da função publicitária, deve ser fundamentalmente um meio de informação que facilita ao consumidor uma escolha adequada e uma atuação correta na conservação e no consumo do produto. Assim, as indicações devem ser completas, verdadeiras e esclarecedoras quanto à composição, qualidade, quantidade, validade ou demais características que entrem na composição do produto.

É obrigatório que o rótulo seja:

- escrito em português ou, sendo em outra língua, totalmente traduzido, exceto a denominação de venda, quando não se possa traduzir, ou seja, internacionalmente consagrada;
- escrito em caracteres indeléveis, facilmente visíveis e legíveis, em local de evidência e redigidos em termos concretos, claros e precisos, não podendo ser dissimulados ou separados por outras menções ou imagens.

Todos os alimentos e bebidas produzidos, comercializados e embalados na ausência do cliente e prontos para oferta ao consumidor devem conter as informações nutricionais[3] no rótulo.

Rotulagem nutricional

A rotulagem nutricional compreende a declaração de valor energético e de nutrientes de um alimento. É obrigatório declarar a quantidade do valor energético e dos seguintes nutrientes: 1) carboidratos; 2) proteínas; 3) gorduras totais; 4) gorduras saturadas; 5) gorduras *trans*; 6) fibra alimentar; e 6) sódio.

A quantidade do valor energético a ser declarada pode ser obtida por meio de laudo analítico ou pode ser calculada utilizando-se os seguintes fatores de conversão:

- carboidratos (exceto polióis) = 4 kcal/g = 17 kJ/g
- proteínas = 4 kcal/g = 17 kJ/g
- gorduras = 9 kcal/g = 37 kJ/g
- álcool (etanol) = 7 kcal/g = 29 kJ/g
- ácidos orgânicos = 3 kcal/g = 13 kJ/g
- polióis = 2,4 kcal/g = 10 kJ/g
- polidextroses = 1 kcal/g = 4 kJ/g

A declaração de propriedades nutricionais (informação nutricional complementar), ou seja, qualquer representação que afirme, sugira ou implique que um produto possui propriedades nutricionais particulares, especialmente, mas não somente, em relação ao seu valor energético e conteúdo de proteínas, gorduras, carboidratos e fibra alimentar, assim como ao seu conteúdo de vitaminas e minerais.

Quando for realizada uma declaração de propriedades nutricionais (-informação nutricional complementar) sobre o tipo e/ou a quantidade de carboidratos, deve ser indicada a quantidade de açúcares e de carboidrato(s) sobre o qual se faça a declaração de propriedade. Podem ser indicadas, também, as quantidades de amido e/ou outro(s) carboidrato(s), da seguinte forma:

- carboidratos ....g, dos quais:
  - açúcares............. ....g
  - polióis....................................g
  - amido ....g

Quando for realizada uma declaração de propriedades nutricionais (informação nutricional complementar) sobre o tipo e/ou a quantidade de gorduras e/ou de ácidos graxos e/ou colesterol, deve ser indicada a quantidade de gorduras saturadas, *trans*, monoinsaturadas, poli-insaturadas e colesterol, da seguinte forma:

- gorduras totais.....g, das quais:
  - gorduras saturadas..................g
  - gorduras *trans*..........................g
  - gorduras monoinsaturadas......g
  - gorduras poli-insaturadas........g
  - colesterol ....mg

De maneira opcional, podem ser declaradas as vitaminas e os minerais que constam na Tabela 2.1, sempre e quando estiverem presentes em quantidade igual ou superior a 5% da ingestão diária recomendada (IDR) por porção indicada no rótulo.

Modelo de rotulagem nutricional

A informação nutricional deve ser expressa por porção,[4] que, por exemplo, no caso dos biscoitos, uma porção é entendida como 30 g do produto, e em percentual do valor diário (%VD).

TABELA 2.1
VALORES DE INGESTÃO DIÁRIA RECOMENDADA (IDR) DE NUTRIENTES DE DECLARAÇÃO VOLUNTÁRIA – VITAMINAS E MINERAIS

Vitamina A	600 µg	Ferro	14 mg
Vitamina D	5 µg	Magnésio	260 mg
Vitamina C	45 mg	Zinco	7 mg
Vitamina E	10 mg	Iodo	130 µg
Tiamina	1,2 mg	Vitamina K	65 µg
Riboflavina	1,3 mg	Fósforo	700 mg
Niacina	16 mg	Flúor	4 mg
Vitamina B6	1,3 mg	Cobre	900 µg
Ácido fólico	400 µg	Selênio	34 µg
Vitamina B12	2,4 µg	Molibdênio	45 µg
Biotina	30 µg	Cromo	35 µg
Ácido pantotênico	5 mg	Manganês	2,3 mg
Cálcio	1.000 mg	Colina	550 mg

Para calcular a porcentagem do valor diário, do valor energético e de cada nutriente que contém a porção do alimento, devem ser utilizados os valores diários de referência (VDR) de nutrientes e de ingestão diária recomendada (IDR) (Tabela 2.2). Deve ser incluída como parte da informação nutricional a seguinte frase: "Seus valores diários podem ser maiores ou menores, dependendo de suas necessidades energéticas".

A informação nutricional deve aparecer agrupada em um mesmo lugar, estruturada em forma de tabela, com os valores e as unidades em colunas, devendo ser feita em forma numérica. Se o espaço não for suficiente, pode ser utilizada a forma linear. As quantidades mencionadas devem ser as correspondentes ao alimento tal como se oferece ao consumidor.

Pode-se declarar, também, informações do alimento preparado, desde que se indiquem as instruções específicas de preparação e que elas se refiram ao alimento pronto para o consumo (Tabela 2.3).

Será admitida uma tolerância de + 20% com relação aos valores de nutrientes declarados no rótulo.

Para produtos que contenham micronutrientes em quantidade superior à tolerância estabelecida de + 20%, a empresa responsável deve manter à disposição os estudos que justifiquem tal variação.

TABELA 2.2
VALORES DIÁRIOS DE REFERÊNCIA (VDR) DE NUTRIENTES DE DECLARAÇÃO OBRIGATÓRIA

Valor energético	2.000 kcal (8.400 kJ)
Carboidratos	300 g
Proteínas	75 g
Gorduras totais	55 g
Gorduras saturadas	22 g
Fibra alimentar	25 g
Sódio	2.400 mg

TABELA 2.3
MODELO DE TABELA NUTRICIONAL

INFORMAÇÃO NUTRICIONAL
Porção de ___ g/mL (medida caseira)

	Quantidade por porção	%VD[a]
Valor energético	g	%
Carboidratos[b]	g	%
Proteínas[c]	g	%
Gorduras totais[d]	g	%
Gorduras saturadas[e]	g	%
Gorduras trans[f]	g	%
Fibra alimentar[g]	g	%
Sódio[h]	mg	%
Outros minerais[i]	mg ou mcg	
Vitaminas[i]	mg ou mcg	

[a] **Valores diários de referência (VDR)** com base em uma dieta de 2.000 kcal ou 8.400 kJ. Seus valores diários podem ser maiores ou menores dependendo das necessidades energéticas de cada indivíduo.

[b] **Carboidratos** ou hidratos de carbono ou glicídeos são todos os mono, di e polissacarídeos, incluídos os polióis presentes no alimento que são digeridos, absorvidos e metabolizados pelo ser humano. VDR = 300 g.

[c] **Proteínas** são polímeros de aminoácidos ou compostos que contêm polímeros de aminoácidos. VDR = 75 g.

[d] **Gorduras ou lipídeos** são substâncias de origem vegetal ou animal, insolúveis em água, formadas de triglicerídeos e pequenas quantidades de não glicerídeos, principalmente fosfolipídeos. VDR = 55 g.

[e] **Gorduras saturadas** são os triglicerídeos que contêm ácidos graxos sem duplas ligações, expressos como ácidos graxos livres. Gorduras monoinsaturadas são os triglicerídeos que contêm ácidos graxos com uma dupla ligação cis, expressos como ácidos graxos livres. Gorduras poli-insaturadas são os triglicerídeos que contêm ácidos graxos com duplas ligações cis-cis, separadas por grupo metileno, expressos como ácidos graxos livres. VDR = 22 g.

[f] **Gorduras trans** são os triglicerídeos que contêm ácidos graxos insaturados com uma ou mais ligação dupla trans, expressos como ácidos graxos livres.

[g] **Fibra alimentar** é qualquer material comestível que não seja hidrolisado pelas enzimas endógenas do trato digestório humano. VDR = 5 g.

[h] O **sódio** é um mineral presente nos alimentos, assim como o cálcio, o ferro, etc. Porém, apesar de ser constituinte da maioria dos alimentos, a maior fonte dietética de sódio é o sal de cozinha. Ele não é composto apenas de sódio. Na realidade, é um cloreto de sódio, que fornece, em cada 1,5 g de sal de cozinha, aproximadamente 590 mg de sódio. VDR = 2.400 mg.

[i] **"Outros minerais"** e **"vitaminas"** farão parte do quadro obrigatoriamente quando se fizer uma declaração de propriedades nutricionais ou outra declaração que faça referência a esses nutrientes. De forma opcional, podem ser declaradas vitaminas e minerais quando estiverem presentes em quantidade igual ou superior a 5% da IDR por porção indicada no rótulo.

Lista de ingredientes

Com exceção de alimentos com um único ingrediente (p. ex., açúcar, farinha de trigo, vinho), os demais devem ter a descrição de todos os ingredientes no rótulo, por ordem decrescente de proporção. Os aditivos alimentares também devem fazer parte da lista, sendo relatados por último.

Nos alimentos contendo corante artificial,[5] é obrigatória a declaração "Colorido artificialmente",

Se o corante usado for o amarelo tartrazina[6] (INS 102), um alergênico, é preciso também declarar seu nome por extenso na lista de ingredientes, para proteger grupos de pessoas para as quais pode ter efeito alergênico.

Nos alimentos contendo aroma artificial ou flavorizante sintético, será obrigatória a declaração "Aromatizado artificialmente".

Alergênicos

Alergênicos alimentares causam reações de hipersensibilidade em que o sistema imune do organismo reage a determinados alimentos como se fossem potencialmente perigosos. A prevalência de alergias está entre 1 e 3% das populações.

Para se defender destes invasores, as células do sistema imune produzem moléculas chamadas "anticorpos". Infelizmente, esta reação incita outras células especializadas, os mastócitos, a liberar histamina, e é esta substância que provoca os sintomas alérgicos.

Como consequência, alergias alimentares podem afetar os sistemas cutâneo, digestório, respiratório ou cardiovascular, mas a maior preocupação é com a anafilaxia que pode levar o indivíduo a óbito. Estimativas indicam que entre 30 e 50% dos casos de anafilaxia são causados por alimentos; em crianças, pode chegar a 80%. Nos EUA estima-se que sejam geradas até 30.000 atendimentos emergenciais, 2.000 internações e 150 mortes por ano devido a casos de anafilaxia. No Brasil não existem dados claramente definidos, mas estima-se que de 6 a 8% das crianças com menos de 6 anos de idade sofram de alguma tipo de alergia.

Mais de 170 alimentos já foram descritos como causadores de alergias alimentares, o que dependerá também de fatores ambientais, como hábitos alimentares, amamentação, alimentação complementar, tipo de alimentos, nível de processamento e forma de preparo, além das características de cada população, incluindo genética, idade, sexo, etnia, atividade física, etilismo, uso de antibióticos ou de inibidores de acidez gástrica. Mais de 90% dos casos de alergias relatadas se deve ao consumo de ovos, leite, peixe, crustáceos, castanhas, amendoim, trigo e soja.

Por isso, por uma questão de segurança de alimentos, os consumidores devem ter acesso a informação sobre se o alimento que estão adquirindo tem um potencial alergênico, e cada consumidor tem o compromisso de conhecer as alergias que podem acometer a si próprios, devendo então ler os rótulos e evitar tais alimentos que são prejudiciais a determinados indivíduos. É preciso ficar claro que um alimento de potencial alergênico não causa tal reação a toda uma população, mas a uma parcela de indivíduos específicos, e justamente estes que são acometidos, precisam saber reconhecer na lista de ingredientes o que lhes faz mal. Desta forma os alergênicos devem ser declarados nos rótulos das embalagens, sejam eles adicionados propositalmente como ingredientes intencionais, ou existindo o potencial risco de contaminação cruzada, quando numa mesma linha industrial se produzem diferentes produtos, alguns com ingredientes alergênicos e outros não, mas que um sendo produzido sequencialmente ao outro, podem vir a gerar uma contaminação com traços, que seriam potencialmente suficientes para desencadear uma reação alérgica aos indivíduos sensíveis (p. ex., um chocolate ao leite após a produção de um chocolate ao leite com amendoins), e, por isso, precisam também ser declarados com termos como "pode conter traços de...", uma vez que tais materiais que seriam contaminantes não constariam da lista de ingredientes.

A obrigação de declaração de ingredientes de potencial alergênico ou da contaminação cruzada com estes se aplica legalmente para: trigo (centeio, cevada, aveia e suas estirpes hibridizadas), crustáceos, ovos, peixes, amendoim, soja, leite de todos os mamíferos, amêndoa, avelã, castanha de caju, castanha do Pará, macadâmia, nozes, pecã, pistaches, pinoli, castanhas, além de látex natural (quando se usam luvas de látex na produção do alimento).

Contudo, outros ingredientes podem ser declarados, por decisão dos próprios produtores.

Sulfitos

Sulfitos agem como branqueadores, conservadores ou antioxidantes, e devem ser declarados quando usados como ingredientes, de acordo com o propósito que foi usado, mas não como alergênicos, pois não o são, apesar de uma grande confusão que se faz neste tema.

Os sulfitos são compostos à base de enxofre que podem causar reações indiossincráticas em indivíduos sensíveis, portanto, não conferem mecanismo similar aos causados por alergênicos típicos.

Glúten

Todos os alimentos e bebidas embalados que contenham glúten, como trigo, aveia, cevada, malte e centeio e/ou seus derivados, devem conter no rótulo, obrigatoriamente, a advertência: "CONTÉM GLÚTEN".

Essa informação, que é uma advertência para os portadores de doença celíaca,[7] deve ser impressa em caracteres com destaque, nítidos e de fácil leitura.

Armazenamento e conservação do produto

Não se trata propriamente de uma informação obrigatória de rotulagem, mas informar ao consumidor que, por exemplo, o produto deve ser mantido em local fresco, longe do calor e que após aberto deve ser imediatamente consumido ou protegido da exposição ao ar e à umidade, mantido refrigerado, etc., é essencial para preservar a qualidade e a segurança dos alimentos na casa do consumidor.

Documentação e controle de documentos

Sistemas de gestão devem ser baseados em documentos, pois esse é um elemento importante para a realização de qualquer processo que envolva comunicação, permitindo que o conhecimento relativo a tais sistemas seja mantido e aprimorado. Os requisitos das Normas ISO 9001:2015 e ISO 22000:2005 que tratam desse tema são transcritos no Quadro 2.12.

Porém, é preciso cuidado: um antigo chavão dos consultores em qualidade que ditava que, para se ter qualidade, se devia "escrever tudo o que se faz e depois fazer tudo o que se escreveu" não passa de uma heresia para um SGQ + SA, primeiro porque engessa o sistema, segundo porque nem todas as atividades precisam ser documentadas, somente aquelas nas quais a falta de um procedimento documentado pode levar a erros que ocasionem falhas de qualidade ou contaminação dos produtos, e, por fim, porque um SGQ + SA eficaz deve ter o mínimo de burocracia que permita o máximo de resultados. O sistema de gestão deve existir para garantir a qualidade e a inocuidade dos alimentos e não para ser um cartório de documentos.

Uma analogia para garantir o bom senso na elaboração de documentos é imaginar que o suporte de procedimentos documentados é como uma mochila de alpinista: com conteúdo de menos, o alpinista não chega ao topo; demais, fica pesado e também não chega. Então, deve-se buscar o mínimo de documentos que permita o máximo de eficiência, documentando somente o que realmente agregará valor ao SGQ, e isso dependerá do porte da organização, de seu tipo de atividade, do número e da complexidade dos processos de seus produtos, do números de empregados e de suas qualificações e competências.

A documentação de um SGQ + SA deve preocupar-se particularmente com:

- atividades que afetem diretamente a qualidade dos produtos ou sua inocuidade;

QUADRO 2.12
REQUISITOS 7.5.1 E 7.5.2 DA NORMA ISO 9001:2015 E
REQUISITOS 4.2 E 4.2.1 DA NORMA ISO 22000:2005

ISO 9001:2015	ISO 22000:2005
7.5 Informação documentada	**4.2 Requisitos de documentação**
7.5.1 Generalidades O SGQ da organização deve incluir: a) informação documentada requerida por esta Norma; b) informação documentada determinada pela organização como sendo necessária para a eficácia do SGQ.	**4.2.1 Generalidades** A documentação do sistema de gestão de segurança dos alimentos deve incluir: a) declarações documentadas da política de segurança dos alimentos e dos objetivos relacionados; b) procedimentos documentados e registros requeridos por esta norma que incluem, mas não se limitam a:
7.5.2 Criando e atualizando Ao criar e atualizar informação documentada, a organização deve assegurar: a) identificação e descrição (p. ex., um título, data, autor ou número de referência); b) formato (p. ex., linguagem, versão de *software*, gráficos) e meio (p. ex., papel, eletrônico); c) análise crítica e aprovação quanto à adequação e suficiência.	1 – política do sistema de gestão e segurança dos alimentos; 2 – plano **APPCC**; 3 – controle de documentos; 4 – controle de registros; 5 – auditoria interna; 6 – correção; 7 – ações corretivas; e 8 – recolhimento. c) documentos necessários à organização para assegurar o planejamento, a implementação e a atualização eficazes do sistema de gestão da segurança dos alimentos.

Fonte: ISO 9001:2015 e ISO 22000:2005.

- clareza e compromissos com as prescrições em todos os níveis e em todas as áreas atingidas da organização;
- continuidade dos procedimentos praticados;
- apresentação do funcionamento do SGQ + SA perante clientes e órgãos externos;
- revisão do SGA;
- base para auditoria.

Deve-se destacar que o objetivo da documentação é dar apoio ao sistema de gestão, e não dirigi-lo. Deve ser a mínima necessária para a operacionalização, a manutenção e a melhoria do sistema, sem torná-lo lento e burocratizado. Requisitos sobre documentação focam os elementos mais importantes envolvidos nos processos e nas operações da organização e em suas interações, além de fornecer orientação sobre a documentação relacionada. Entende-se, no contexto do SGQ + SA, que os elementos mais importantes são aqueles envolvidos com a qualidade e a segurança dos produtos, além da própria gestão desses sistemas. Uma forma de fazer isso é por meio de um manual ou documento similar que contemple tais informações, explicando o funcionamento do sistema de gestão em linhas gerais.

A estrutura da documentação de um sistema de gestão pode ser apresentada de forma hierarquizada, conforme o exemplo na Figura 2.1. Nessa estrutura, existe uma divisão em três níveis: estratégico – define os anseios da organização; tático – estabelece os meios a serem utilizados; e operacional – estabelece as rotinas da organização.

O Quadro 2.13 explica a hierarquia de documentos apresentada na Figura 2.1.

Durante a implementação do SGQ + SA, as organizações acumulam uma série de documentos, podendo ocorrer que as informações não estejam disponíveis para as pessoas que delas precisam em determinado momento, o que gera sérios problemas operacionais ou administrativos. Assim, cada organização deve estabelecer sua própria estrutura de documentação e uma sistemática para o controle que sejam convenientes com o porte, a cultura e os recursos disponíveis.

Figura 2.1 Exemplo de hierarquia da documentação de um SGQ + SA.

QUADRO 2.13
HIERARQUIA DOCUMENTAL

Nível do documento	Tipo de documento	Propósito	Abrangência e aprovação
Estratégico	Política, visão e missão	Descrever os macropropósitos do sistema de gestão	Corporativo, pode ser usado interna e externamente Aprovado exclusivamente pela alta direção
Tático	Procedimentos documentados Manuais do sistema de gestão	Determinar as diretrizes da organização em nível gerencial	Corporativo. Aprovado pelos níveis de gerência e/ou direção
Operacional normativo	Procedimento operacional padronizado (POP)[a] Métodos analíticos (LAB)[b] Especificação de processo/produto (EPP)[c] Fichas técnicas de produto (FCT)[d] Especificação de matéria-prima (EMP)[e] Formulação de produto (FOP)[f] Planos de APPCC[g]	Descrever metodologias e sistemáticas para a realização de atividades específicas	Específicos de cada área e atividade, com exceção de FCT e POPs exigidos pela Anvisa. Aprovados pelos níveis de gestores e supervisores
Operacional de comprovação	Registros	Registrar o cumprimento das atividades do sistema de gestão	Específicos de cada atividade

[a] Procedimento operacional padronizado descreve atividades para a execução de tarefas operacionais e administrativas.
[b] Métodos analíticos descrevem métodos utilizados pelo departamento de controle de qualidade.
[c] Especificação de processo/produto define fluxos e especificações de processo, características de qualidade e faz referência à formulação do produto.
[d] Fichas técnicas do produto concentram dados referentes aos produtos para sua apresentação aos clientes.
[e] Especificação de matéria-prima descreve especificações de matérias-primas utilizadas.
[f] Formulação de produto são documentos confidenciais que especificam as formulações de produtos.
[g] Planos de APPCC são aqueles que contêm uma análise de perigos e pontos críticos de controle.

Os requisitos que tratam desse tema nas Normas ISO 9001:2015 e ISO 22000:2005 são transcritos no Quadro 2.14.

O funcionamento do sistema de gestão exige que os referidos documentos em vigor estejam disponíveis e atualizados para todos os cargos existentes na organização que deles fazem uso. Para tanto, a organização deve desenvolver e manter um procedimento que assegure o controle de documentos. Os requisitos referentes a esse controle estabelecem que os documentos envolvidos no desempenho do sistema de gestão sejam controlados por meio de um procedimento que assegure sua criação e distribuição de forma organizada, permitindo sua correta utilização. É aconselhável que tal procedimento contemple:

QUADRO 2.14
REQUISITO 7.5.3 DA NORMA ISO 9001:2015 E REQUISITOS 4.2.2 E 7.7 DA NORMA ISO 22000:2005

ISO 9001:2015	ISO 22000:2005
7.5.3 Controle de informação documentada **7.5.3.1** A informação documentada requerida pelo SGQ e por esta Norma deve ser controlada para assegurar que: a) esteja disponível e adequada para uso, onde e quando for necessária; b) esteja protegida suficientemente (p. ex., contra perda de confidencialidade, uso impróprio ou perda de integridade). **7.5.3.2** Para o controle de informação documentada, a organização deve abordar as seguintes atividades, como aplicável: a) distribuição, acesso, recuperação e uso; b) armazenamento e preservação, incluindo manutenção de legibilidade;	**4.2.2 Controle de documentos** Os documentos requeridos pelo sistema de gestão de segurança dos alimentos devem ser controlados. Registros são um tipo especial de documento e devem ser controlados de acordo com os requisitos apresentados em 4.2.3. Os controles devem assegurar que todas as alterações propostas sejam analisadas criticamente antes da implementação, para determinar seus efeitos na segurança dos alimentos e seus impactos no sistema de gestão de segurança dos alimentos. Um procedimento documentado deve ser estabelecido para definir os controles necessários para: a) aprovar documentos quanto a sua adequação, antes de sua emissão; b) analisar criticamente, atualizar, quando necessário, e reaprovar documentos;

QUADRO 2.14
**REQUISITO 7.5.3 DA NORMA ISO 9001:2015 E REQUISITOS 4.2.2 E 7.7
DA NORMA ISO 22000:2005**

ISO 9001:2015

c) controle de alterações (p. ex., controle de versão);
d) retenção e disposição.

A informação documentada de origem externa determinada pela organização como necessária para o planejamento e operação do SGQ deve ser identificada, como apropriado, e controlada.

Informação documentada retida (registros) como evidência de conformidade deve ser protegida contra alterações não intencionais.

ISO 22000:2005

c) assegurar que alterações e a situação da revisão atual dos documentos sejam identificadas;
d) assegurar que as versões pertinentes de documentos aplicáveis estejam disponíveis nos locais de uso;
e) assegurar que os documentos permaneçam legíveis e prontamente identificáveis;
f) assegurar que documentos pertinentes de origem externa sejam identificados e que sua distribuição seja controlada;
g) evitar o uso não intencional de documentos obsoletos e assegurar que sejam apropriadamente identificados como tais nos casos em que forem retidos por qualquer propósito.

7.7 Atualização de informações preliminares e documentos especificando programas de pré-requisito (PPR) e o plano APPCC
A partir do estabelecimento de PPRs operacionais (ver 7.5) ou do plano APPCC (ver 7.6), a organização deve atualizar as seguintes informações, se necessário:
a) características do produto (ver 7.3.3);
b) uso pretendido (ver 7.3.4);
c) fluxograma (7.3.5.1);
d) etapas do processo (7.3.5.2);
e) medidas de controle. Se necessário, o plano APPCC (ver 7.6.1) e os procedimentos e instruções especificando os PPRs (ver 7.2) devem ser modificados.

Fonte: ISO 9001:2015 e ISO 22000:2005.

- forma de codificação dos documentos criados;
- descrição formal dos responsáveis pela análise e aprovação de cada documento;
- controle de distribuição com listas mestras, indicação de controle de cópia e protocolos;
- definição formal do local de guarda controlada das cópias que estão distribuídas, cópias físicas e virtuais.

O Anexo 1 deste livro apresenta um exemplo de planilha utilizada para o controle de distribuição de documentos. Ela permite uma rápida identificação de onde estão localizados os documentos e em que revisão se encontram.

Os documentos elaborados também não devem ser considerados imutáveis. Pelo contrário, devem possuir um caráter dinâmico que possibilite a incorporação de novos conhecimentos de forma contínua. Portanto, periodicamente, devem ser revisados. Cabe, outra vez, o bom senso. Se um documento é revisado demais, pode significar que foi mal redigido, sem considerar todos os elementos que envolvem seu cumprimento. Inversamente, se nunca é modificado, talvez esteja sendo pouco utilizado.

Atualmente, existem diversos recursos que podem ser usados para melhorar a eficiência do processo de controle de documentos, dos quais é possível destacar a utilização de documentos eletrônicos por intermédio de:

- sistemas informatizados;
- utilização de redes do tipo Intranet;
- sistemas de controle de documentos via Internet e correio eletrônico.

Na prática, o mais importante para atender um requisito de controle de documentos é garantir que, quando ocorrer a revisão em um documento controlado, a distribuição do novo documento e o recolhimento do que está obsoleto sejam eficazes.

Registros e controle de registros

Para comprovar a implementação e a operação de um sistema de gestão, devem ser mantidos registros de determinadas atividades, os quais servirão como evidência objetiva. Esses registros devem ser guardados de forma que possam ser localizados quando preciso, de forma legível e rastreável. As Normas ISO 9001:2015 e ISO 22000:2005 abordam esse assunto nos requisitos 4.2.4 e 4.2.3, respectivamente, transcritos no Quadro 2.15.

QUADRO 2.15
REQUISITO 4.2.3 DA NORMA ISO 22000:2005

ISO 9001:2015	ISO 22000:2005
A versão 2015 da ISO 9001 não traz um requisito específico para controle de registros, apenas cita o tema em **4.4.2b** que diz: "Na extensão necessária, a organização deve reter informação documentada (registros) para ter confiança em que os processos sejam realizados conforme planejado". Portanto, cabe à empresa determinar como fará para garantir que seus registros sejam mantidos armazenados de forma legível e prontamente identificáveis, aptos a serem recuperados caso seja necessário.	**4.2.3 Controle de registros** Registros devem ser estabelecidos e mantidos para prover evidências da conformidade com requisitos e da operação eficaz do sistema de gestão da segurança de alimentos. Os registros devem ser mantidos legíveis, prontamente identificáveis e recuperáveis. Um procedimento documentado deve ser estabelecido para definir os controles necessários para identificação, armazenamento, proteção, recuperação, tempo de retenção e descarte dos registros.

Fonte: ISO 9001:2015 e ISO 22000:2005.

Os responsáveis pelo sistema de gestão e também a direção da organização precisam dispor, a qualquer momento, das informações necessárias para poder julgar se os objetivos e os programas relacionados com a qualidade e a segurança dos alimentos são realizados conforme o planejado. Da mesma maneira, precisam estar em condição de fornecer informações sobre o desempenho do sistema de gestão para órgãos públicos, clientes ou outras partes interessadas, motivo pelo qual registros exatos, atuais e rastreáveis são de suma importância. Assim, os requisitos referentes a controle de registros nas Normas ISO 9001:2015 e ISO 22000:2005 têm como objetivo assegurar que a organização mantenha sob controle todos os registros gerados, os quais comprovam a implementação e a operação do sistema de gestão e servem como fontes de informação para a retroação do sistema. Para tanto, ambas as normas determinam que sejam desenvolvidos procedimentos para identificar quais registros devem ser mantidos e quais devem ser os parâmetros para seu controle. São exemplos de registros em um sistema de gestão:

- relatórios de atividades de monitoramento dos pontos críticos de controle;
- relatos de desvios e correções relacionadas;
- modificações no sistema APPCC;

- relatórios de monitoramento do resultado das análises realizadas nos produtos ao longo dos processos e ao final para liberação;
- registro de treinamento de empregados;
- resultados do acompanhamento de metas;
- registros dos controles operacionais.

A análise dos requisitos referentes a registros nas Normas ISO 9001:2015 e ISO 22000:2005 demonstra a existência de necessidades em comum: determinam que os registros possam ser identificados, sejam identificáveis, legíveis, recuperáveis, armazenados corretamente, protegidos e que seja determinado o tempo de sua retenção (ver Quadro 2.16).[8] Por isso, a existência de uma sistemática para controle de registros satisfaz a exigência de ambas as normas e, como consequência, do SGQ + SA.

O Anexo 2 apresenta um exemplo de planilha utilizada para o controle de registros que permite atender ao exposto no Quadro 2.16.

QUADRO 2.16
CARACTERÍSTICAS DESEJADAS PARA O CONTROLE DOS REGISTROS

Controle	Finalidade
Identificação	Habilitar a recuperação e a rastreabilidade.
Legibilidade	Assegurar a integridade da informação registrada.
Armazenamento	Arquivar racionalmente.
Proteção	Preservar durante o tempo de retenção, de forma que não possa ser deteriorado ou perdido.
Recuperação	Permitir que a informação seja recuperada quando necessário.
Tempo de retenção	Estabelecer a obrigatoriedade do tempo de guarda da informação, de acordo com a necessidade.
Descarte	Esclarecer o destino a ser dado para o registro após vencido o tempo de retenção (destruição, eliminação, etc.).

Fonte: Adaptado de Maranhão (2001).

Recursos

O comprometimento da diretoria deve refletir-se em ações práticas, no sentido de garantir recursos para a implementação do sistema de gestão, promover a orientação global, possibilitar a análise dos resultados e assegurar o contínuo aperfeiçoamento do sistema. Os recursos para a implementação de um sistema de gestão podem ser humanos, tecnológicos e financeiros. Os requisitos que tratam desse tema nas Normas ISO 9001:2015 e ISO 22000:2005 estão transcritos no Quadro 2.17.

O efetivo sucesso da implantação da política e dos objetivos da qualidade e da segurança dos alimentos depende da efetividade de recursos para sua realização, em que a alta direção deve assegurar recursos para a infraestrutura organizacional, tais como instalações físicas adequadas. Por isso, são necessários recursos financeiros, pois determinadas ações em um sistema de gestão da qualidade e

---

QUADRO 2.17
**REQUISITOS 7.1,1, 7.1.2, 7.1.3 E 7.1.4 NA NORMA ISO 9001:2015
E 6.1, 6.3 E 6.4 NA NORMA ISO 22000:2005**

ISO 9001:2015	ISO 22000:2005
7.1 Recursos	**6.1 Provisão de recursos**
	A organização deve prover recursos adequados para o estabelecimento, a implementação, a manutenção e a atualização do sistema de gestão da segurança dos alimentos.
7.1.1 Generalidade A organização deve determinar e prover os recursos necessários para o estabelecimento, implementação, manutenção e melhoria contínua do SGQ, considerando: a) as capacidades e restrições de recursos internos existentes; b) o que precisa ser obtido de provedores externos.	
	6.3 Infraestrutura A organização deve prover recursos para o estabelecimento e a manutenção da infraestrutura necessária para implementar os requisitos desta norma.
7.1.2 Pessoas A organização deve determinar e prover pessoas necessárias para a implementação eficaz do seu SGQ e para a operação e controle de seus processos.	**6.4 Ambiente de trabalho** A organização deve prover os recursos para o estabelecimento, a gestão e a manutenção do ambiente de trabalho necessário para implementar os requisitos desta norma.

▶ ▶ ▶

QUADRO 2.17
**REQUISITOS 7.1,1, 7.1.2, 7.1.3 E 7.1.4 NA NORMA ISO 9001:2015
E 6.1, 6.3 E 6.4 NA NORMA ISO 22000:2005**

ISO 9001:2015	ISO 22000:2005
7.1.3 Infraestrutura A organização deve determinar, prover e manter a infraestrutura necessária para operação dos seus processos e para alcançar a coformidade de produtos e serviços. Infraestrutura pode incluir edifícios e utilidades associadas, equipamentos, materiais, máquinas, ferramentas, *softwares*, transporte, tecnologias de informação e comunicação, etc. **7.1.4 Ambiente para operação dos processos** A organização deve determinar, prover e manter um ambiente necessário para a operação de seus processos e para alcançar a conformidade de produtos e serviços. Ambiente adequado pode incluir fatores físicos como temperatura, calor, umidade, iluminação, ventilação, fluxo de ar, higiene, ruído.	

Fonte: ISO 9001:2015 e ISO 22000:2005.

segurança dos alimentos podem requerer investimentos, como em melhorias de BPF estrutural, aquisição de equipamentos para controle de pontos críticos de controle, como peneiras, filtros, detectores de metal, entre outros, dependendo, logicamente, do tipo de produto e processo em questão.

Na perspectiva da segurança dos alimentos, o tema está profundamente relacionado com boas práticas de fabricação, em especial com a questão estrutural que envolve uma planta industrial sanitária, com *design* para facilitar sua higienização e fechada para prevenir a entrada de pragas, ou seja, uma infraestrutura e um ambiente de trabalho adequados à produção de alimentos seguros.

Uma planta industrial adequada à produção de alimentos, de forma geral, deve considerar:

- Que os espaços ao redor dos edifícios e das instalações sejam mantidos pavimentados ou recobertos com pedras ou gramados, para evitar a formação de pó. Não deve ser admitida a presença de sucatas ou resíduos nas áreas adjacentes. Periodicamente, no máximo a cada mês, essas áreas devem ser monitoradas por empresa que presta serviço no manejo integrado de pragas, a fim de prevenir roedores ou outras pragas.
- Os projetos para a construção de edificações industriais devem ser realizados atendendo aos requisitos descritos no Quadro 2.18. Áreas já construídas devem ser corrigidas e adaptadas.

QUADRO 2.18
REQUISITOS DE BOAS PRÁTICAS DE FABRICAÇÃO ESTRUTURAL

Item	Requisito
Paredes e acabamentos	– Cor clara e lisa – Facilidade de limpeza seca ou úmida (impermeáveis) – Cuidado com descasque em áreas quentes ou úmidas – Para áreas molhadas ou críticas: epóxi com preparo adequado – Aberturas devem ser flangeadas e seladas – Aberturas para ventilação devem ter telas milimétricas removíveis – Onde houver janelas de vidro e telas, as telas devem ser colocadas por dentro, protegendo também contra estilhaços de vidros em caso de quebra – Cantos devem ser arredondados
Telhados	– Impermeável – Escoamento adequado da água pluvial – Aberturas para ventilação: protegidas contra pragas
Tetos e forros	– Cor clara e lisa – Facilidade de limpeza seca ou úmida (impermeáveis) – Cuidado com descasque em áreas quentes ou úmidas
Pisos	– Ladrilhados com rejuntes que impeçam acúmulo de resíduos – Resina epoxílica – Outros que sejam lisos, antiderrapantes e fáceis de higienizar – Livre de defeitos, rachaduras e buracos

▶ ▶ ▶

QUADRO 2.18
REQUISITOS DE BOAS PRÁTICAS DE FABRICAÇÃO ESTRUTURAL

Item	Requisito
Portas	– Superfície lisa, não absorvente, fácil de limpar – Fechamento automático (mola ou sistema eletrônico) – Ausência de vãos (seladas com borracha ou material similar) – Onde houver tráfego de empilhadeiras e precisar ser constantemente aberto, com cortina de tiras ou cortina de ar – Livre de defeitos, rachaduras e buracos
Janelas	– Sem janelas ou em número mínimo – Quando usadas para ventilação, devem ser dotadas de telas milimétricas (removíveis) – Sem beirais ou com beirais de ângulo mínimo de 30°
Escadas, elevadores, montacargas e estruturas auxiliares	– De material que não represente fonte de contaminação – Estruturados de forma que não permitam pontos de difícil acesso – Construídos de forma a evitar abrigo para pragas
Ralos	– Devem ser evitados ou ser sifonados – Dotados de mecanismo para fechamento – Permitir fácil limpeza
Canaletas	– Devem ser lisas (ou com revestimento igual ao do piso) – Possuir cantos arredondados – Possuir declive adequado – Possuir grades de aço inoxidável ou plástico adequado – As saídas das canaletas devem ser sifonadas
Instalações elétricas	– Galerias com acesso para limpeza e combate a pragas (roedores) – Painéis de controle "chumbados" à parede ou espaçados para limpeza – Áreas não críticas: suporte para cabos expostos presos às paredes e ao teto – Áreas críticas: suportes para cabos embutidos nas paredes ou no forro
Iluminação	– Usar referências ABNT (áreas de inspeção: 500 a 1.000 lux, processamento: 150 a 350 lux) ▶ ▶ ▶

QUADRO 2.18
REQUISITOS DE BOAS PRÁTICAS DE FABRICAÇÃO ESTRUTURAL

Item	Requisito
	– Proteção contra quedas acidentais – Luminárias que permitam limpeza/remoção – De preferência, lâmpadas de vapor de sódio em áreas externas
Ventilação natural	– Ventilação natural pode ser utilizada em áreas não críticas – Entrada de ar frio por venezianas teladas próximas ao nível do solo e saída de ar quente no ponto mais alto do teto através de frestas de ventilação
Ventilação forçada	– Filtros para eliminar partículas e minimizar os riscos de contaminação do produto – Leve pressão positiva em todas as áreas onde é aplicada ventilação forçada ou há ar condicionado – Controle da condensação para evitar multiplicação de mofos – Proteção contra pragas e água
Equipamentos, assessórios e utensílios	– Inertes, lisos e não porosos – Possuir o mínimo de parafusos, porcas, rebites ou partes móveis – Livres de ranhuras, fendas, incrustações ou rebarbas e espaços ocos – Fácil desmontagem – Fácil limpeza (CIP [Clean-In-Place], onde possível) e resistente ao uso de sanitizantes – Não corrosível pelo produto – Deve suportar tratamento térmico – Superfície externa deve prevenir aderência de sujidades – Proibido o uso de madeira em utensílios e equipamentos – Parafusos, porcas, rebites ou outras partes móveis dos equipamentos que têm contato com o produto devem ser fixados de forma a assegurar que não caiam acidentalmente no produto
Pinturas	– Com tintas que não contenham metais pesados, laváveis e antimofo
Tubulações	– Menor número possível de curvatura, válvulas, medidores e pontos que possibilitem acúmulo de produtos

▶ ▶ ▶

QUADRO 2.18
REQUISITOS DE BOAS PRÁTICAS DE FABRICAÇÃO ESTRUTURAL

Item	Requisito
	– Seguem os padrões de cor estabelecidos pela ABNT/NR 26, "Sinalização de Segurança", para água, ácido, álcali, etc.
Paletes	– Limpos, sem farpas, sem mofo e secos – Paletes de madeira não devem entrar nas áreas críticas – De madeira somente nas áreas secas ou úmidas de baixo requisito de higiene – Entre paletes de madeira e produtos/insumos/matérias--primas deve sempre ser colocado um maderite ou tabuleiro (papelão ou *teer sheet*)
Tanques de estocagem	– Evitar instalação de dutos, tubulações ou outros sobre bocas de visita de tanques e alimentadores de equipamentos – Bocas de inspeção de tanques devem ser herméticas e mantidas fechadas – O projeto dos tanques deve facilitar a limpeza e a sanitização
Recipientes para resíduos	– Com tampa e acionamento automático com pedal – Identificados
Ar comprimido	– Caso entre em contato com produto ou superfícies que possuem contato direto com o produto, deve ser filtrado, para remover partículas e óleo
Mangueiras e mangotes	– Devem possuir acessórios para fechamento – Devem ser mantidos em suportes quando não estiverem em uso

Funções, responsabilidades e autoridade

Como já mencionado, o comprometimento com o SGQ + SA deve começar nos níveis mais elevados da administração. Para tanto, é preciso estabelecer um representante com responsabilidade e autoridade definida para esse fim. Na ISO 9001:2015, é denominado representante da direção; na ISO 22000:2005, coordenador da equipe de segurança de alimentos.

Nesse contexto, também se recomenda que as funções e responsabilidades associadas às questões de qualidade e segurança dos alimentos não sejam confinadas às funções diretamente ligadas ao tema na organização, mas envolvam outras áreas, seja em funções de cunho operacional ou administrativo.

Dessa forma, todas as funções, responsabilidades e autoridades devem ser claramente definidas e comunicadas, para que cada um esteja ciente sobre como deve direcionar suas ações em relação ao sistema de gestão, devendo contemplar:

- membros da diretoria;
- gerentes de todos os níveis;
- empregados em geral;
- responsáveis pelo gerenciamento de subcontratados;
- responsáveis pelo treinamento do sistema de gestão.

Definir as funções, responsabilidades e autoridades significa delimitar os processos sobre os quais cada pessoa possui autoridade. Isso dá clareza e objetividade, além de facilitar as relações interdepartamentais. Os requisitos que tratam desse tema nas Normas ISO 9001:2008 e ISO 22000:2005 são apresentados no Quadro 2.19. Ter claras quais são as responsabilidades e autoridades de cada função ajuda a atribuir e gerenciar essas responsabilidades e, durante as tomadas de decisão, possibilita saber quem pode o quê.

QUADRO 2.19
REQUISITO 5.3 DA NORMA ISO 9001:2015 E REQUISITOS 5.4, 5.5 E 7.3.2 DA NORMA ISO 22000:2005

ISO 9001:2015	ISO 22000:2005
5.3 Papéis, responsabilidades e autoridades organizacionais A alta direção deve assegurar que as responsabilidades e autoridades para papéis pertinentes sejam atribuídas, comunicadas e entendidas na organização.	**5.4 Responsabilidade e autoridade** A alta direção deve assegurar que responsabilidades e autoridades sejam definidas e comunicadas dentro da organização, para assegurar a operação e a manutenção eficazes do sistema de gestão de segurança dos alimentos.

QUADRO 2.19
**REQUISITO 5.3 DA NORMA ISO 9001:2015 E
REQUISITOS 5.4, 5.5 E 7.3.2 DA NORMA ISO 22000:2005**

ISO 9001:2015	ISO 22000:2005
A alta direção deve atribuir responsabilidade e autoridade para assegurar: a) que o SGQ esteja conforme com os requisitos desta Norma; b) que os processos entreguem suas saídas pretendidas; c) relatar o desempenho do SGQ e as oportunidades para melhoria, em particular para a alta direção; d) a promoção do foco no cliente na organização; e) que a integridade do SGQ seja mantida quando forem planejadas e implementadas mudanças no SGQ.	Todo pessoal deve ter responsabilidade para reportar problemas relacionados com o sistema de gestão de segurança dos alimentos às pessoas designadas. O pessoal designado deve ter responsabilidade e autoridade definidas para iniciar e registrar ações. **5.5 Coordenação da equipe de segurança de alimentos** A alta direção deve indicar um coordenador da equipe de segurança de alimentos,[a] o qual, independentemente de outras responsabilidades, deve ter responsabilidades e autoridade para: a) administrar a equipe de segurança dos alimentos (ver 7.3.2) e organizar seus trabalhos; b) assegurar treinamentos e educação relevantes dos membros da equipe de segurança dos alimentos (ver 6.2.1); c) assegurar que o sistema de gestão de segurança dos alimentos está estabelecido, implementado, mantido e atualizado; d) relatar à alta direção da organização a eficácia e a adequação do sistema de gestão de segurança dos alimentos. **7.3.2 Equipe de segurança dos alimentos** A equipe de segurança dos alimentos deve ser indicada.

►►►

QUADRO 2.19
REQUISITO 5.3 DA NORMA ISO 9001:2015 E
REQUISITOS 5.4, 5.5 E 7.3.2 DA NORMA ISO 22000:2005

ISO 9001:2015	ISO 22000:2005
	A equipe de segurança dos alimentos deve ter uma combinação de conhecimentos multidisciplinares e experiência no desenvolvimento e na implementação do sistema de gestão de segurança dos alimentos.
	Isso inclui, mas não está limitado a, produtos, processos, equipamentos da organização e perigos à segurança dos alimentos, conforme o escopo do sistema de gestão.
	Registros devem ser mantidos para demonstrar que a equipe de segurança dos alimentos tem o conhecimento e a experiência requeridos (ver 6.2.2).

[a] A responsabilidade do coordenador da equipe de segurança dos alimentos pode incluir o contato com partes externas em assuntos relativos ao sistema de gestão da segurança de alimentos.

Fonte: ISO 9001:2015 e ISO 22000:2005.

Competência, treinamento e conscientização

A organização deve identificar quais empregados desenvolvem atividades que possam redundar em problemas associados à qualidade ou à segurança dos alimentos e se certificar de que estão conscientizados e possuem a competência necessária para exercer suas atividades. Esses empregados devem, ainda, ser encorajados a relatar falhas nas atividades que possam conduzir a problemas de contaminação ou desvios nos parâmetros que garantem a qualidade do produto.

Assim, todos os funcionários devem estar conscientes da política do sistema de gestão e dos aspectos de atividades que podem ser afetados por seu trabalho. Para isso, ajuda muito que as funções estejam claramente definidas, como foi dito. Os requisitos que contemplam esse tema nas Normas ISO 9001:2015 e ISO 22000:2005 estão transcritos no Quadro 2.20.

A execução da política e dos objetivos de qualidade e de segurança dos alimentos somente terá êxito se a possibilidade de pensar e agir for estendida aos empregados, e a condição fundamental para isso é o treinamento e a conscientização globalizante que extrapola a comunicação formal da organização. Conscientização, conhecimento, compreensão e competência podem ser obtidos ou melhorados por meio de treinamento, formação educacional ou experiência de trabalho, não só dos empregados, mas também dos prestadores de serviço.

Um sistema de gestão da qualidade e de segurança dos alimentos não é algo que se compra, mas se constrói. Assim, há necessidade de um processo de aprendizagem e desenvolvimento, em que os colaboradores de todos os setores precisam estar envolvidos e educados para esse fim. Educação está associada a formação escolar; treinamento, a cursos teóricos e práticos; e experiência, a tempo de atuação do empregado na função ou atividade.

Além de treinados, os empregados precisam estar conscientizados das consequências de não seguir as orientações estabelecidas nos procedimentos de controle operacional, como, por exemplo, a ocorrência de contaminações e efeitos negativos para os consumidores, buscando-se um envolvimento com grande responsabilidade. Esse tema é considerado *conditio sine qua non* para o sucesso de um sistema de gestão da qualidade e segurança dos alimentos, pois competência, conscientização e treinamento são a base para o bom funcionamento e desempenho de qualquer sistema de gestão.

QUADRO 2.20
REQUISITOS 7.1.6, 7.2 E 7.3 DAS NORMAS ISO 9001:2015 E ISO 22000:2005

ISO 9001:2015	ISO 22000:2005
7.1.6 Conhecimento organizacional A organização deve determinar o conhecimento necessário para a operação de seus processos e para alcançar a conformidade de produtos e serviços.	**6.2 Recursos humanos** **6.2.1 Generalidades** A equipe de segurança dos alimentos e as demais pessoas que realizam atividades que tenham impacto na segurança dos alimentos devem ser competentes e ter educação, treinamento, habilidade e experiência apropriados.

QUADRO 2.20
REQUISITOS 7.1.6, 7.2 E 7.3 DAS NORMAS ISO 9001:2015 E ISO 22000:2005

ISO 9001:2015	ISO 22000:2005
Esse conhecimento deve ser mantido e estar disponível na extensão necessária. Ao abordar necessidades e tendências de mudanças, a organização deve considerar seu conhecimento no momento e determinar como adquirir ou acessar qualquer conhecimento adicional necessário e atualizações requeridas. **7.2 Competência** A organização deve: a) determinar a competência necessária de pessoas que realizem trabalhos sob seu controle que afete o desempenho e a eficácia do SGQ; b) assegurar que essas pessoas sejam competentes, com base em educação, treinamento ou experiência apropriados. c) onde aplicável, implementar ações para adquirir a competência necessária e avaliar a eficácia das ações implementadas; d) reter informação documentada, apropriada como evidência de competência. **7.3 Conscientização** A organização deve assegurar que pessoas que realizam trabalho sob controle da organização estejam conscientes: a) da política da qualidade; b) dos objetivos da qualidade pertinentes;	Quando a assistência de especialistas externos for requerida para o desenvolvimento, a implementação, a operação ou a avaliação do sistema de gestão de segurança dos alimentos, registros de acordos ou contratos definindo a responsabilidade e a autoridade desses especialistas devem estar disponíveis. **6.2.2 Competência, conscientização e treinamento** A organização deve: a) identificar as competências necessárias do pessoal envolvido em atividades que tenham impacto na segurança de alimentos; b) fornecer treinamento ou tomar outras ações para garantir que o pessoal tenha as competências necessárias; c) assegurar que o pessoal responsável pelo monitoramento, por correções e por ações corretivas do sistema de gestão da segurança de alimentos esteja treinado; d) avaliar a implementação e a eficácia dos itens a, b e c; e) assegurar que o pessoal esteja consciente da relevância e da importância de cada uma de suas atividades que contribuem para a segurança de alimentos; f) assegurar que os requisitos para a comunicação eficaz (ver 5.6) sejam entendidos por todo o pessoal envolvido em atividades que tenham impacto na segurança de alimentos;

QUADRO 2.20
REQUISITOS 7.1.6, 7.2 E 7.3 DAS NORMAS ISO 9001:2015 E ISO 22000:2005

ISO 9001:2015	ISO 22000:2005
c) da sua contribuição para a eficácia do SGQ, incluindo os benefícios de desempenho melhorado; d) das implicações de não estar conforme os requisitos do SGQ.	g) manter registros apropriados do treinamento e das ações descritas nos itens b e c.

[a] A conformidade com os requisitos do produto pode ser afetada, direta ou indiretamente, pelas pessoas que desempenham tarefas dentro do sistema de gestão da qualidade.

Fonte: ISO 9001:2015 e ISO 22000:2005.

Gerenciamento do crescimento do ser humano

Como referido, o sucesso de qualquer programa da organização, seja ele de qualidade, de produtividade ou de qualquer outro objetivo, depende fundamentalmente das pessoas. Portanto, é necessário que se estabeleça um sistema que cuide de forma específica do crescimento pessoal e profissional dos funcionários, no sentido de construir uma organização eficiente. Esse não é um requisito normativo da ISO 9001:2015 ou da ISO 22000:2005, mas, dentro do conceito do TQM, é considerado uma condição para a excelência operacional.

Uma dimensão-chave do processo de administração é dada pelo estabelecimento e pela manutenção de um ambiente de trabalho que encoraje e torne possível aos trabalhadores se comportarem de maneira a contribuir para um eficiente desempenho individual e organizacional. Para promover um ambiente adequado à filosofia do TQM e, por conseguinte, do SGQ + SA, as organizações vêm seguindo uma abordagem humanística, por meio de políticas de recursos humanos, buscando satisfazer as necessidades do ser humano. Tal abordagem recebe influências importantes dos trabalhos de diversos especialistas, como Maslow, Herzberg e McGregor.

O enfoque abordado pela maioria das organizações tem sido a satisfação das necessidades prioritárias de cada ser humano, de forma a motivá-lo a um comportamento positivo. O modelo mais comum para esse trabalho tem sido o de Maslow, que classificou as necessidades que impulsionam o comportamento dos seres humanos em uma escala,[9] como mostra a Figura 2.2. Apesar

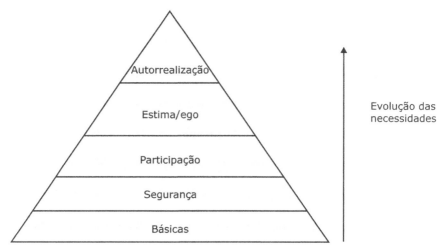

Necessidades básicas: Abrigo, vestimenta, fome, sede, sexo, conforto físico

Necessidades de segurança: Proteção, ordem, consciência dos perigos e riscos, senso de responsabilidade

Necessidades de participação: Amizade, inter-relacionamento humano, amor

Necessidades de estima: *Status*, egocentrismo, ambição, excreção

Necessidades de autorrealização: Crescimento pessoal, aceitação de desafios, sucesso pessoal, autonomia

Figura 2.2 Escala de Maslow.

de esse estudo ter sido desenvolvido em meados de 1950, ainda serve como base para o gerenciamento do crescimento do ser humano dentro da filosofia do SGQ + SA. O que tem sido aplicado nas organizações a partir do modelo de Maslow é a satisfação das necessidades de seus empregados no estágio em que elas aparecerem. Partindo do princípio de que a insatisfação é um estado natural do ser humano e considerando que a satisfação é uma situação momentânea, tenta-se manter uma média de satisfação elevada que resulte em um nível de motivação elevado, o qual Maslow denomina de "moral elevado".

Um trabalho posterior, de Frederick Herzberg, contribuiu com o estudo de Maslow. Herzberg evidenciou, a partir de muitos estudos práticos, o fato de que dois aspectos distintos devem ser considerados na satisfação do cargo. São eles: os fatores higiênicos e os motivacionais. Fatores higiênicos são aqueles que se referem às condições que rodeiam o funcionário, englobando as condições físicas e ambientais de trabalho, o salário, os benefícios sociais, as políticas da empresa, o tipo de supervisão recebido, o clima das relações entre a direção e os funcionários, os regulamentos internos, as oportunidades existentes, entre outros. Correspondem à perspectiva ambiental. Constituem os fatores tradicionalmente utilizados pelas organizações para obter motivação dos funcionários. Herzberg, contudo, considera esses fatores higiênicos muitos limitados em sua capacidade de influenciar poderosamente o comportamento dos empregados. Ele escolheu a expressão "higiene" para refletir seu caráter preventivo e profilático e para mostrar que se destinam apenas a evitar fontes de insatisfação no ambiente ou ameaças potenciais ao seu equilíbrio. Quando esses fatores são adequados, simplesmente evitam a insatisfação, uma vez que sua influência sobre o comportamento não consegue elevar, de forma substancial e duradoura, a satisfação. Porém, quando são precários, provocam insatisfação.

Fatores motivacionais são aqueles que se referem ao conteúdo do cargo, às tarefas e aos deveres relacionados com o cargo em si. São eles que produzem algum efeito duradouro de satisfação e de aumento de produtividade em níveis de excelência, isto é, acima dos níveis normais. O termo motivação, para Herzberg, envolve sentimentos de realização, de crescimento e de reconhecimento profissional, manifestados por meio do exercício de tarefas e atividades que oferecem um desafio e significado para o trabalhador.

Em suma, a teoria dos dois fatores afirma que 1) a satisfação no cargo é a função do conteúdo ou de atividades desafiadoras e estimulantes – são os chamados fatores motivacionais; 2) a insatisfação no cargo é função do ambiente, da supervisão, dos colegas e do contexto geral do cargo – são os chamados fatores higiênicos. De acordo com o trabalho de Herzberg, as necessidades fisiológicas, de segurança e sociais do modelo de Maslow causam pouca ou nenhuma motivação. Isso ainda hoje é bastante discutido no meio empresarial, no qual se acredita que os funcionários trabalham somente pelos salários. A teoria de Herzberg não afirma que os fatores higiênicos não são importantes; pelo contrário, indica que são necessários, mas não suficientes para manter a equipe motivada.

Outro trabalho que contribui para a fortificação da relação funcionário-organização é o de McGregor, que desenvolveu as Teorias X e Y, que classificam a natureza humana em duas correntes distintas e antagônicas, a primeira, na qual os funcionários não gostam de trabalhar, só o fazem por dinheiro e são irresponsáveis e sem iniciativa, e a segunda, em que têm iniciativa e são responsáveis, querem alcançar objetivos que consideram valiosos e são capazes de autocontrole e autodireção. As organizações que adotam um SGQ + SA partem do princípio de que o homem tem uma natureza boa (Teoria X) e sente satisfação com um bom trabalho realizado. Quando ocorre um problema, não existe um culpado, e sim causas que devem ser bloqueadas.

Mesclando essas três teorias, é uma boa prática para a condução do SGQ + SA tentar desenvolver atividades práticas com o objetivo de manter um moral (nível de motivação) elevado. Contudo, uma pessoa só irá se motivar se puder confiar na organização, se tiver certeza de que seus esforços em favor dela devem ser reconhecidos, de que será tratada com justiça e igualdade e de que um dia será recompensada. Algumas dessas atividades que favorecem um bom clima motivacional são descritas a seguir:

- **Desenvolvimento de um plano de carreira:** esse plano deve conter um quadro com os relacionamentos entre as diversas funções da organização, distribuídas nos níveis hierárquicos correspondentes, bem como o grau de habilidade e o nível de desenvolvimento necessários a cada função. Isso possibilita ao funcionário visualizar o caminho de sua ascendência profissional e definir como ele pode auxiliar nesse processo.
- **Desenvolvimento de um plano de cargos e salários:** que defina cada uma das funções da organização, bem como os salários correspondentes, salários estes que sejam justos, de acordo com as habilidades requeridas para o desempenho da função determinada.
- **Plano de educação e treinamento contínuos**: a educação e o treinamento para todos da organização é a base de sustentação do SGQ + SA. A educação deve ser voltada para a mente das pessoas e para seu autodesenvolvimento, enquanto o treinamento trata do desenvolvimento das habilidades na tarefa a ser executada. Ambos são imprescindíveis para que seja possível delegar a cada um dos funcionários a autoridade sobre seu processo.
- **Desenvolvimento de programas que envolvam os funcionários:** os funcionários precisam se sentir parte do programa de qualidade. Eles têm muita contribuição a dar. Afinal, quem mais entende de processos do que o próprio executor? Para envolvê-los, a organização tem algumas alternativas que podem ser iniciadas em momentos diferentes do processo de implementação do SGQ + SA: 1) círculos de controle de qualidade (CCQs), 2) sistema de sugestões, 3) programa 5S (programa de organização e limpeza) e 4) outros. O importante é que todos esses programas tenham o apoio incondicional dos níveis

superiores. Os funcionários não querem perder tempo com programas que não serão levados adiante, e não contribuirão se sentirem que há algum tipo de medo, insegurança ou desconfiança. Outro ponto fundamental é o interesse de participação dos próprios funcionários. Por isso, cabe às chefias perceber o melhor momento para iniciar programas desse tipo.

O gerenciamento do crescimento do ser humano possui um caráter simbiótico entre a organização e seus funcionários, porque, na verdade, o que esse sistema proporciona é uma relação de troca entre as partes envolvidas. Se, por um lado, é verdade que o crescimento da organização depende do trabalho e do empenho de seus funcionários, por outro, o crescimento da organização é que garante o desenvolvimento das pessoas que nela trabalham. Portanto, o progresso da organização alimenta o crescimento pessoal, e vice-versa. Durante a vigência da administração científica de Taylor, por exemplo, os empregados tiveram podadas sua capacidade de pensar e sua criatividade. Com isso, ambas as partes saíram perdendo. A organização perdeu as contribuições que só alguém que trabalha no processo poderia dar, além de contar com funcionários desmotivados. O empregado, por sua vez, tornou-se frustrado, mecanizado e alheio ao processo.

Um SGQ + SA que se baseia em diversas vertentes humanísticas da administração tenta resgatar o respeito perdido pelo funcionário e atribuir-lhe um espírito responsável e cooperador. Isso implica a criação de um sistema que cuide de suas necessidades, fornecendo condições de trabalho adequadas e oportunidades de crescimento pessoal e profissional por meio de educação e treinamento contínuos. O objetivo da organização é tornar cada um dos empregados capaz de gerenciar os próprios processos, imbuído de autoridade e responsabilidade.

Investir no desenvolvimento pleno do potencial humano é, na realidade, uma obrigação da organização que pretende prosperar em uma economia competitiva. Uma organização só pode ser inteligente se conseguir aliar as inteligências de seus colaboradores. O melhor caminho para conseguir isso é tratando as pessoas com todo o respeito, interesse e dedicação que elas merecem, na qualidade de seres humanos.

Os maiores responsáveis pelo sucesso desse sistema são os funcionários de níveis superiores, que devem auxiliar seus subordinados a executarem seus trabalhos da melhor forma possível, definindo metas alcançáveis e fornecendo-lhes os recursos necessários para tanto. Os diretores e os gerentes precisam ser corajosos o suficiente para delegar tanta autoridade quanto for possível. Essa é a forma de estabelecer o respeito pela humanidade como sua filosofia de administração. É um sistema de administração do qual todos os funcionários participam, de cima para baixo e de baixo para cima, e no qual a humanidade é plenamente respeitada.

Planejamento do produto

Os requisitos que tratam desse tema nas Normas ISO 9001:2015 e ISO 22000:2005 estão transcritos no Quadro 2.21. Para um sistema de gestão da qualidade, esse tema abrange a garantia de condições favoráveis à produção de produtos dentro de parâmetros de qualidade, o que inclui máquinas, equipamentos, insumos, processos, instruções sobre como produzir corretamente o produto, plano de monitoramento e medição do processo e do produto, treinamento dos empregados, registros do cumprimento das etapas planejadas, entre outros. Todas as condições necessárias para uma produção de qualidade devem ser previamente planejadas.

Para um sistema de gestão de segurança dos alimentos, devem ser garantidas condições favoráveis à produção de produtos seguros, ou seja, inócuos à saúde dos consumidores, o que inclui PPRs, PPRs operacionais e o plano APPCC, que também devem ser planejados antes da produção de um novo produto.

O que se espera é que já durante o desenvolvimento de um novo produto sejam planejadas as necessidades para uma produção segura e com qualidade, considerando-se:

- equipamentos e utensílios apropriados;
- sistemas de medição e ensaio apropriados para inspeção de matérias-primas, insumos, embalagens, produtos em processo e produto acabado;
- disponibilidade de informações para o correto manuseio e fabricação do produto e, se necessário, procedimentos documentados;
- equipe treinada para produzir o novo produto dentro das especificações planejadas a fim de garantir a qualidade e a inocuidade;
- sistemática de controle e monitoramento do processo;
- uma análise de riscos e pontos críticos de controle preliminar com base no planejamento do processo;
- registros para evidenciar a conformidade do controle e do monitoramento do processo.

QUADRO 2.21
REQUISITO 8 DAS NORMAS ISO 9001:2015 E ISO 22000:2005

ISO 9001:2015	ISO 22000:2005

8.1 Planejamento e controle operacionais
A organização deve planejar, implementar os processos necessários para atender aos requisitos para a provisão de produtos e serviços e para implementar as ações determinadas no planejamento da qualidade ao:
a) determinar os requisitos para os produtos e serviços;
b) estabelecer critérios para:
  1) os processos;
  2) a aceitação de produtos e serviços;
c) determinar os recursos necessários para alcançar conformidade com os requisitos do produto e serviço;
d) implementar controle de processos de acordo com critérios;
e) determinar e conservar informação documentada na extensão necessária para:
  1) ter confiança em que os processos foram conduzidos como planejado;
  2) demonstrar a conformidades de produtos e serviços com seus requisitos.
A saída desse planejamento deve ser adequada para as operações da organização.
	7 Planejamento e realização de produtos seguros
	
	7.1 Generalidades
	A organização deve planejar e desenvolver os processos necessários à realização de produtos seguros.
	
	A organização deve implementar, operar e assegurar a eficácia das atividades planejadas e quaisquer mudanças nessas atividades. Isto inclui PPR, PPRs operacionais e/ou plano APPCC.

▶ ▶ ▶

QUADRO 2.21
REQUISITO 8 DAS NORMAS ISO 9001:2015 E ISO 22000:2005

ISO 9001:2015	ISO 22000:2005
A organização deve controlar mudanças planejadas e analisar criticamente as consequências de mudanças não intencionais, implementando ações para mitigar quaisquer efeitos adversos, como necessário. A organização deve assegurar que processos terceirizados sejam também controlados.	

Fonte: ISO 9001:2015 e ISO 22000:2005.

Notas

1. A **cultura de qualidade** é o nível de concepção e internalização por parte de todos os empregados de uma organização sobre a importância de se atender aos padrões e às características de um produto ou serviço, a fim de satisfazer o cliente/ consumidor. A cultura de qualidade existe quando "todos" na organização reconhecem e adotam um papel responsável para garantir que um produto ou serviço seja fabricado dentro dos requisitos de planejamento, sem apresentar não conformidades.

2. *Codex Alimentarius*, conjunto de códigos de práticas e padrões para alimentos, apresentados de maneira uniforme. Tem por objetivo o estabelecimento de códigos de práticas e padrões que visam proteger a saúde do consumidor e garantir práticas justas no comércio de alimentos, além de orientação e estímulo ao estabelecimento de definições e exigências para alimentos, com vistas a promover sua harmonização e facilitar o comércio internacional. No Brasil, as atividades do Comitê Codex Alimentarius Brasil (CCAB) são coordenadas pelo Inmetro, que conta com membros de órgãos do governo, da indústria, entidades de classe e órgãos de defesa do consumidor.

3. **Rotulagem nutricional** é toda descrição destinada a informar ao consumidor sobre as propriedades nutricionais de um alimento

4. **Porção** é a quantidade média do alimento que deveria ser consumida por pessoas sadias, maiores de 36 meses de idade em cada ocasião de consumo, com a finalidade de promover uma alimentação saudável.

5. Nos alimentos, os **corantes** são aditivos alimentares, identificados por um código uniforme chamado de número E. Nem todos os materias identificados pelo número E são corantes, mas somente os que variam de E100 a E199. Considera-se "corante artificial" a substância corante artificial de composição química definida, obtida por processo de síntese.

6. Estudos realizados nos Estados Unidos e na Europa desde a década de 1970 comprovam casos de reações alérgicas ao **corante amarelo tartrazina**, como asma, bronquite, rinite, náusea, broncoespasmos, urticária, eczema e dor de cabeça. Apesar da baixa incidência de sensibilidade à tartrazina na população (3,8% nos Estados Unidos), é importante informar a presença dessa substância nos alimentos, como forma de advertência aos alérgicos. Além disso, a literatura científica atesta que de 13 a 22% das pessoas que apresentam alergia ao ácido acetilsalicílico também manifestam as mesmas reações ao ingerir a tartrazina. Na Inglaterra e nos Estados Unidos, o mesmo tipo de alerta determinado pela Anvisa já existe nos medicamentos com o corante amarelo. Além disto, a Food and Drug Administration (FDA) tem recolhido do mercado, como medida sanitária, todos os alimentos que contêm esse corante sem a menção no rótulo ou na lista de ingredientes, emitindo alertas no sentido de não permitir sua comercialização e importação.

7. Pessoas portadoras de **doença celíaca** (DC) têm hipersensibilidade ao glúten, condição que afeta cerca de 1 em cada 100 a 300 pessoas. A taxa de mulheres para homens com DC é de 2:1. Trata-se de uma síndrome que afeta crianças e adultos e tem, classicamente, sintomatologia gastrintestinal, com consequente má absorção de alimentos, embora outras formas – oligossintomática, atípica, latente, silenciosa ou em potencial – também possam ocorrer. Alguns pacientes podem desenvolver complicações sem diagnóstico prévio de DC, como osteoporose, fraturas ósseas, sangramento intestinal agudo, ulceração intestinal com ou sem perfurações e tumores malignos, particularmente linfomas. Essa sintomatologia clássica se deve à intolerância do intestino, principalmente da porção proximal, com potencial genético definido, à gliadina presente no glúten e a outras prolaminas encontradas em cereais como trigo, centeio e cevada, os quais causam lesões características, embora não específicas, que dificultam a absorção de nutrientes. Após eliminar o glúten da dieta, o intestino volta a funcionar normalmente. Outra

manifestação de intolerância é a presença de lesões na pele, chamada dermatite herpetiforme. Os autistas podem ser sensíveis ao glúten e à caseína (uma proteína presente no leite). Ambas as substâncias parecem ter efeito opiáceo nesses indivíduos. Foi comprovado que o glúten, quando ingerido em excesso, causa diminuição da produção de serotonina, o que leva a um quadro de depressão.

8. Para garantir a **rastreabilidade dos produtos**, é prática no segmento de alimentos que registros sejam mantidos no mínimo pela *shelf life* dos produtos. É uma boa prática, no entanto, que se mantenham esses arquivos por pelo menos três meses além da *shelf life*.

9. **Abraham Maslow** elaborou um modelo em que as necessidades de nível mais baixo devem ser satisfeitas antes das necessidades de nível mais alto. Cada pessoa tem de "escalar" uma hierarquia de necessidades para atingir a autorrealização.

CAPÍTULO 3

Execução
(D – *do*)

Controle operacional

Controle operacional, essencialmente, são procedimentos que asseguram que as operações e as atividades não excedam condições especificadas ou padrões de desempenho ou que violem limites de conformidade legais ou de regulamentação. Esse tema é tratado pela Norma ISO 9001:2015, conforme transcrito no Quadro 3.1. A Norma ISO 22000:2005 também aborda o tema, por meio de PPRs, PPRs operacionais e do próprio plano APPCC, como será visto adiante. No caso da ISO 9001:2015, busca-se o controle operacional para obter produtos dentro das especificações pré-planejadas, enquanto, no caso da ISO 22000:2005, se busca como objetivo do controle operacional a obtenção de produtos seguros.

A organização precisa conhecer e controlar as atividades que podem afetar a qualidade dos produtos ou sua segurança, a fim de cumprir a política do SGQ + SA e as exigências regulamentares. Isso implica elaborar procedimentos documentados em condições fixadas, proporcionando clareza aos empregados e base para comprovação em auditorias de que as atividades industriais estão sob controle e ocorrem, de forma sistemática, em consonância com o SGQ + SA.

Para selecionar os controles operacionais envolvidos com a qualidade e a segurança dos alimentos, devem ser considerados diversos aspectos, entre eles: o nível de perigo potencial existente nos processos que podem afetar os produtos, os custos, a praticidade do controle, a complexidade das operações envolvidas e a possibilidade de novos perigos serem introduzidos. Para que o produto chegue ao cliente com qualidade assegurada, é necessário que todos na organização estejam controlando seus processos, garantindo, assim, os resultados de seus trabalhos. Se um processo é terceirizado ou parcialmente terceirizado, ou seja, realizado por outra empresa, e pode afetar direta ou indiretamente a qualidade ou a segurança do produto, ele também deve ser controlado. Por sua vez, se, no processo de uma organização, existem materiais, insumos, matérias-primas, equipamentos ou qualquer item que seja do cliente, devem ser tratados com os mesmos controles, como se fossem da própria organização.

Deve-se determinar o método e a frequência das medições para o controle dos processos. Algumas variáveis operacionais do processo podem afetar com mais intensidade e de maneira significativa as características de qualidade e/ou a segurança dos produtos. Por isso, é interessante determinar algumas especificações numéricas para essas variáveis, para que possam ser devidamente monitoradas. Os pontos a serem monitorados são chamados itens de verificação.

QUADRO 3.1
REQUISITOS 8.5.1, 8.5.3 E 8.5.6 DA NORMA ISO 9001:2015

ISO 9001:2015

8.5 Produção e provisão de serviço

8.5.1 Controle de produção e de provisão de serviço
A organização deve implementar produção e provisão de serviços sob condições controladas que devem incluir, quando aplicável:
a) a disponibilidade de informação documentada que defina:
  1) as características dos produtos a serem produzidos, dos serviços a serem providos ou das atividades a serem desempenhadas;
  2) os resultados a serem alcançados;
b) a disponibilidade e uso de recursos de monitoramento e medição adequados;
c) a implementação de atividades de monitoramento e medição em estágios apropriados para verificar que critérios para controle de processos ou saídas e que critérios de aceitação para produtos e serviços foram atendidos;
d) o uso de infraestrutura e ambiente adequados, incluindo qualquer qualificação dos processos;
e) a designação de pessoas competentes, incluindo qualquer qualificação requerida;
f) a validação e revalidação periódica da capacidade de alcançar resultados planejados dos processos para produção e provisão de serviço, onde for possível verificar a saída resultante por monitoramento ou medição subsequente;
g) a implementação de ações para prevenir erro humano;
h) a implementação de atividades de liberação, entrega e pós-entrega.

8.5.3 Propriedade pertencente a clientes ou provedores externos
A organização deve usar meios adequados para identificar saídas quando isso for necessário para assegurar a conformidade de produtos e serviços.

A organização deve identificar a situação das saídas com relação aos requisitos de monitoramento e medição ao longo da produção e provisão de serviço.

A organização deve controlar a identificação única das saídas quando a rastreabilidade for um requisito, e deve reter a informação documentada necessária para possibilitar rastreabilidade.

8.5.6 Controle de mudanças
A organização deve analisar criticamente e controlar mudanças para produção ou provisão de serviços na extensão necessária para assegurar continuamente conformidade com requisitos.

►►►

> **QUADRO 3.1**
> **REQUISITOS 8.5.1, 8.5.3 E 8.5.6 DA NORMA ISO 9001:2015**

ISO 9001:2015

8.5.6 Controle de mudanças
A organização deve analisar criticamente e controlar mudanças para produção ou provisão de serviços na extensão necessária para assegurar continuamente conformidade com requisitos.

A organização deve reter informação documentada que descreve os resultados das análises críticas de mudanças, as pessoas que autorizam a mudança e quaisquer ações necessárias decorrentes da análise crítica.

Fonte: ISO 9001:2015.

Os controles aplicados aos processos visam garantir sua estabilidade e a busca da melhoria contínua, o que é desejado, estratégico e essencial em uma linha de fabricação de produto. Controlar um processo significa:

- Conseguir manter **estável** o desempenho do processo, ou seja, estabilizar os resultados e as causas de variação do processo; e
- Buscar **melhorar** o desempenho do processo por meio da eliminação de causas que afetam as várias características de controle do processo que está sendo gerenciado.

O controle, em sua vertente que busca **estabilizar** e manter uma rotina do processo, tem o objetivo de estabelecer e melhorar continuamente um sistema de padrões, atuando sobre as causas fundamentais de problemas detectados pela observação de características de controle previamente selecionadas. Portanto, visa obter um processo mais estável e previsível.

Em sua vertente de busca de **melhoria**, o controle visa estabelecer um plano e uma meta de aperfeiçoamento voltados para problemas prioritários dentro dos objetivos da empresa, implementar o plano de melhoria e intervir nos possíveis desvios, de forma a garantir que se atinja a meta. A melhoria visa obter um processo cada vez mais competitivo, por meio da melhoria contínua do desempenho.

Por que controlar o processo

É a partir do processo de produção que podem resultar produtos não conformes/defeituosos ou a porcentagem de defeituosos pode variar ao longo do tempo. Controlar o processo para evitar a geração do produto defeituosos é muito mais inteligente e eficaz do que inspecionar o produto fabricado para só então separar os defeituosos. O que causa produtos defeituosos é a variação nas matérias-primas, nas condições do equipamento, nos métodos de trabalho, na inspeção, nas condições da mão de obra e em outros insumos. A variação que ocorre em um processo de produção pode ser desmembrada em duas componentes: uma de difícil controle, chamada variação aleatória, e outra chamada variação controlável. Assim, a equação da variação total de um processo pode ser escrita como sendo:

Variação total = variação aleatória + variação controlável

Se as variações forem conhecidas, controladas e reduzidas, os índices de produtos defeituosos certamente reduzirão. Esses dois tipos de variação exigem esforços e capacitação, técnica e gerencial, diferenciados para o seu controle. O controle de um processo produtivo envolve a realização das etapas descritas a seguir.

Uma equipe multidisciplinar deve elaborar um macrofluxograma, correlacionando as etapas de processo fabril e as etapas de apoio capazes de afetar a qualidade do produto final. O segundo passo consiste na determinação das etapas que requerem controle e das variáveis operacionais ou atributos que devem ser controlados. Pode haver nenhum, um ou vários pontos que precisam de controle em um processo, que devem ser denominados itens de controle. O terceiro passo consiste no estabelecimento de limites de tolerância para os itens de controle[1] de cada variável operacional ou atributo identificado. Limites de controle devem ser especificados e validados. O quarto passo é o estabelecimento de um sistema de monitoramento para cada etapa de processo que será controlada. Os procedimentos de monitoramento devem ser capazes de detectar a perda de controle de um processo. Além disso, o monitoramento deve prover essa informação a tempo de se fazerem ajustes para assegurar o controle do processo, de forma a prevenir a violação dos limites de controle preestabelecidos.

Ajustes de processo (correções) devem ser feitos, sempre que possível, quando os resultados de monitoramento indicarem uma tendência que possa levar a perda de controle, de preferência antes que o desvio ocorra. Os dados resultantes do monitoramento devem ser avaliados por uma pessoa designada, que tenha conhecimento e autoridade para conduzir ações corretivas quando necessário.

Se o monitoramento não for contínuo, a frequência (intervalos entre as observações de controle) deve ser suficiente para garantir o controle do processo. Procedimentos de monitoramento dos processos devem ser efetuados rapidamente, por estarem relacionados com processos *on-line* e por não haver tempo para testes analíticos demorados.

Um quinto passo é o estabelecimento de contingência para casos de desvio nos limites de controle dos processos. Ações para casos de desvio devem ser desenvolvidas previamente para cada etapa que requer controle, de maneira a tratar de modo imediato desvios que ocorram eventualmente. Essas ações devem assegurar que o processo seja reconduzido de volta ao controle. Devem existir procedimentos para correção de desvios, e, quando estes ocorrerem, um boletim de não conformidade deve ser aberto, buscando-se ações corretivas[2] e preventivas[3] para evitar a reincidência do problema. Para efeito de rastreabilidade, deve existir também o estabelecimento da documentação e da guarda de registros. Os procedimentos para cada controle dos processos devem ser documentados, e os monitoramentos, registrados.

Uso dos gráficos de controle de processo

Os gráficos de controle são instrumentos simples que permitem um olhar sistêmico na linha do tempo sobre determinado processo (ver Figura 3.1). Isso ajuda a compreender a evolução dos processos e a se antecipar a tendências que possam levar um produto a uma situação de não conformidade ou contaminação.

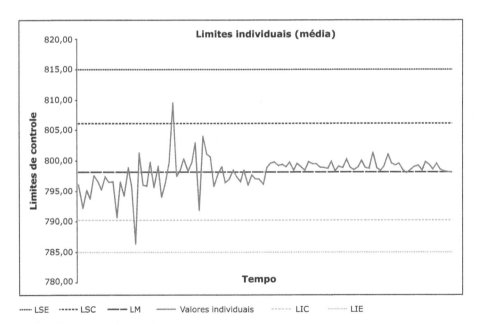

Figura 3.1 Exemplo de gráfico de controle.
LSE, limite superior de especificação; LSC, limite superior de controle; LM, limite médio; LIC, limite inferior de controle; LIE, limite inferior de especificação.

Gráficos de controle podem ser aplicados pelos próprios operadores, que poderão discutir com supervisores, engenheiros e técnicos por meio da linguagem dos dados fornecidos pelos gráficos de controle, obtendo, assim, as informações necessárias para decidirem quando e que tipo de ações podem ser tomadas para corrigir e prevenir problemas no processo. Esse recurso serve para o monitoramento do processo, mostrando a ocorrência de um descontrole (presença de causas especiais) e/ou a tendência dessa ocorrência, evitando as frustrações e os custos de interferências (correções) inadequadas sobre o processo.

Ao melhorar o processo, evitando extrapolação dos limites estabelecidos a partir dos gráficos de controle, é possível aumentar a porcentagem de produtos que satisfaçam exigências dos clientes e diminuir os índices de retrabalho dos itens produzidos e, como consequência, dos custos de produção, o que se reflete em aumento da produtividade e contribuição para a receita da organização.

Determinação dos limites para os gráficos de controle

Gráficos de controle são empregados para evitar, reduzir ou eliminar não conformidades em tempo real durante o processo de produção. Esses dados se compõem a partir de uma série de amostras ao longo do tempo, para estimar onde o processo está centralizado e quanto ele está variando em torno desse centro. Os parâmetros estatísticos a serem utilizados são a média estimada e a variabilidade do processo.

Os princípios utilizados para a determinação dos limites para gráficos de controle são importados dos conceitos da metodologia de controle estatístico de processo (CEP). Contudo, não é objetivo deste livro aprofundar essa técnica, mas é muito importante que o leitor o faça, pois o ajudará amplamente a manter processos sob controle, inclusive evitando desvios nos PCCs derivados do plano APPCC.

O CEP pode ser descrito como uma ferramenta de monitoramento *on-line* da qualidade. A partir da inspeção por amostragem de características predeterminadas do produto em estudo, o CEP possibilita a detecção de causas especiais, anômalas ao processo, capazes de prejudicar a qualidade final do produto ou sua segurança.

É preciso salientar, ainda, que o CEP é um sistema de decisão e não um substituto da experiência, ou seja, os métodos estatísticos ajudam a detectar e isolar o desequilíbrio de um processo e indicam suas causas. A gerência e as habilidades técnicas da equipe, com o conhecimento dessas causas, indicam e aplicam a melhor solução para o problema.

Média

Em qualquer área de investigação na qual números aparecem com frequência, os profissionais estudam maneiras e metodologias gráficas e estatísticas para expressar esses números da forma mais clara e resumida possível. Esse é um dos objetivos principais do trabalho de gerentes e estatísticos. Por exemplo, existem várias maneiras de medir a tendência central dos dados, e nenhuma delas é necessariamente a melhor, tudo depende da situação. O cálculo de uma tendência central é importante porque consegue condensar uma série de dados em um único número. Certamente, a mais popular é a média,[4] a soma de uma série de dados dividida pelo número de dados na soma.

O uso da média poderá ser válido para controle de um processo de fabricação quando coincidir com o valor nominal esperado para determinada variável operacional ou atributo que se deseja controlar. O processo deve ser ajustado para que isso ocorra. Contudo, deve-se tomar alguns cuidados, pois valores discrepantes levam a média para muito longe da tendência central dos dados, e não muito perto dos outros números. Uma maneira de resolver o problema da distorção seria simplesmente eliminando esses números. No entanto, a estatística não recomenda tal caminho, devido a certo grau de arbitrariedade.

Desvio padrão

Tão importantes como as medidas de tendência central são as medidas de dispersão, que representam como os dados se espalham em torno da média. Quando os números estão sempre próximos à média, isso indica que a tendência central representa bem os dados. Por sua vez, se alguns números ficam longe dela, então a média não representa muito bem todos os dados.

A ideia de variabilidade é essencial na área de engenharia de qualidade, porque oferece uma definição operacional para qualidade passível de medir e analisar. Produtos fabricados que exibem mensurações muito espalhadas têm menos qualidade, pois muitos vão acabar rejeitados e gerar o retrabalho, significando custos altos de fabricação e uma posição fraca em termos de competição empresarial no mercado. Da mesma forma, significa uma maior probabilidade de um processo extrapolar os limites críticos estipulados para determinado PCC em um plano APPCC.

O desvio em torno da média é definido como a diferença entre um número individual e a média de todos os dados. É uma tradição dos estatísticos colocar na expressão do desvio a média depois do dado individual. Assim, quando a média é menor do que o dado individual, o desvio é positivo, e vice-versa. É muito interessante calcular a média dos desvios que representaria a variabilidade dos dados. A média dos quadrados dos desvios leva o nome técnico de variância. Para chegar a uma medida do desvio médio, é necessário aplicar a raiz quadrada à variância. Esse desvio médio tem outro nome em estatística: desvio padrão.[5]

$$\left(\sum_{i=1}^{n} \frac{(X_i - \bar{X})^2}{n-1} \right)$$

Em um processo estável, com distribuição normal[6] (ver Figura 3.2), a grande maioria dos valores de uma variável operacional ou atributo deve estar contida no intervalo: $\mu \pm 3\sigma$, onde μ é a média e σ é o desvio padrão. Quando se acompanha o processo com os gráficos de controle, comparam-se os valores das médias das amostras com os limites de controle $\mu \pm 3\sigma$.

Para uma distribuição normal unimodal, simétrica, de afunilamento médio (ou mesocúrtica), pode-se indicar o seguinte:

- 68% dos valores encontram-se a uma distância da média inferior a 1σ.
- 95% dos valores encontram-se a uma distância da média inferior a 2σ.
- 99,7% dos valores encontram-se a uma distância da média inferior 3σ.

Essa informação é conhecida como regra dos "68-95-99,7". Então, quando a variação verificada em um processo encontra-se no intervalo $\mu \pm 3\sigma$, temos que 99,73% dos dados estarão dentro da faixa de limites de controle preestabelecidos e apenas 0,27% caem fora da faixa, e esse processo pode ser considerado

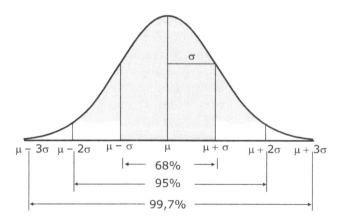

Figura 3.2 Distribuição normal.

sob controle. O que se deseja é que essa variação seja a preestabelecida na linha do tempo, como mostra a Figura 3.3.

Assim, utilizar como limite superior de controle (LSC) o valor equivalente a μ + 3σ e como limite inferior de controle (LIC) o valor equivalente a μ – 3σ é uma boa opção para manter produtos sob controle em um processo operacional, desde que o desvio padrão possa ser considerado adequado aos limites de variação aceitáveis em relação à qualidade desejada nos produtos que devem ser produzidos.

Programa de pré-requisitos

Esse tema trata do controle operacional voltado para a segurança de alimentos e está ligado diretamente ao requisito 7.2 da Norma ISO 22000:2005, programas de pré-requisitos, que, por sua vez, está intimamente alinhado com uma abordagem voltada às boas práticas de fabricação, em especial a parte operacional e de higiene pessoal. Legalmente, no Brasil, o tema é abordado por requisito legal por meio da Resolução da Anvisa RDC Nº 275 (Brasil, 2002e). O Quadro 3.2 apresenta o tema na forma de requisitos que são exigidos pela ISO 22000:2005.

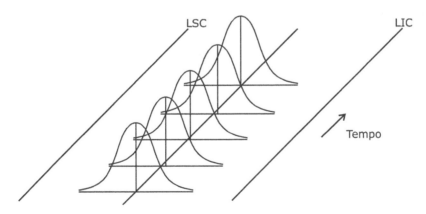

Figura 3.3 Variação do processo na linha do tempo.

QUADRO 3.2
REQUISITOS 7.2, 7.2.1, 7.2.2 E 7.2.3 DA NORMA ISO 22000:2005

ISO 22000:2005

7.2 Programas de pré-requisitos (PPRs)

7.2.1 A organização deve estabelecer, implementar e manter PPRs para auxiliar no controle:
a) da probabilidade de introdução de perigos à segurança de alimentos nos produtos, através do ambiente de trabalho;
b) de contaminação biológica, química e física dos produtos, incluindo contaminação cruzada entre os produtos;
c) de níveis de perigos à segurança de alimentos nos produtos e no ambiente de processamento.

7.2.2 Os PPRs devem:
a) ser apropriados às necessidades organizacionais relacionadas à segurança de alimentos;
b) ser apropriados ao tamanho e ao tipo de operação e à natureza dos produtos que são fabricados e/ou manuseados.
c) cor aprovados pela equipe de segurança de alimentos.

A organização deve identificar requisitos estatutários e regulamentares relacionados com o anteriormente estabelecido.

7.2.3 Quando selecionar e/ou estabelecer PPRs, a organização deve considerar e utilizar informações apropriadas (p. ex., requisitos estatutários e regulamentares, requisitos de clientes, diretrizes reconhecidas, princípios e códigos de boas práticas da comissão do *Codex Alimentarius* (*Codex*), ou normas nacionais, internacionais ou do setor).

A organização deve considerar o seguinte, quando estabelecer esses programas:
a) construção e leiaute de edifícios e utilizadas associadas;
b) leiaute das instalações, incluindo local de trabalho e facilidades para os empregados;
c) suprimento de ar, água, energia e outras utilidades;
d) serviços de suporte, incluindo descarte de resíduos e efluentes;
e) a adequação de equipamentos e sua acessibilidade para limpeza, manutenção e manutenção preventiva;
f) gestão de materiais (p. ex., matérias-primas, ingredientes, produtos químicos e embalagens), suprimentos (p. ex., água, ar, vapor e gelo), descarte (resíduos e efluentes) e manipulação de produtos (p. ex., estocagem e transporte);

> **QUADRO 3.2**
> **REQUISITOS 7.2, 7.2.1, 7.2.2 E 7.2.3 DA NORMA ISO 22000:2005**

ISO 22000:2005

g) medidas para a prevenção de contaminação cruzada;
h) limpeza e sanitização;
i) controle de pragas;
j) higiene pessoal;
k) outros aspectos conforme apropriado.

A verificação dos PPRs deve ser planejada (ver 7.8) e os PPRs devem ser modificados quando necessário (ver 7.7).

Registros de verificações e modificações devem ser mantidos.

Convém que os documentos especifiquem como as atividades incluídas nos PPRs são gerenciadas.

Fonte: ISO 22000:2005.

Diretrizes para boas práticas de fabricação

Como referido, o programa de pré-requisitos tem forte relação com as boas práticas de fabricação (BPFs), são temas análogos. As boas práticas de fabricação são um conjunto de diretrizes e regras para o correto manuseio de produtos, abrangendo desde as matérias-primas até o produto final, de forma a garantir a segurança do que é produzido pela organização.

Algumas legislações brasileiras abordam especificamente o tema:

- Portaria MS – N° 326 (Brasil, 1997b).
- Portaria MAPA – N° 368 (Brasil, 1997a).
- Resolução RDC N° 275 (Brasil, 2002e).

Considerações iniciais sobre boas práticas de fabricação

O cumprimento dos princípios e das regras de BPFs deve ser de responsabilidade de todos os colaboradores, buscando sempre o aprimoramento dos produtos fabricados pela organização. O descumprimento de tais regras por parte dos empregados pode ser submetido às penalidades legais previstas na Consolidação das Leis do Trabalho (CLT), uma vez que descumpre um princípio de segurança dos alimentos e põe em risco a saúde dos consumidores.

Capacitação dos funcionários

Para poder cobrar que as regras de BPFs sejam cumpridas pelos empregados, a empresa deve fornecer treinamento em manipulação de alimentos, incluindo programas de saúde e higiene pessoal, a todos os novos colaboradores cujas atribuições estejam relacionadas com áreas de produção e controle da qualidade, sempre antes desses iniciarem suas atividades. O treinamento deve incluir, também, os colaboradores da área de manutenção e de outras áreas cuja atividade possa afetar a qualidade do produto. Periodicamente, e não excedendo o intervalo de um ano, os treinamentos devem ser reciclados e devidamente registrados.

Conduta pessoal

Em uma indústria de alimentos, não deve ser permitido:

- comer, beber e mascar fora dos locais designados;
- palitar dentes dentro das dependências da organização;
- fumar nas dependencias da organização, exceto em área apropriada e restrita designada para fumantes, e, nesse caso, o funcionário deverá retirar seu uniforme;
- estocar alimentos e bebidas nos locais de trabalho e nos armários de uso pessoal;
- ingerir e/ou estocar medicamentos na área de fabricação;
- tossir sobre insumos ou produtos;
- cuspir no pátio;
- tocar e coçar o nariz;
- dormir e comer dentro dos banheiros;
- toda e qualquer prática não higiênica nas áreas de processos e laboratórios;
- uso de anéis, correntes, pulseiras, *piercings* e outros adornos.

Aos homens, não é permitido o uso de barba e costeletas que ultrapassem a base das orelhas ou cabelos compridos, conforme mostra a Figura 3.4. Os bigodes também não devem ser permitidos.

Quanto à higiene pessoal:

- Banho deve ser tomado diariamente.
- Mãos devem ser mantidas sempre limpas.

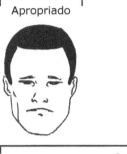
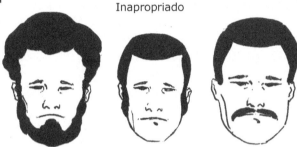

Figura 3.4 Barba, bigode e cabelo apropriados e inapropriados.

- Não deve ser permitido o uso de perfumes, e o desodorante utilizado deve ser neutro.
- Unhas devem ser mantidas limpas, aparadas e sem esmalte.
- Não deve ser permitido o uso de cílios e unhas postiços.
- Não deve ser permitido o uso de lentes de contato, apenas de óculos, presos por cordões.
- Quando forem utilizados protetores auriculares, estes devem ser atados entre si por cordão.

Uniformes

Os funcionários que atuam nas áreas de processamento devem utilizar uniformes de cor clara (calça e camisa), de preferência sem botões. Em áreas de manipulação direta, camisa ou jaleco de mangas longas devem ser preferidos, para evitar queda de pelos dos braços. O uso de calçados claros, trocados apenas quando se adentrar a planta industrial, é importante, pois o solado pode veicular diversos contaminantes, como microrganismos e contaminantes físicos. Jalecos não devem possuir bolsos. Se inevitáveis, não devem se localizar na parte externa, sendo permitidos somente na parte interna. Nos dias frios, sendo necessário o uso de suéter, este deve estar completamente coberto pelo uniforme, para prevenir que fibras se soltem e caiam sobre os produtos. As calças devem ser confeccionadas com cinta elástica e, em sua base, devem ser fechadas com sistema de velcro. Não deve ser permitido que os funcionários utilizem os uniformes no percurso entre o trabalho e suas casas. Nesse translado, o uniforme entra em contato com agentes químicos, físicos e microbiológicos e carreia contaminantes para a linha de produção.

Quanto a touca, deve ser usada de forma a encobrir todo o cabelo, conforme indica a Figura 3.5. Uniformes devem ser mantidos sempre limpos. Então, ou a organização se responsabiliza por sua lavagem ou disponibiliza número suficiente para que os empregados façam a troca diária. Em áreas onde existe exposição direta ao produto, é obrigatório o uso de máscaras. O uso de luvas deve ser analisado conforme o caso, dependendo das características do produto e do processo, lembrando-se sempre de que mais vale uma mão limpa do que uma luva suja.

Visitantes e terceiros

Empreiteiros, visitantes, motoristas de caminhão ou qualquer outra pessoa não treinada devem receber informações prévias sobre as BPFs, utilizar os uniformes necessários se forem entrar na planta industrial e estar acompanhados por pessoa autorizada quando estiverem nas dependências da empresa. Empresas terceirizadas devem seguir as mesmas regras que os funcionários da organização. Visitantes com barba e bigode devem utilizar protetores de barba para adentrarem em áreas onde barba e bigode não são permitidos.

Vestiários e sanitários

As instalações sanitárias devem ser mantidas em boas condições de limpeza, conservação e ventilação, e não devem ter comunicação direta com as áreas onde o

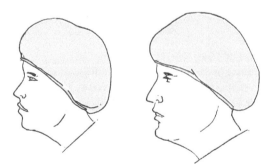

Figura 3.5 Uso correto de touca.

produto é fabricado. As paredes devem ser revestidas de azulejo ou outra forma de superfície lisa e lavável, e as lixeiras devem ter acionamento com pedal e ser sempre mantidas fechadas. Nos vestiários, devem existir armários individuais para guardar objetos pessoais, sendo proibido guardar alimentos. Os locais devem ser sinalizados e possuir inscrições em destaque, que indiquem a necessidade de lavar as mãos após o uso dos sanitários, descrevendo como fazê-lo.

Os lavatórios devem possuir torneira com acionamento automático, em posições adequadas em relação ao fluxo de produção e dotados de sabonete líquido inodoro e antisséptico e de toalhas de papel não reciclado ou sistema de secagem de mãos com ar quente. Os empregados devem ser orientados em treinamento para que, antes de acessar os sanitários, retirem a camisa do uniforme e coloquem-na em local apropriado, evitando contaminação cruzada.

Regras gerais

Os equipamentos de processo devem ser operados e mantidos de forma a minimizar vazamentos e contaminações cruzadas e evitar a criação de lugares ou refúgios de insetos, roedores ou pássaros. Todos os insumos e matérias-primas devem ser alocados sobre paletes, não sendo permitido pisar sobre eles. As portas devem ser mantidas fechadas para evitar a entrada de insetos, roedores e outras pragas.

Os processos de produção e controle devem ser orientados segundo procedimentos aprovados, de forma a assegurar que os produtos tenham a identidade, a qualidade e a pureza estabelecidas.

Nenhum produto necessário ao funcionamento dos equipamentos, tais como lubrificantes ou líquidos de resfriamento, deve entrar em contato com matérias-primas, produtos em fabricação e materiais de embalagem, de modo a não alterar a qualidade e/ou a segurança do produto final. Nos locais lubrificados onde exista a possibilidade de contato acidental do lubrificante com o produto, recomenda-se utilizar lubrificantes apropriados para uso na indústria alimentícia.

Equipamentos e utensílios que entram em contato com o produto devem ser mantidos em armários seguros, limpos e fechados, quando não estiverem em uso. Mangueiras, esteiras e outros materiais que entram em contato com o produto devem ser de grau alimentício.

Solventes voláteis tóxicos e inseticidas não devem ser utilizados nas áreas de produto durante os processos, e nunca em superfícies de contato direto com o produto. Não devem ser utilizados grampos, alfinetes ou percevejos para fixar informações em painéis. O uso de escovas de metal, lãs de aço e outros materiais abrasivos ou que soltem partículas deve ser proibido.

Os equipamentos de uso ocasional devem ser limpos ao final de cada período de uso e conferidos antes do reinício. Os produtos de limpeza e desinfecção devem ser mantidos em suas embalagens originais, identificados e fora das áreas onde possam contaminar o processo. Os utensílios de limpeza, como escovas, panos, etc., devem ser mantidos em locais próprios, afastados dos produtos em fabricação e/ou finais.

Recebimento

Caminhões devem ser vistoriados antes de serem descarregados, para identificar presença de contaminantes, odores, frestas, aparas e vestígios de pragas. Tal procedimento deve ser registrado. No ato do recebimento, os produtos adquiridos devem ser conferidos, com a ordem de compra e a nota fiscal, quanto à integridade da embalagem e à identificação.

Armazenamento

A estocagem de insumos e produtos deve ser feita sem contato com o piso e com as paredes, mantendo um espaço livre para a inspeção e a limpeza do local de, no mínimo, 20 cm entre os paletes e de, no mínimo, 45 cm entre os filetes e a parede.

Nas áreas de armazenamento, quando matéria-prima, insumo ou produto final estiverem protegidos pela embalagem secundária, é tolerável o uso de filetes de madeira. Porém, esses devem ser inspecionados visualmente de forma periódica e trocados caso ofereçam algum perigo ao produto, como mofo, farpas, pregos, etc. No mínimo, os paletes devem passar por processo de expurgo a cada ano.

A fim de que seja evitada a deterioração de matérias-primas em estoque, deve ser utilizado o método PVPS (primeiro que vence, primeiro que sai). As portas devem ser mantidas fechadas para evitar a entrada de insetos, roedores e outras pragas. Quando abertas, deve sempre estar acionada uma cortina de ar. Matérias-primas, produtos acabados e materiais de limpeza devem ser estocados separadamente.

Carregamento e expedição

Caminhões devem ser vistoriados antes de serem carregados, para identificar presença de contaminantes, odores, frestas, aparas e vestígios de pragas. Esse procedimento deve ser registrado.

Controle de potabilidade da água

Para atender a exigência da Resolução da Anvisa RDC Nº 275 (Brasil, 2002e), a organização deve descrever, em um procedimento documentado, a sistemática que garante a potabilidade da água[7] utilizada pela organização e determinar as análises realizadas para seu monitoramento e controle. Tal procedimento deve considerar as exigências da Portaria do Ministério da Saúde

Nº 2.914 de 12 de dezembro de 2011, que estabelece os procedimentos e as responsabilidades relativos ao controle e à vigilância da qualidade da água para consumo humano e seu padrão de potabilidade e dá outras providências (Brasil, 2011).

De forma geral, toda água utilizada por uma empresa alimentícia, independentemente de sua origem (poço artesiano, açude, abastecimento público ou outra fonte) deve ter sua potabilidade garantida por meio de um processo de desinfecção, comprovando-se a concentração mínima de 0,2 ppm de cloro residual livre (CRL) na saída da estação de tratamento de água (ETA) ou na entrada de água proveniente do abastecimento público.

Quando for necessário realizar a desinfecção da água, isso deverá ser feito através de uma ETA,[8] na qual deve existir uma etapa de cloração, utilizando-se hipoclorito de sódio ou de cálcio, de preferência em pH mantido abaixo de 8,0, por um tempo de contato mínimo de 30 minutos. Se não for utilizada a cloração, poderá ser empregado outro método de desinfecção da água reconhecido pela literatura científica. Como exemplo, o monitoramento das características físicas, químicas e microbiológicas deve ser realizado conforme determinado na Tabela 3.1. É apenas um exemplo, pois tal definição dependerá sempre das características da água de cada organização.

As cópias físicas, com os resultados dos laudos de análise externos, devem ser analisadas assim que recebidas e indicadas por um visto, para evidenciar que foram analisadas. Tais laudos de análise devem ser arquivados e mantidos para futuras consultas por um período mínimo não inferior à *shelf life* do produto produzido na ocasião do uso da água à qual o laudo se refere. Caso alguns dos resultados obtidos estejam fora dos limites especificados, deverá ser aberta uma não conformidade e tomadas providências para retornar à situação de potabilidade. Além disso, a extensão e o risco desse resultado analítico devem ser criticamente avaliados em relação à segurança dos produtos fabricados na ocasião do uso da água não conforme.

Manejo e gerenciamento de resíduos

Em um SGQ + SA, esse procedimento pode atender a questões ambientais, mas não é o objetivo principal, pois o foco é a segurança dos alimentos. Por isso, manejo de resíduos nesse contexto deve ser entendido como uma sistemática para que os resíduos gerados pela organização não sejam potenciais causadores de contaminação cruzada com as matérias-primas e com os produtos. Esse tema é uma exigência legal da Resolução da Anvisa RDC Nº 275 (Brasil, 2002e); portanto, exige também um procedimento documentado.

TABELA 3.1

CONTROLES PARA GARANTIR A POTABILIDADE DA ÁGUA

Ponto de coleta	Periodicidade	Análises necessárias
Na saída da estação de tratamento de água ou na entrada de água proveniente do abastecimento público	Diária	– CRL = mínimo 0,2 ppm – pH = 6,0 a 9,5
Conforme definido pela organização, porém deve contemplar pontos onde a água tem contato direto com o produto	Semanal	– CRL = mínimo 0,2 ppm – pH = 6,0 a 9,5 – Bactérias heterotróficas = máximo 500 UFC/mL – Coliformes totais = ausência em 100 mL – Coliformes termotolerantes ou *Escherichia coli* = ausência em 100 mL – Turbidez = máximo 1,0 UT – Cor = máximo 15 uH
Na saída da estação de tratamento de água ou na entrada de água proveniente do abastecimento público	Bimestral	– Sulfatos = máximo 250 ppm – Amônia = máximo 1,5 ppm – Nitratos = máximo 10 ppm – Nitritos = máximo 1 ppm – Manganês = máximo 0,10 ppm – Sólidos dissolvidos totais = máximo 1.000 ppm – Alumínio = máximo 0,2 ppm – Turbidez = máximo 5 UT – Ferro = máximo 0,30 ppm – Cloretos = máximo 250 ppm – Dureza = máximo 500 ppm
	Anual	– Agrotóxicos: 2,4 D (máximo 30 μg/L), glifosato (máximo 500 μg/L), permetrina (máximo 20 μg/L) – Microssistinas = máximo 1 μg/L – Desinfetantes e produtos secundários de desinfecção: monocloroaminas (máximo 3 ppm), tri-halometanos total (máximo 0,1 ppm).
	Bianual	Portaria de potabilidade completa vigente

Os recipientes contendo resíduos que estão dentro das plantas industriais devem ser removidos, no mínimo, uma vez por turno, ou quando estiverem cheios, nunca chegando a ponto de transbordar ou impedir o correto fechamento. A responsabilidade pela remoção dos resíduos deve ser da liderança de cada área. Todos os recipientes de resíduos devem ser limpos, no máximo, a cada semana, ou sempre que estiverem sujos.

Os resíduos removidos devem ser direcionados para contêineres com tampa localizados na área externa. Os contêineres onde os resíduos devem ser armazenados antes de sua coleta e destinação nunca devem estar próximos às entradas das plantas industriais (mínimo de 10 m de distância).

As áreas externas de armazenagem de resíduos devem ser cobertas, cercadas com tela e mantidas limpas, para evitar a atração de pragas urbanas. Os resíduos orgânicos devem ser mantidos dentro de caçambas devidamente fechadas e recolhidos dessas áreas quando os recipientes estiverem cheios ou, no máximo, uma vez ao mês. A organização deve providenciar um mapa de análise de remoção de resíduos, no qual constem os pontos de coleta de resíduos e as rotas para remoção, buscando-se sempre impedir a contaminação cruzada com os produtos que estão em processo.

Os resíduos de banheiro nunca devem cruzar rotas de entrada de matéria-prima ou de saída de produto final. Para os demais resíduos, devem-se evitar as mesmas rotas; porém, na total impossibilidade desse procedimento, eles poderão ser removidos pelas entradas de matérias-primas ou saídas de produtos acabados, desde que em horários distintos do recebimento de matérias-primas e de saída de produtos acabados.

Higiene dos manipuladores

Esse tema também é uma exigência da Resolução da Anvisa RDC Nõ275 (Brasil, 2002e), e requer um procedimento documentado. Deve-se estabelecer a sistemática de controle e acompanhamento da saúde dos funcionários da organização envolvidos na manipulação de alimentos (manipuladores) para evitar potenciais focos de contaminação por patógenos ou outros contaminantes.

No momento da admissão, e no máximo a cada ano, todos os funcionários que atuam nas áreas de processamento, recebimento ou expedição, onde há contato direto com insumos, embalagens e produtos acabados, devem ser examinados pelo médico da empresa, para verificar se apresentam unheiros, feridas, lesões, chagas ou cortes nas mãos e/ou nos braços, gastroenterites agudas ou crônicas (diarreia ou disenteria), coceira em órgãos genitais ou no ânus, estão acometidos por infecções pulmonares ou faringites, apresentam doenças infecciosas ou parasitárias. Nesses casos, recomenda-se encaminhá-los para atividades sem contato direto com insumos, embalagens e produtos acabados até que estejam curados. O médico do trabalho, detectando sintomas e considerando necessário, deve solicitar os seguintes exames:

- hemograma;[9]
- pesquisa de coprocultura/leucócitos;[10]
- parasitológico de fezes.[11]

Se o médico identificar casos de infecção, é solicitada também a investigação de *Shigella* e *Salmonella*. Se confirmadas, os doentes serão afastados da manipulação de alimentos. Sempre que o médico identificar sintomas de hepatite A, deve ser solicitada a investigação e, se a condição for constatada, os doentes devem ser afastados da manipulação de alimentos. Os que atuam em áreas de manipulação direta do produto devem fazer exames para avaliar se são portadores assintomáticos de *Shigella* e *Salmonella*. Para os manipuladores que atuam em áreas onde não existe contato direto ou o produto em etapa posterior receberá um tratamento capaz de eliminar ou reduzir a níveis aceitáveis patógenos oriundos da manipulação, tal procedimento é dispensável.

Além do monitoramento realizado pelo médico do trabalho, a saúde dos empregados deve ser monitorada, diariamente e de forma sistemática, pelas lideranças das áreas em que atuam. O uso de curativos nas mãos não viabiliza que o operador atue na manipulação direta dos alimentos, consistindo o próprio curativo em um contaminante potencial. Os funcionários devem ser incentivados a informar os líderes imediatos caso apresentem alguma doença.

Todos os funcionários que atuam nas áreas de processamento, recebimento ou expedição, onde há contato direto com insumos, embalagens e produtos acabados, devem receber treinamento sobre manipulação de alimentos segundo as regras de BPFs, incluindo:

- higiene pessoal (hábitos de higiene e uso dos banheiros);
- procedimentos operacionais para evitar contaminantes;
- controle integrado de pragas.

O treinamento deverá ser ministrado preferencialmente antes do início do funcionário em sua atividade. No máximo a cada ano, é uma boa prática que esse treinamento seja reciclado. Registros dos treinamentos e das análises clínicas devem ser mantidos, como praxe, por um período mínimo de três anos. Em todos os locais para higienização das mãos antes das entradas nas áreas de manipulação devem ser fixados cartazes orientando sobre como proceder para a higienização correta.

Controle integrado de pragas urbanas

É importante lembrar que pragas de cereais podem ser economicamente inconvenientes, por comerem o grão armazenado[12] ou por serem consideradas nojentas e asquerosas por consumidores, principalmente se na forma de pupas ou larvas, mas não são descritas em estudos técnicos sobre o tema como vetores mecânicos de doenças. Entende-se, então, que, legalmente, sua presença ou de seus fragmentos é tolerada pela atual legislação. Claro que os consumidores, ao encontrarem uma larva viva ou morta em um produto alimentício, não aceitarão tal explicação. Por isso, independentemente da aprovação legal, é preciso cautela.

Todavia, em princípio, o foco do controle integrado de pragas na indústria alimentícia são as pragas urbanas capazes de veicular doenças. Dessa forma, a organização deve descrever a sistemática utilizada para o Manejo Integrado de Pragas (MIP),[13] abrangendo ações em todo o parque fabril, nas áreas externas, nos pátios, nas redes e nas galerias de esgoto. Esse tema também é uma exigência da Resolução da Anvisa RDC Nº 275 (Brasil, 2002e).

Pragas urbanas são animais que infestam ambientes urbanos, podendo causar agravos à saúde e/ou prejuízos econômicos. As pragas urbanas potenciais em uma empresa alimentícia (Figura 3.6) normalmente são roedores como os ratos de forro (*Rattus rattus*), camundongos (*Mus musculus*) e as ratazanas (*Rattus norvergicus*), pássaros como os pombos (*Paloma livia*) e insetos como baratas (*Periplaneta americana* e *Blatella germanica*), formigas *(Iridomyrmex* sp*)* e moscas (*Musca domestica*). Além das pragas urbanas, a organização deve trabalhar para prevenir também pragas silvestres, que, apesar de naturalmente não serem vetores de doenças, podem levar à insatisfação do cliente caso tenham contato e sejam envasadas com os produtos, como acontece com besouros, libélulas e borboletas.

A principal diretriz para o combate às pragas urbanas deve ser evitar seu acesso a instalações industriais, locais de abrigo, alimento e água. Para evitar a entrada de pragas, é praxe telar todas as janelas, e todos os batentes de portas devem ser protegidos com borracha. Algumas indústrias alimentícias usam ainda insuflação de ar tratado/filtrado, mantendo uma pressão positiva dentro da planta industrial (o ar vai sempre de dentro para fora), o que ajuda a evitar a entrada de pragas.

Para contribuir para a limpeza da planta industrial e evitar acúmulo de sujeira, sugerem-se cantos arredondados e inclinações em beirais de janelas (30º). Não se trata de uma condição obrigatória, mas facilita a limpeza. Sem isso, precisa-se de maior rigor. Sempre é importante vistoriar toda a planta industrial, pois as pragas costumam se alojar nos locais menos evidentes. Em pontos estratégicos da planta industrial, colocam-se armadilhas luminosas que capturam insetos, mas cujo principal objetivo é monitorar sua população para indicar infestações e momento para ação química. Existem também armadilhas específicas com fe-

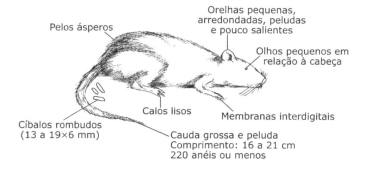

Figura 3.6 Tipos de roedores mais comuns encontrados na indústria alimentícia.

romônio[14] (ainda que pouco usadas). Áreas externas circunvizinhas à planta industrial devem ser mantidas limpas para evitar abrigo de pragas.

O combate às pragas urbanas é realizado por ações da própria organização e, na grande maioria delas, também por empresa terceirizada contratada para esse fim, com o objetivo de conter o número de pragas em níveis aceitáveis e de forma que não contaminem os insumos e os produtos. Esse combate a pragas pode ser realizado por medidas preventivas e por métodos químicos[15] e físicos.[16]

O Quadro 3.3 determina as responsabilidades de uma organização e de uma empresa terceirizada contratada para o MIP, pois, quando se terceiriza, não se deve delegar toda a responsabilidade, devido à grande importância do tema para a segurança dos alimentos. Porém, contratar empresas especializadas costuma ser uma boa opção, pois dominam um tema bastante específico, possuem *know how* e evita-se que os empregados da organização tenham de manipular produtos

QUADRO 3.3
RESPONSABILIDADES DA ORGANIZAÇÃO E DE UMA EMPRESA TERCEIRIZADA CONTRATADA PARA O MANEJO INTEGRADO DE PRAGAS

Organização	Empresa terceirizada contratada
Fornecer treinamento aos funcionários da organização sobre medidas preventivas de combate às pragas urbanas e sobre o correto preenchimento de formulários de monitoramento de pragas.	Fornecer equipamento de proteção individual (EPI) e treinamento adequado para funcionários que aplicam praguicidas. Esses funcionários devem reciclar seu treinamento no mínimo a cada ano, e cópias desses treinamentos devem ser enviadas para a organização. Fornecer formulário de monitoramento de pragas.
Monitorar as ações da empresa terceirizada contratada.	Montar o plano de ação prevendo: – monitoramento das pragas urbanas (periodicidade definida em consenso com a organização); – desintetizações e desratizações periódicas; – implementação de anel sanitário para prevenir entrada de roedores nas plantas industriais, junto ao perímetro divisório do terreno e ao redor das áreas de fabricação; ▶▶▶

QUADRO 3.3
RESPONSABILIDADES DA ORGANIZAÇÃO E DE UMA EMPRESA TERCEIRIZADA CONTRATADA PARA O MANEJO INTEGRADO DE PRAGAS

Organização	Empresa terceirizada contratada
	– elaboração de mapa de posicionamento de iscas, armadilhas luminosas e placas de cola; – utilização de formulários para indicação de pragas pelos funcionários, para identificar e mapear pontos de presença e focar ações; – armadilhas de placas adesivas atóxicas próximo às portas de entrada; – alocação de armadilhas luminosas e adesivas para monitoramento e combate de insetos/pragas aladas.
Acompanhar o técnico da empresa terceirizada durante as visitas periódicas para monitoramento e controle das pragas urbanas. Caso detecte necessidade de ação em alguma área entre as visitas planejadas, comunicar a empresa terceirizada, informando a praga-alvo.	Realizar visitas periódicas, no mínimo quinzenais, para monitoramento e controle das pragas urbanas, com base no plano de ação descrito. Entre os intervalos das visitas, caso seja necessário, realizar visita intermitente.
Manter o parque industrial, os equipamentos e os utensílios limpos, para evitar alimento e abrigo para as pragas urbanas, conforme determinam as regras de BPFs.	Fornecer cópia da licença de funcionamento (Alvará Sanitário) e atualizar anualmente. Fornecer cópia da licença ambiental (LAO) e atualizar anualmente.
Fazer o correto manejo de resíduos e impedir a existência de sucata, conforme determinam os requisitos do procedimento de Manejo de Resíduos.	Informar nome comum dos praguicidas utilizados, concentração de uso, diluente, volume aplicado, animal-alvo e equipamento e fornecer cópia dos registros no Ministério da Agricultura, Pecuária e Abastecimento (MAPA).

▶ ▶ ▶

QUADRO 3.3
RESPONSABILIDADES DA ORGANIZAÇÃO E DE UMA EMPRESA TERCEIRIZADA CONTRATADA PARA O MANEJO INTEGRADO DE PRAGAS

Organização	Empresa terceirizada contratada
Manter barreiras físicas para evitar o acesso de pragas urbanas às instalações, como telas milimétricas em janelas, vedações em batentes de portas, portas fechadas, sifonar e/ou colocar grades e telas milimétricas em ralos e canaletas, fechar frestas e buracos que sirvam de abrigo, usar preferencialmente lâmpadas de sódio nos locais próximos aos acessos da planta industrial, utilizar cortinas de tiras ou cortinas de ar nas entradas principais e outras medidas preventivas.	Emitir relatórios trimestrais contendo: – data da inspeção; – assinatura do responsável técnico (RT), cópia do registro técnico e cópia da última anuidade paga; – resultados da inspeção (número e percentual de pragas identificadas, com base em formulários preenchidos pelos funcionários da organização e na inspeção dos porta-iscas); – gráfico de acompanhamento e tendência ao longo do tempo, confrontando o número de pragas com a quantidade de praguicidas utilizada.
Analisar criticamente e tomar atitudes em relação aos pontos indicados pela empresa terceirizada contratada.	Indicar ações necessárias para combate às pragas urbanas e locais onde possam existir tocas de roedores e ninhos de pássaros.
Monitorar mensalmente pontos onde possa haver tocas de roedores ou ninhos de pássaros e destruí-los.	Fornecer cópia dos procedimentos utilizados no controle integrado de pragas.

químicos perigosos. A seleção da empresa para a prestação do serviço de controle integrado de pragas tem como exigências empresas registradas nos órgãos estaduais e municipais competentes, o compromisso de utilizar produtos devidamente registrados no Ministério da Saúde, experiência no segmento alimentício e utilização de técnicas baseadas em controle e/ou manejo integrado de pragas.

As principais pragas urbanas que afetam as indústrias alimentícias e suas características são apresentadas no Quadro 3.4. Elas são consideradas vetores mecânicos de doenças, ou seja, por habitarem locais sujos, como esgotos, banheiros e ralos, e irem até produtos e matérias-primas, podem carrear microrganismos patógenos, por isso a importância de seu controle. Além da própria praga em si, seus vestígios, como pelos, fezes, asas e patas, representam contaminação do alimentos, podendo, como já indicado, causar muita insatisfação por parte dos clientes.

QUADRO 3.4
PRINCIPAIS PRAGAS URBANAS

Praga	Características	Principais medidas de controle
Baratas	Existem cerca de 3.500 espécies de baratas no mundo; entretanto, apenas duas espécies são consideradas pragas urbanas no Brasil: *Blatella germanica* (barata francesinha ou paulistinha), comum em cozinhas e locais de manipulação de alimentos, e *Periplaneta americana* (barata de esgoto ou voadora), comum em redes de esgoto.	– Manter matérias-primas e produtos guardados em recipientes fechados. – Conservar equipamentos fechados, sem resíduos. Quando não em uso, manter sempre limpos. – Verificar periodicamente frestas e cantos de equipamentos, armários e paredes. – Recolher restos de produtos e qualquer outro tipo de resíduos em recipientes adequados. – Remover e não permitir que sejam amontoados caixas de papelão, plásticos e outros resíduos em locais não apropriados. – Manter caixas de gordura e galerias bem vedadas. – Ter ralos sempre sifonados ou colocar tampas em ralos não sifonados. – Colocar borracha de vedação na parte inferior externa das portas. – Manter bem calafetadas as junções de revestimentos de paredes e pisos. – Ficar atento a tetos rebaixados. – Limpar periodicamente a parte posterior de quadros ou painéis. – Remover e destruir ootecas (ovos de baratas). – Não se alimentar no ambiente de trabalho. – Providenciar a vedação ou a selagem de rachaduras, frestas, vasos e fendas que possam servir de abrigo para baratas. – Manter o ambiente devidamente limpo.

▶ ▶ ▶

QUADRO 3.4
PRINCIPAIS PRAGAS URBANAS

Praga	Características	Principais medidas de controle
Ratos	São três as espécies predominantes de ratos: – *Rattus norvergicus* (rato de esgoto); – *Rattus rattus* (rato de forro); – *Mus musculus* (camundongos). São os maiores causadores de dano à sociedade, sejam os prejuízos à saúde, pela transmissão de doenças, como a leptospirose, a mais conhecida, sejam os prejuízos econômicos, pois os roedores têm como características dentes incisivos fortes que crescem constantemente, daí a necessidade de roer materiais de vários tipos.	– Limpar diariamente, antes do anoitecer, as áreas onde ocorre manipulação de matérias-primas e produtos. – Recolher restos de produtos, produtos não conformes e matérias-primas em recipientes adequados, de preferência sacos plásticos, que deverão ser fechados e transportados para a área de resíduos. – Colocar fardos e caixas sobre paletes com altura mínima de 20 cm, afastados uns dos outros e das paredes, deixando espaçamentos que permitam uma inspeção em todos os seus lados. – Não acumular objetos inúteis ou em desuso. – Não utilizar terrenos baldios ou outras áreas a céu aberto para acúmulo de resíduos. – Manter ralos e tampas de bueiros firmemente encaixados. – Remover e não permitir que sejam feitos amontoados de restos de construções, resíduos, galhos, troncos ou pedras próximo à área industrial. – Buracos e vãos entre telhas devem ser vedados com argamassa adequada ou outro material. – Colocar telas removíveis em aberturas de aeração, entradas de condutores de eletricidade ou vãos de adutores de qualquer natureza.
Formigas	São um exemplo de organização, porém uma fonte inesgotável de	– Recolher restos de produtos, produtos não conformes e matérias-primas em recipientes

▶ ▶ ▶

QUADRO 3.4
PRINCIPAIS PRAGAS URBANAS

Praga	Características	Principais medidas de controle
	contaminação por meio mecânico. As formigas podem facilmente andar por locais contaminados, em alimentos em putrefação, caixas de esgoto e, a seguir, em pontos onde são processados produtos. Uma das espécies que mais habita indústrias é a formiga doméstica (*Iridomyrmex* sp).	adequados, de preferência sacos plásticos, que deverão ser fechados e transportados para a área de resíduos. – Vedar frestas de pisos, de azulejos, de portais e de outros locais que ofereçam condições de abrigo para formigas. – Não acumular madeira em locais úmidos. – Observar a presença de formigueiros ao redor da planta industrial. – Não se alimentar dentro da área industrial.
Moscas	A espécie *Musca domestica*, conhecida vulgarmente como mosca doméstica, é um inseto cosmopolita de grande importância higiênico-sanitária, devido a seus hábitos alimentares e seu estreito convívio com homens e animais. Essa espécie pode transportar uma grande variedade de patógenos, ocasionando diversas patologias no homem, tais como bacterioses, viroses, protozooses e helmintoses, mediante a contaminação de alimentos, água e diversos utensílios por meio da saliva, das fezes e do corpo.	– Manter matérias-primas e produtos guardados em recipientes fechados. – Conservar equipamentos fechados, sem resíduos. Quando não estiverem em uso, manter sempre limpos. – Recolher restos de produtos, produtos não conformes e matérias-primas em recipientes adequados, de preferência sacos plásticos, que deverão ser fechados e transportados para a área de resíduos. – Manter portas fechadas e a pressão do ambiente sempre positiva, para expulsar insetos voadores, em vez de "sugá-los". – Evitar janelas em áreas de manipulação de produtos e matérias-primas. Onde elas forem inevitáveis, usar telas milimétricas. – As áreas de manipulação de alimentos onde estes possam ficar expostos não devem ter acesso direto para áreas externas.

Controle integrado de pragas de grãos

Sobre insetos, logicamente, além de pragas urbanas, há na indústria de grãos e derivados as pragas de cereais. Também nesse caso, o caminho é evitar sua entrada na planta industrial, bem como o abrigo, a alimentação e a umidade. É importante ter em mente que uma indústria alimentícia instalada em uma região agrícola será sempre alvo das pragas de grãos, necessitando monitoramento eficaz e constante. Por exemplo, é comum ver carunchos escalando as paredes de silos ao entardecer, procurando uma entrada para a massa de grãos ou de farinha. Nas áreas externas, também se deve fazer um anel sanitário de monitoramento e controle de roedores. Por último, e só por último, considera-se intervenção química, o conhecido expurgo.

Uma vez que a praga de grão tenha conseguido entrar, e isso é possível através dos próprios grãos, nem que seja na forma de ovos, deve-se prevenir sua alimentação e abrigo, o que significa ter uma planta industrial rigorosamente limpa. A praga se alimentará do grão e da farinha e se abrigará na sujeira. Quanto pior o leiaute no sentido de cantos mortos, maior deve ser o rigor da limpeza e menor o intervalo entre uma e outra.

Somente é possível limpar um moinho quando ele não tem vazamentos que deixem cair grãos ou farinha o tempo todo, e só depois de resolver essas duas questões (manutenção e limpeza) fará sentido falar em expurgo, pois, onde há sujeira, o gás fosfina,[17] muito utilizado em expurgos, não será eficaz contra mariposas e carunchos, muito menos contra seus ovos. É possível afirmar que os expurgos em plantas moageiras pouco sanitárias serão bastante ineficazes. Muitas indústrias moageiras têm usado desinfestadores[18] de pragas de grãos, que eliminam pragas e também seus ovos (há os que podem ser instalados para o trigo na entrada e para a farinha na saída). Existem controvérsias sobre a eficácia desses equipamentos (fabricantes garantem eficácia de 90% sobre os insetos e seus ovos). Indústrias sanitárias elogiam a ação desse equipamento, enquanto as indústrias pouco sanitárias dizem que ele não funciona. Assim, fica fácil concluir que o desinfestador não resolve problemas de pragas sozinho, é um elemento a ser combinado com outras ações diversas, incluindo manutenção para evitar vazamentos e limpeza. O desinfestador é, de fato, ineficaz em uma planta pouco sanitária, mas, em uma planta com boa manutenção preventiva, boa limpeza e ações químicas curativas em grãos infestados, tem demonstrado ser um ótimo complemento.

Como prevenção, o que se faz é avaliar a carga de grãos recebida. Algumas indústrias moageiras rejeitam cargas infestadas, outras tratam curativamente, ou seja, aplicam veneno (líquido) para matar a infestação. A decisão dependerá da especificação do cliente que vai comprar o produto e, logicamente, dos critérios de especificações/limites legais. Por exemplo, para biscoitos cujas especificações pedem limites de fragmentos de insetos, a farinha utilizada deve ter uma contagem máxima pré-estipulada. Um único inseto morto moído se transforma em diversos fragmentos. Portanto, não serve grão expurgado (tratamento curativo), mas grão controlado para não ter infestação desde o recebimento e durante o armazenamento em silos (tratamento preventivo).

Após o armazenamento, algumas indústrias moageiras têm recorrido ao uso de termometria, mantendo a carga resfriada abaixo de 18°C, para evitar que ovos eclodam e insetos se reproduzam. Isso funciona muito bem. Além disso, a termometria indica variações da temperatura no silo. Se ele aquecer em algum ponto é porque existem pragas se desenvolvendo, então deve ser imediatamente transilado e expurgado.

Por fim, sobre pragas de grãos, deve-se dar muita atenção durante o carregamento. Muitas vezes acontece, mesmo em indústrias moageiras bastante sanitárias, de carregar caminhões com grãos residuais do transporte das safras agrícolas, seja o próprio trigo, o milho ou a soja, e esses grãos alimentam e geram focos de infestação para pragas de grãos, que, por sua vez, migram para o produto em transporte. As pragas se alojam, por exemplo, nas madeiras sob a carroceria, em frestas e em ranhuras. Para combater tal problema, muito mais que ter um *check-list* de vistoria de caminhões, é preciso ter rigor na rotina de vistoria e rejeitar caminhões infestados, que só devem ser carregados depois de limpos e devidamente expurgados. É preciso tomar cuidado também com paletes. Eles podem se tornar foco de contaminação cruzada, por abrigarem pragas de grãos. Pelo menos semestralmente também devem ser expurgados.

Pragas de grãos são inócuas à saúde de consumidores, não são vetores mecânicos de doenças veiculadas por alimentos, bactérias ou parasitas, mas causam graves problemas de imagem para as marcas, pois os consumidores leigos as associam com sujeira, falta de higiene e doença. É comum o cliente ligar para o serviço de atendimento ao consumidor (SAC) de uma organização, informando ter encontrado pragas de grãos, tais como:

- pequenos besouros (coleópteros);
- borboletinhas ou mariposinhas;
- larvas, ou "minhocas", ou "vermes", quando a praga de grão encontra-se na fase de larva (nesse caso, os consumidores se assustam mais e mais dano pode haver à imagem da marca);
- "teia de aranha", pode ser uma larva, por exemplo da *Ephestia* em seu casulo.

Essas reclamações normalmente vêm acompanhadas de relatos de crianças que consumiram o produto e passaram mal ou até foram hospitalizadas (mesmo que o efeito seja psicológico, pois pragas de grãos não estão associadas a doenças veiculadas por alimentos [DVA]). É feio e repugnante, mas totalmente inócuo à saúde.

Sendo bastante realista, o problema é de difícil solução, em especial em países de clima tropical. Provavelmente, uma organização que trabalhe com produtos cujos ingredientes incluam grãos e derivados, em algum momento, irá deparar-se com o problema de pragas de grãos. Por mais cuidado que se tenha em todo o processo, armazenamento e transporte por parte da organização, ainda há o armazenamento nos pontos de venda (supermercados, mercados, mercearias e bares), onde normalmente os produtos "secos" são colocados juntos. Ou seja, farinha, canjica, fubá, arroz, os quais podem conter pragas de grãos, seja na forma adulta, de pupa ou de ovos, afinal vêm do campo e, em seu beneficiamento, não sofrem nenhuma forma de tratamento para eliminá-las completamente, são armazenados junto a outros produtos "secos", assim, nos depósitos, as pragas de grãos podem migrar com facilidade para produtos como macarrão, biscoitos, bombons, achocolatados e outros (perfurando embalagens). Isso pode acontecer até mesmo na dispensa da casa dos consumidores.

Na prática, quando um cliente de farinhas em um mercado *business to business* exige um limite de fragmentos de insetos que não seja zero, pois zero é algo utópico, deve-se buscar a aquisição de farinha de indústrias moageiras fornecedoras que vão além da legislação e possuem um bom sistema de MIP, o qual prevê:

- **Mudança de comportamento dos armazenadores**: é a fase inicial e mais importante do processo, na qual as pessoas responsáveis que atuam na unidade armazenadora de grãos têm de estar envolvidas. Nessa fase, o alvo é conscientizar sobre a importância de pragas no armazenamento e sobre seus danos diretos e indiretos.
- **Conhecer a unidade armazenadora de grãos**: conhecida em todos os detalhes, por operadores e administradores, desde a chegada do produto à recepção até a expedição, após o período de armazenamento. Essa inspeção deve identificar e prever pontos de entrada e abrigo de pragas no sistema de armazenagem. Nessa fase, também deve ser levantado o histórico do controle de pragas na unidade armazenadora nos anos anteriores, identificando problemas passados.
- **Limpeza e higienização da unidade armazenadora**: o uso de equipamentos simples de limpeza, como vassouras, escovas e aspiradores de pó, em moegas, túneis, passarelas, secadores, fitas transportadoras, máquinas de limpeza, elevadores, nas instalações da unidade armazenadora repre-

senta os maiores ganhos desse processo. A eliminação dos focos de infestação dentro da unidade permitirá o armazenamento sadio. Após essa limpeza, o tratamento periódico de toda a estrutura armazenadora, com inseticidas protetores de longa duração, é uma necessidade para evitar reinfestações de insetos.

- **Identificação de pragas**: da identificação dependerão as medidas de controle a serem tomadas e a consequente potencialidade de destruição de grãos. As pragas em grãos armazenados podem ser divididas em dois grupos de maior importância: primárias[19] e secundárias,[20] devendo-se também avaliar e entender o potencial de destruição de cada espécie de praga (conhecer bem o inimigo e suas fraquezas para combatê-lo com eficácia).

- **Proteção do grão com inseticidas**: depois de limpos e secos, e se houver armazenamento por períodos longos, os grãos podem ser tratados preventivamente com inseticidas protetores, de origem química ou natural. Esse tratamento visa garantir a eliminação de pragas que infestam o produto durante o armazenamento. No caso de inseticidas químicos, para proteção dos grãos contra as pragas *S. oryzae* e *S. zeamais*, indica-se o uso de inseticidas organofosforados, uma vez que tais produtos são específicos para essas espécies. Já para *R. dominica*, os inseticidas indicados são os piretroides.

- **Tratamento curativo**: sempre que houver pragas na massa de grãos, deve-se fazer expurgo, usando produto à base de fosfeto de alumínio (fosfina). Esse processo deve ser realizado em armazéns, em câmaras de expurgo, ou em outros locais, sempre com vedação total, observando o período mínimo de exposição de quatro dias.

- **Monitoramento da massa de grãos**: o acompanhamento da evolução de pragas que ocorrem na massa de grãos armazenados é de fundamental importância, pois permite detectar o início da infestação que poderá alterar a qualidade final do grão. Esse monitoramento tem por base um eficiente sistema de amostragem de pragas e a medição de variáveis, como temperatura e umidade do grão, que influem na conservação do produto armazenado. Permite direcionar a tomada de decisão do armazenador, para garantir a qualidade do grão.

As principais pragas de grãos que podem aparecer na indústria de alimentos, especialmente na moageira, e de derivados de grãos, seu ciclo de vida e sua biologia básica são apresentados no Quadro 3.5.

QUADRO 3.5
PRINCIPAIS PRAGAS DE GRÃOS POTENCIAIS NA INDÚSTRIA ALIMENTÍCIA

Corcyra cephalonica (Stainton)

Ocorrência: Encontrada principalmente em regiões tropicais e subtropicais. Apresenta a característica importante de produção de teias nos produtos que ataca. Muito comum em produtos armazenados como amendoim, sorgo, trigo, sementes de algodão, chocolate, farinhas e biscoitos.

Ciclo de vida: Entre 30 e 35 dias, sob as condições de 30°C e 70% de umidade relativa.

Biologia:

- **Ovos** – Em pequenos grupos, são colocados dispersos sobre o produto ou nas paredes dos armazéns.
- **Larvas** – Móveis, alimentam-se vorazmente e apresentam forma de ataque diferenciada para diferentes produtos. Tecem teias extremamente densas. Em infestações intensas, o produto torna-se muito agregado com teias, casulos e excrementos.
- **Adultos** – Geralmente maiores do que as demais traças, voam pouco e apresentam hábito noturno. Vivem por volta de 1 a 2 semanas.

Ephestia kuehniella (anagasta) (traça da farinha)

Ocorrência: Mundialmente distribuída. Dependendo da temperatura e da umidade, uma fêmea pode colocar até 562 ovos. A temperatura favorável é de 26°C. À temperatura de 27°C, o tempo de geração (ou desenvolvimento de uma geração) varia de 43 a 72 dias e de 140 a 243 dias a 10°C. A temperatura limite para o seu desenvolvimento é de 35°C.

Ciclo de vida: 3 a 4 meses, sob condições adequadas de temperatura (28°C) e de umidade relativa (70%).

▶▶▶

QUADRO 3.5
PRINCIPAIS PRAGAS DE GRÃOS POTENCIAIS NA INDÚSTRIA ALIMENTÍCIA

Biologia: De forma geral é similar à *E. elutella*, porém as larvas tornam-se pupas nos alimentos.

- **Ovos** – São depositados próximos aos produtos dos quais se alimentam.
- **Larvas** – Movem-se rapidamente, alimentando-se e lançando fios de seda, formando teias. Crescem totalmente e formam pupas nos próprios produtos que estão infestando. Os fios de seda formam massas compactas que podem chegar a obstruir tubos e condutos de moinhos de trigo e servem de refúgio para outros insetos, que danificam grãos e produtos armazenados.
- **Adultos** – Não se alimentam e têm o hábito de voo próximo às estruturas de cobertura. Apresentam maior intensidade de voo ao alvorecer e no crepúsculo. Têm vida curta (aproximadamente 14 dias).

Ephestia elutella (traça)

Ocorrência: Muito comum em climas tropicais e temperados, atacando principalmente fumo, chocolate e frutas secas, entre outros, além de residências e lojas. É uma praga de grande importância.

Ciclo de vida: 50 a 90 dias sob condições adequadas de temperatura.

Biologia:

- **Ovos** – São depositados sobre os produtos ou perto deles.
- **Larvas** – Movimentam-se sobre os produtos ou as sacarias, alimentando-se e produzindo fios de seda, que podem formar extensas teias. Quando crescem por completo, deixam os produtos e se movimentam em direção às estruturas ou aberturas das embalagens.
- **Pupas** – Podem formar-se imediatamente, transformando-se em traças adultas. Porém, grande parte apenas se transforma no ano seguinte, mantendo a infestação.
- **Adultos** – Não se alimentam e têm vida curta. Têm hábitos noturnos e geralmente voam em direção à cobertura das estruturas. Vivem 13 a 14 dias, e uma fêmea chega a colocar 279 ovos.

QUADRO 3.5
PRINCIPAIS PRAGAS DE GRÃOS POTENCIAIS NA INDÚSTRIA ALIMENTÍCIA

Plodia interpunctella (traça)

Ocorrência: Importante praga de cereais, frutas secas, armazéns, moinhos e plantas processadoras de alimentos. Muito presente em clima quente. Alta capacidade de produção de seda (teias), infestando a superfície dos grãos armazenados.

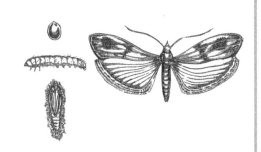

Ciclo de vida: 525 dias em condições adequadas de temperatura (30°C) e de umidade relativa (70%).

Biologia:

- **Ovos** – São depositados aleatoriamente sobre a superfície dos produtos a granel ou sobre a sacaria (até 400 por fêmea).
- **Larvas** – Movimentam-se superficialmente nos grãos, produzem teias e se alimentam, preferencialmente, de embriões. A exemplo da *Ephestia cautella*, produzem grande quantidade de seda, pouco antes de sua transformação em pupas.
- **Pupas** – Formam-se no interior e na superfície dos produtos.
- **Adultos** – Têm vida curta e não se alimentam. Apresentam hábitos noturnos e concentram sua infestação na superfície.

Ephestia cautella (traça do cacau)

Ocorrência: Presente em grande parte dos produtos armazenados, em regiões quentes. Importante também em moinhos, plantas de processamento de alimentos, cacau, frutas secas, tortas e farinhas de oleaginosas. As teias produzidas criam problemas em equipamentos e no controle químico.

Ciclo de vida: 28 dias, sob condições adequadas de temperatura (30 a 32°C) e de umidade (70 a 80%).

▶▶▶

QUADRO 3.5
PRINCIPAIS PRAGAS DE GRÃOS POTENCIAIS NA INDÚSTRIA ALIMENTÍCIA

Biologia:

- **Ovos** – São colocados entre os sacos ou sobre a superfície dos grãos armazenados, em número de 300 por fêmea.
- **Larvas** – São móveis e produzem grande quantidade de seda. Alimentam-se preferencialmente do embrião dos grãos. Quando em vias de tornarem-se pupas, produzem grande quantidade de teias, podendo cobrir toda a superfície do produto. Não se locomovem. Desenvolvem-se no interior dos grãos.
- **Pupas** – Formam-se no interior dos grãos.
- **Adultos** – Apresentam vida curta (em torno de 14 dias), não se alimentam e voam no início da manhã e no final do dia.

Sitotroga cerealella (traça dos cereais)

Ocorrência: Cosmopolita. Importante praga dos produtos armazenados. Vive na superfície dos grãos armazenados a granel e ensacados. Os adultos não são capazes de penetrar profundamente na massa. Podem também atacar os grãos no campo. Apresentam tamanho inferior em relação a outras traças que atacam os grãos armazenados.

Ciclo de vida: Entre 4 e 5 semanas em condições adequadas de temperatura (30 a 32°C) e de umidade relativa (75%).

Biologia:

- **Ovos** – Depositados sobre os grãos armazenados ou ainda no campo.
- **Larvas** – Não se locomovem. Desenvolvem-se no interior dos grãos.
- **Pupas** – Formadas no interior dos grãos.
- **Adultos** – Não se alimentam, têm vida curta e voam muito.

Araecerus fasciculatus (De Geer) (caruncho das tulhas)

Ocorrência: Praga cosmopolita com preferência por locais de altas temperaturas e umidade relativa, podendo ocorrer em locais de clima temperado. Muito importante como praga do café (beneficiado, grãos ou despolpados), porém ataca outros produtos armazenados, como cacau, feijão, milho e frutos secos.

QUADRO 3.5
PRINCIPAIS PRAGAS DE GRÃOS POTENCIAIS NA INDÚSTRIA ALIMENTÍCIA

Ciclo de vida: Em condições de temperatura a 28ºC e 80% de umidade relativa, seu ciclo evolutivo leva cerca de 40 dias.

Biologia:

- **Ovos** – Parecem preferir substratos com alta umidade e em estado de deterioração, os ovos são colocados em orifícios abertos pelas fêmeas, próximos ao embrião.
- **Larvas** – Apresentam mobilidade e penetram nos grãos onde se alimentam. Posteriormente, entram na fase pupal, por períodos de até nove dias.
- **Adultos** – São insetos fortes e muito ativos, alimentando-se de quase todo tipo de matéria vegetal. Podendo viver por mais de quatro semanas em altas umidades.

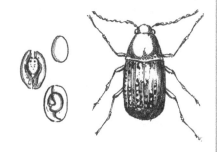

Lasioderma serricorne (bicho do fumo)

Ocorrência: Comum em climas tropicais e subtropicais, constituindo-se em séria praga do fumo armazenado e de seus subprodutos, bem como do cacau.

Ciclo de vida: 26 dias em condições adequadas de temperatura (30ºC) e de umidade (70%).

Biologia:

- **Ovos** – São depositados sobre o produto, aproximadamente 100 por fêmea.
- **Larvas** – São móveis, podendo penetrar em produtos empacotados à procura de alimentos. A ausência destes limita seu desenvolvimento.
- **Adultos** – Não se alimentam, têm vida curta, aproximadamente 2 a 4 semanas. São voadores eficientes e atraídos pela luz.

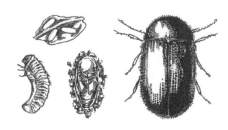

Prostephanus truncatus (besouro do milho)

Ocorrência: É uma praga típica do milho. Ataca antes e depois de ele ser colhido. Praga importante na África, no México e na América Central. Alimenta-se também de madeira, mandioca seca e trigo. Tem corpo cilíndrico, com a parte traseira em formato bastante quadrado.

▶▶▶

QUADRO 3.5
PRINCIPAIS PRAGAS DE GRÃOS POTENCIAIS NA INDÚSTRIA ALIMENTÍCIA

Ciclo de vida: 26 dias em condições adequadas de temperatura (30°C) e de umidade relativa (75%). Pode sobreviver na faixa de temperatura entre 18 e 38°C e em umidade relativa entre 40 e 90%. Também é capaz de sobreviver em grãos de milho com 9% de umidade.

Biologia:

- **Ovos** – As fêmeas põem os ovos no interior dos grãos ou nas farinhas.
- **Larvas** – São imóveis, vivendo dentro dos grãos e em farinhas produzidas pelos adultos.
- **Adultos** – Apresentam vida longa, alimentam-se de grãos, produzindo grande quantidade de farinhas. São voadores.

Stegobium paniceum

Ocorrência: Comum em produtos armazenados, porém mais sério em alimentos processados e especiarias, frutas secas, sementes, tortas de oleaginosas e coco ralado. Corpo oval, com pouco pelo. Antena em forma de clava solta, nos últimos segmentos.

Ciclo de vida: Em torno de 40 dias sob condições adequadas de temperatura (30°C) e de umidade relativa (80%). Pode sobreviver na faixa de 15 a 34°C de temperatura, a 35% de umidade relativa.

Biologia:

- **Ovos** – Depositados aleatoriamente.
- **Larvas** – São móveis, podendo estar no interior de fissuras e fendas de estruturas, bem como no interior de produtos armazenados.
- **Adultos** – Apresentam vida curta, não se alimentam e não voam.

QUADRO 3.5
PRINCIPAIS PRAGAS DE GRÃOS POTENCIAIS NA INDÚSTRIA ALIMENTÍCIA

Trogoderma granarium (besouro do arroz e de outros grãos)

Ocorrência: Amplamente disseminada, atacando cereais e subprodutos, tortas de oleaginosas, frutas secas, sementes e grãos de leguminosas. Ainda não encontrado no Brasil. Importante praga sob o ponto de vista fitossanitário para importadores e exportadores. Inseto de formato oval e peludo, de coloração marrom-avermelhada.

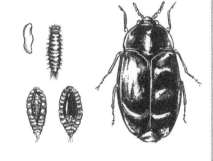

Ciclo de vida: 27 dias sob condições adequadas de temperatura (32ºC) e de umidade (70%). Sobrevive em condições muito secas (2% de umidade relativa) e, também, sob temperaturas elevadas de até 44ºC.

Biologia:

- **Ovos** – São depositados aleatoriamente, em número de 126 por fêmea.
- **Larvas** – São móveis, normalmente ficam em fissuras e fendas. Podem sobreviver em condições desfavoráveis por vários anos (diapausa).
- **Adultos** – Apresentam vida curta, não se alimentam e não são capazes de voar.

Acanthoscelides obtectus (caruncho do feijão)

Ocorrência: De ocorrência mundial, ataca os grãos tanto nos armazéns como no campo.

Ciclo de vida: Entre 25 e 30 dias em condições adequadas de temperatura (30ºC) e umidade relativa de 70%. Formato ovalado, coberto por pequenos cabelos, antenas cinza e avermelhadas.

Biologia:

- **Ovos** – Depositados soltos ou alojados nas falhas das películas dos grãos.
- **Larvas** – Entram nos grãos em que se desenvolvem.
- **Adultos** – Não se alimentam e têm vida curta. Andam e voam rapidamente.

▶▶▶

QUADRO 3.5
PRINCIPAIS PRAGAS DE GRÃOS POTENCIAIS NA INDÚSTRIA ALIMENTÍCIA

Cryptolestes ferrugineus (besouro de diversos grãos)

Ocorrência: Com sobrevivência em todo o mundo, ataca grãos com falhas no pericarpo. Achatado, marrom-claro, antenas compridas.

Ciclo de vida: De 22 a 24 dias sob condições adequadas de temperatura entre 32 e 35ºC e 70% de umidade relativa (14% de umidade do grão).

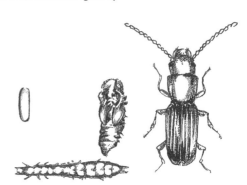

Biologia:

- **Ovos** – Colocados aleatoriamente em fissuras ou pontos quebrados dos grãos.
- **Larvas** – São móveis, alimentam-se preferencialmente dos embriões, mas também do endosperma.
- **Adultos** – Vida longa, em torno de nove meses. Alimentam-se de farelos, farinhas e grãos quebrados. Voam e andam muito rapidamente.

Oryzaephilus surinamensis (*O. mercator*) (besouro da cevada, das nozes, etc.)

Ocorrência: Cosmopolita, importante praga de grãos quebrados. Apresenta corpo achatado, marrom-escuro, com seis projeções similares a dentes em cada lado do protórax.

Ciclo de vida: *O. surinamensis* mínimo de 25 dias em condições adequadas de temperatura a 30 a 35ºC e umidade relativa de 70 a 90%. *O. mercator* (Fauvel) tem condições adequadas de temperatura a 30ºC e umidade relativa de 70%.

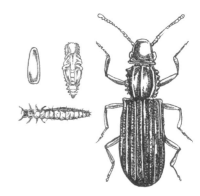

Biologia:

- **Ovos** – Colocados aleatoriamente sobre os grãos, em número de 200 a 300 por fêmea.
- **Larvas** – São móveis e têm desenvolvimento rápido em condições de alta umidade do grão (superior a 14%).

QUADRO 3.5
PRINCIPAIS PRAGAS DE GRÃOS POTENCIAIS NA INDÚSTRIA ALIMENTÍCIA

- **Adultos** – Podem viver por até três anos. Alimentam-se de grãos quebrados, não são capazes de voar e andam grandes distâncias rapidamente. Podem, com facilidade, entrar em alimentos embalados.

Tribolium castaneum (*Tribolium confusum*)

Ocorrência: Mundial, também importante praga dos cereais (arroz, milho, trigo, etc.), atacando preferencialmente os embriões, quando já partidos (comum em farinhas). Achatado, marrom-avermelhado, lados com frisos em paralelo. O *Tribolium castaneum* prefere regiões mais quentes que o *T. confusum*.

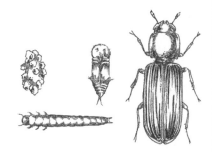

Ciclo de vida: *T. castaneum* – 26 dias em condições adequadas de temperatura a 35ºC e umidade relativa de 70%.
T. confusum – igual período em condições de 33ºC de temperatura e 70% de umidade relativa.

Biologia:

- **Ovos** – São postos aleatoriamente, por vários meses, até 450 ovos por fêmea.
- **Larvas** – São móveis, preferindo alimentar-se dos embriões de cereais e resíduos.
- **Adultos** – Alimentam-se dos embriões de grãos partidos e farinhas. Apresentam vida longa. Voam intensamente. O *T. confusum* não voa.

Rhizopertha dominica (besouro de cereais e farinhas)

Ocorrência: Ocorre no mundo todo, constituindo-se em uma importante praga dos cereais. Extremamente voraz.

Ciclo de vida: 25 dias em condições adequadas de temperatura a 32ºC e umidade relativa de 70% (13% de umidade do grão). É capaz de desenvolver-se em intervalos de temperatura de 16 a 39ºC e umidade relativa mínima de 25%.

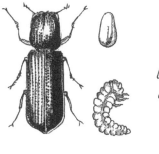

▶▶▶

QUADRO 3.5
PRINCIPAIS PRAGAS DE GRÃOS POTENCIAIS NA INDÚSTRIA ALIMENTÍCIA

Biologia:

- **Ovos** – São colocados na superfície ou entre os grãos, em número de até 500 por fêmea.
- **Larvas** – Móveis quando jovens, alimentando-se ativamente de grãos e subprodutos.
- **Adultos** – Alimentam-se e produzem grande quantidade de farinhas. Voam ativamente. Apresentam vida longa.

Sitophilus granarius (caruncho ou gorgulho do trigo)

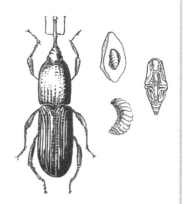

Ocorrência: Distribuído em todos os continentes. Típico de regiões de clima temperado (Sul do Brasil), atacando cereais e produtos acabados. Brilhante, não tendo pontos vermelho-alaranjados na parte traseira, apresenta furos torácicos ovais e não redondos.

Ciclo de vida: Em torno de 40 dias sob condições adequadas de temperatura (26ºC) e umidade relativa de 65% (14% de umidade do grão). O tempo de desenvolvimento de ovo a adulto varia de 28 a 108 dias, dependendo da temperatura. À temperatura de 24 a 25ºC, leva 36 dias; a 12ºC pode levar 209 dias. Essa espécie pode desenvolver-se em grãos com umidade de 11% ou menor. A longevidade média dos adultos é de 140 a 142 dias.

Biologia:

- **Ovos** – São colocados no interior dos grãos, até 300 ovos por fêmea (apenas um ovo por grão).
- **Larvas** – Desenvolvem-se nos grãos, podendo sobreviver por até 10 semanas em temperatura mínima de 5ºC.
- **Adultos** – Os élitros são soldados e não podem voar.

Sitophilus oryzae, Sitophilus zeamais (caruncho ou gorgulho do arroz ou do milho)

Ocorrência: Encontrado em todos os continentes. Brilhante, apresenta-se com quatro pontos vermelho-alaranjados na parte traseira e furos torácicos redondos e não ovais. Além de milho e arroz, pode atacar outros cereais.

QUADRO 3.5
PRINCIPAIS PRAGAS DE GRÃOS POTENCIAIS NA INDÚSTRIA ALIMENTÍCIA

Ciclo de vida: 25 dias sob condições adequadas de 30ºC e 70% de umidade relativa (14% de umidade do grão). Faixa de desenvolvimento: 13 a 35ºC, sendo a temperatura ideal de 30ºC.

Biologia:

- **Ovos** – São colocados nos cereais armazenados, ou ainda no campo.
- **Larvas** – São imóveis, alimentando-se vorazmente do próprio grão. Desenvolvem-se dentro dele.
- **Adultos** – Voam ativamente, alimentando-se dos cereais, podem viver por seis meses. Em grãos quentes, sua multiplicação é acelerada, e suas larvas alimentam-se vorazmente.

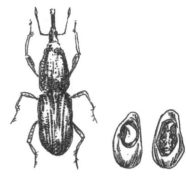

Liposcelis corrodens

Ocorrência: Comum em armazéns graneleiros, moinhos e plantas de processamento de alimentos. Pequeno, achatado e de coloração esbranquiçada, antenas similares a pelos longos.

Ciclo de vida: 21 dias sob condições adequadas de temperatura (27ºC) e umidade relativa (70%).

Biologia:

- **Ovos** – São depositados aleatoriamente sobre as superfícies.
- **Crisálidas** – Aparência semelhante aos adultos, porém menores e mais pálidas.
- **Adultos** – Apresentam vida longa, alimentam-se de resíduos e correm rapidamente. Sua presença, em geral, indica condições deficientes de armazenamento.

Efeito da temperatura e da umidade no controle das pragas de grãos

A temperatura e a umidade dos grãos constituem elementos determinantes na qualidade, porque influenciam na ocorrência de insetos e fungos durante o armazenamento. A maioria das espécies de insetos e de fungos reduz sua atividade biológica a 15°C. E a aeração, que consiste em forçar a passagem de ar pela massa de grãos armazenados, constitui uma operação fundamental para abaixar e uniformizar sua temperatura.

O teor de umidade do grão é outro ponto crítico para uma armazenagem de qualidade. Grãos com altos teores de umidade tornam-se muito vulneráveis à colonização por altas populações de insetos e fungos. Para uma armazenagem segura, é necessário secar o grão, forçando a passagem do ar aquecido pela massa de grãos ou valendo-se de ar natural.

Ainda que o fluxo de ar durante a aeração seja tão baixo a ponto de não reduzir a umidade do grão (quando realizado à temperatura natural), deve-se ter cuidado, porque uma aeração excessiva é capaz de reduzir o teor de umidade e, consequentemente, o peso. O desenvolvimento de insetos e fungos é acelerado sob condições ideais de temperatura e umidade, impondo limites no tempo para uma armazenagem segura. Existem indústrias moageiras no Brasil com excelente controle sobre a umidade do grão e que depois mantêm toda a massa armazenada a temperaturas inferiores a 15°C. De fato, sao industrias que conseguem fornecer farinhas com baixa contagem de fragmentos de insetos.

Diretrizes para limpeza e higienização

Em qualquer indústria alimentícia, a limpeza[21] e a desinfecção[22] deixaram de ser um tema secundário. Investir em limpeza e desinfecção significa economizar com intercorrências provenientes de dano à qualidade por produtos contaminados, rejeições e devoluções.

Técnicas de sanitização (ou higienização) rápidas e eficientes precisam ser estudadas, desenvolvidas e aplicadas, o que redundará na obtenção de alimentos mais limpos e puros, propósito principal do trabalho de transformação que se desenvolve em uma indústria alimentícia. Cada organização precisa definir o método que lhe será mais eficaz, considerando suas instalações, equipamentos e as características dos produtos que fabrica.

A organização deve descrever, em um procedimento documentado, as diretrizes que regem as instruções de trabalho específicas para sanitização, documento também exigido pela Resolução da Anvisa RDC Nº 275 (Brasil, 2002e). As instruções de limpeza e desinfecção determinam uma ordem sistemática e metodológica para efetuar a sanitização adequada de utensílios e equipamentos. De forma genérica, um processo de limpeza e higienização segue as seguintes etapas:

- **Remoção dos resíduos macroscópicos.** Essa etapa consiste na retirada dos restos de alimentos, gorduras e toda sujeira macroscópica. É determinada como limpeza física, ou seja, é aquela na qual se eliminam todas as impurezas grosseiras.
- **Pré-lavagem.** É efetuada com a utilização de água, de preferência quente. Nessa etapa, ocorre a dissolução de impurezas e resíduos que se encontram sobre as superfícies.
- **Lavagem.** Consiste na utilização de agentes químicos (detergentes) para remoção do material orgânico. Nessa etapa, ocorre a dispersão/emulsificação das impurezas na solução de limpeza. As impurezas microscópicas, inclusive odores, são eliminadas por arraste físico, assim como parte da biota microbiana.
- **Enxágue.** Remoção dos resíduos de detergente com utilização de água.
- **Desinfecção.** Consiste na redução do número de microrganismos com o uso de produtos químicos específicos. Nessa etapa, objetiva-se a destruição da biota microbiana. Um detergente pode ter composição que lhe permita uma ação sanitizante.
- **Enxágue final.** É a remoção final dos produtos químicos utilizados na etapa anterior, com a finalidade de evitar interferência no sabor e no odor, além de contaminações químicas no produto a ser processado.

Cada equipamento, utensílio e área de processamento industrial deve possuir uma instrução de trabalho (IT) de higienização específica. As ITs de limpeza e higienização devem ser descritas de forma clara e objetiva, em linguagem adequada, para melhor entendimento dos funcionários envolvidos. Sua elaboração deve ser feita por empregado tecnicamente capaz, de preferência da área onde ela será aplicada, com apoio dos funcionários que executam o procedimento descrito.

Nas ITs específicas para equipamentos, móveis e utensílios, devem existir informações sobre:

- natureza da superfície a ser higienizada;
- método de higienização;
- princípio ativo selecionado e concentração;
- tempo de contato dos agentes químicos e/ou físicos utilizados na operação de higienização;
- temperatura e outras informações que se fizerem necessárias;
- quando aplicável o desmonte de equipamentos, as ITs deverão também contemplar informações sobre como proceder nessa operação.

A validação[23] técnica da metodologia empregada na IT deve ser realizada. Isso pode ser feito, por exemplo, por análise microbiológica, empregando teste de *swab* para avaliação da carga de microrganismos remanescentes após o processo de higienização.

Logicamente, não basta ter a IT. Sua disponibilidade para os funcionários que fazem uso dessas instruções deverá ser garantida. É importante lembrar que as ITs devem permanecer legíveis, assim, como são instruções a serem usadas em momentos de limpeza, é uma boa prática que sejam plastificadas. É importante que exista um cronograma de limpeza e higienização, no qual deve constar:

- equipamento/utensílio/área;
- departamento;
- periodicidade da higienização;
- IT de referência;
- responsável pelo cumprimento.

Ao adquirir novos equipamentos, recomenda-se optar por máquinas e utensílios de fácil higienização, facilmente desmontáveis, com cantos e bordas arredondados, cuja constituição física seja de um material resistente e pouco poroso, higienizável e durável. As áreas que não podem ter contato direto com água devem ser limpas por meio de métodos físicos como escovação e aspiração, a chamada limpeza seca. Em alguns casos, a água atrapalha em vez de ajudar, por exemplo, na indústria de massas e biscoitos.

Conhecer a tecnologia do equipamento utilizado e os cuidados para sua conservação são requisitos fundamentais para que os operadores garantam a qualidade do que produzem. Aconselha-se que, antes de qualquer limpeza úmida, seja feita a remoção de todos os resíduos sólidos, evitando sobrecarregar estações de tratamento de efluentes.

Ao término da execução de qualquer higienização, a liderança da área deve realizar o monitoramento e a avaliação visual de sua eficácia. Se a limpeza não for considerada adequada, a equipe deve ser orientada a repetir o procedimento. As limpezas e as higienizações, bem como seu monitoramento, devem ser registradas em formulários adequados. Para evitar contaminação cruzada, sugere-se que os utensílios de limpeza e higienização sigam uma regra de identificação por cores, como exemplifica o Quadro 3.6.

A água utilizada para a higienização das áreas de processamento, dos equipamentos e dos utensílios deverá ser potável, mas, para a limpeza de pátios, isso não é necessário. A sanitização da caixa d'água deverá ocorrer no mínimo uma vez a cada seis meses. Cada organização deve definir se a limpeza será realizada por equipe interna ou por empresa terceirizada contratada para essa finalidade. Se for

QUADRO 3.6
EXEMPLO DE SINALIZAÇÃO POR CORES PARA IDENTIFICAÇÃO DE UTENSÍLIOS DE LIMPEZA

Equipamentos e utensílios	Cor de identificação
Contato com produtos e superfícies que tenham contato direto com o produto	
Contato com piso/paredes	
Contato com ralos e canaletas	
Para uso exclusivo em banheiros, vestiários e áreas externas	

utilizada equipe interna para a sanitização da caixa d'água, deve existir uma IT descrita para tanto, e a atividade deverá ser registrada. Se for contratada empresa para a sanitização da caixa d'água, deve ser exigido que possua licença dos órgãos competentes para exercer tal atividade, e uma cópia do procedimento utilizado deverá ser mantida arquivada. Para cada limpeza deverá ser mantido um registro de sua realização.

Métodos de limpeza
O método de limpeza escolhido deve ser aquele que permita a melhor relação custo-benefício, ou seja, uma limpeza mais rápida, mais eficaz, que garanta, dentro de limites aceitáveis, a ausência de contaminante e que tenha o menor custo.

Manual. Realizada com solução de detergente previamente selecionado e temperatura variando de ambiente a 50°C para evitar acidentes e queimaduras. Em geral, empregam-se escovas, esponjas, raspadores, esguichos de alta e baixa pressão, esguichos de vapor, etc. Após a limpeza, é realizado um enxágue com água, de preferência morna. Palhas de aço devem ser evitadas.

Imersão de equipamentos. O processo é aplicado a utensílios, a alguns tipos de equipamentos e no interior de tachos e tanques. Após a pré-lavagem com água morna, imergem-se os equipamentos na solução detergente em concentração apropriada, durante 15 a 30 minutos e a uma temperatura de 50 a 80°C. Após esse tempo, as superfícies são escovadas e enxaguadas com água quente. Esse método é mais drástico, e deve ser aplicado quando há presença de incrustações.

Aspersão. É empregada para limpar e desinfetar equipamentos, especialmente o interior de tanques de armazenamento. A operação envolve uma pré-lavagem com água a temperatura ambiente, aplicação de um agente detergente a 60 a 70°C e enxágue com água a temperatura ambiente.

Limpeza sem desmontagem, ou *cleaning in place* (CIP). Sistema automático de limpeza, bastante empregado na indústria de laticínios. Consiste de um sistema permanente de equipamentos e condutos que são convenientemente limpos e desinfetados sem a desmontagem do equipamento. Nessa limpeza, a água e os agentes de limpeza, detergentes e sanitizantes, circulam nas tubulações e nos equipamentos por um tempo, em uma temperatura e a uma velocidade predeterminados até que o processo se complete. Em geral, usam-se ácidos e, a seguir, álcalis, ou o inverso. É importante, nesse caso, garantir o enxágue final com uso de indicadores acidobásicos, evitando resíduos remanescentes dos agentes de higienização empregados.

Atualmente, existem excelentes novas tecnologias de limpeza e higienização, tais como geradores de espuma, sistemas por *spray*, entre outros. Esses novos métodos podem ajudar a aumentar a eficácia dos procedimentos de limpeza e reduzir o tempo e o uso de produtos químicos.

Fatores básicos para limpeza e higienização

A combinação de fatores otimiza a limpeza e a higienização. Esses fatores podem ser tempo, concentração, ação mecânica e temperatura. Uma boa combinação desses quatro fatores economiza tempo e dinheiro.

Tempo. A ação de um agente químico depende de um tempo de contato com o local a ser higienizado, o processo não é instantâneo. Deve-se observar sempre a recomendação do fabricante. Há um tempo mínimo para a limpeza efetiva e um tempo máximo, que visa o aspecto econômico.

Quantidade adequada de produto (concentração). A dosagem deve obedecer a critérios estabelecidos pelo fabricante, sob o risco de não se ter ação nenhuma. Dosagens acima ou abaixo do especificado podem comprometer a ação do produto. Em geral, a concentração é baseada na alcalinidade ou na acidez ativa do composto. Essa concentração pode ser variável, de acordo com o tipo de resíduo e as condições de tratamento.

Ação mecânica. A ação física que se faz junto à superfície a ser higienizada resulta em um processo mais eficiente, porque melhora a penetração do produto em porosidades e aumenta seu contato com as sujidades. Em sistemas fechados, a velocidade aplicada no fluxo, com maior ou menor turbulência, também é um fator importante para a limpeza.

Temperatura. Temperaturas mais elevadas diminuem a força da ligação entre os resíduos e a superfície; diminuem a viscosidade e aumentam a ação de turbulência; aumentam a solubilidade dos resíduos; e aceleram a velocidade das reações. É preciso ter cuidado porque alguns agentes sanitizantes possuem limite de temperatura para sua atuação.

Desinfecção de equipamentos por agentes químicos

Novos detergentes e sanitizantes[24] devem ser tecnicamente testados e aprovados por pessoa competente. A biodegradabilidade e o preço (considerando o fator de diluição do produto) devem ser considerados requisitos de segurança para os funcionários. Todo novo sanitizante ou detergente deve ter seu registro no órgão competente, e cópia deve ser mantida pela organização.

É imperativo que os sanitizantes e detergentes utilizados sejam neutros em odor. A aprovação técnica deve consistir em teste *in loco* com o novo produto, seguindo o método descrito na IT do equipamento ou da área que será higienizada, para julgar a eficiência em comparação com o produto já em uso. A eficácia do sanitizante em teste pode ser comprovada por meio de uma avaliação por técnica de *swab*. É preferível existir diluidores de detergente e sanitizantes em pontos-chave, ou deve-se registrar o preparo das soluções detergentes caso não se utilizem diluidores.

O uso de sanitizantes tem por finalidade a eliminação de microrganismos contaminantes, aderentes à superfície dos equipamentos e não removidos após os tratamentos de pré-lavagem e de aplicação de detergentes. Essa operação pode ser conduzida pelo emprego de meios físicos (calor, radiação ultravioleta) e, mais comumente, pelo uso de agentes químicos.

Álcoois. Em concentrações entre 70 e 90%, as soluções de álcool etílico (etanol), CH_3CH_2OH, são eficientes contra as formas vegetativas dos microrganismos. Porém, o álcool etílico não pode ser utilizado para esterilizar um objeto, pois não mata os endósporos bacterianos. Sua atividade antimicrobiana deve-se principalmente a sua capacidade de desnaturar proteínas. Os alcoóis também são solventes de lipídeos, lesando, assim, as estruturas da membrana das células microbianas. Além disso, parte de sua eficiência como desinfetantes de superfície pode ser atribuída a sua ação detergente e de limpeza, que auxilia na remoção dos microrganismos.

Cloro e compostos clorados. O cloro, na forma gasosa (Cl_2) ou em combinações químicas, representa um dos desinfetantes mais largamente utilizados. O cloro gasoso é difícil de ser manipulado, a menos que se disponha de equipamento especializado, o que torna sua aplicação limitada em operações de larga escala. Todavia, existem muitos compostos clorados que podem ser manuseados de forma mais conveniente. Entre eles estão os hipocloritos, que contêm o grupo -ClO. Os hipocloritos mais utilizados são o de cálcio, $Ca(ClO)_2$, e o de sódio, $NaClO$. Quando adicionados à água, os hipocloritos sofrem hidrólise, dando origem ao ácido hipocloroso. Este, por sua vez, sofre nova reação, originando oxigênio nascente [O], que é um poderoso agente oxidante, podendo destruir substâncias celulares vitais. As vantagens e desvantagens do uso do cloro como sanitizante são apresentadas no Quadro 3.7. O cloro também pode combinar diretamente com proteínas celulares e destruir suas atividades biológicas. As concentrações indicadas de cloro são apresentadas na Tabela 3.2.

Soda cáustica. Entre os álcalis, a soda cáustica (hidróxido de sódio), $NaOH$, é o produto mais utilizado para limpeza de equipamentos, pois possui um bom poder de dissolução de matérias orgânicas, por meio de um mecanismo de saponificação, transformando gorduras em substâncias miscíveis em água. Como a soda reage com lipídeos, consegue lesar as estruturas da membrana das células microbianas, tendo, então, um alto poder de desinfecção a um baixo custo, em comparação com outros produtos.

QUADRO 3.7
VANTAGENS E DESVANTAGENS DO USO DO CLORO COMO SANITIZANTE

Vantagens	Desvantagens
– Efetivo contra grande número de espécies de microrganismos – Bastante efetivo contra esporos bacterianos e bacteriófagos – Não afetado pela dureza da água – Relativamente barato	– Corrosivo – Pode provocar irritações na pele dos manipuladores – A atividade decresce com o aumento do pH – A atividade diminui com o armazenamento – É afetado pela matéria orgânica – Pode causar alterações no aroma de frutas – Não deve ser utilizado em água para preparo de xaropes

TABELA 3.2
CONCENTRAÇÕES DE CLORO RECOMENDÁVEIS

	Imersão e circulação	Aspersão e nebulização	Exposição	
	ppm	ppm	Tempo	Temperatura
Hipoclorito de sódio	100	200	1 a 2 min	24°C

Detergentes. São compostos que diminuem a tensão superficial e são utilizados para limpar superfícies. Os detergentes, ou surfactantes, são substâncias anfifílicas, ou seja, apresentam, em sua estrutura molecular, uma parte polar e outra apolar, o que dá a essas moléculas a propriedade de acumularem-se em interfaces de dois líquidos imiscíveis ou na superfície de um líquido.

Os detergentes são compostos por moléculas orgânicas de alto peso molecular, geralmente sais de ácidos graxos. Cada uma de suas extremidades apresenta caráter polar diferente. Um lado é apolar, enquanto o outro é polar. Essas extremidades possuem propriedades coligativas diferentes. Enquanto uma possui afinidade pela água (polar), a outra possui afinidade por gorduras e outras substâncias não solúveis (apolares). Essa interação resulta em uma estrutura conhecida como micela (algo como uma almofada com milhares de alfinetes espetados), que remove a sujeira, auxiliando na limpeza. O detergente mais comum é o sal dodecil-alquil-benzil-sulfonato de sódio, que se origina da reação da soda com o ácido sulfônico (dodecil-alquil-benzil-sulfônico).

Sabões são exemplos de detergentes. Eles são sais de sódio ou potássio de ácidos graxos de cadeia longa (p. ex., oleato de sódio). Os sabões são produzidos quando as gorduras são aquecidas na presença de bases fortes como hidróxido de sódio, NaOH, ou hidróxido de potássio, KOH. Porém, têm a desvantagem de precipitar facilmente na presença de água alcalina ou ácida. Por essa razão, novos agentes de limpeza mais eficientes, denominados detergentes sintéticos, têm sido desenvolvidos. Eles diferem estruturalmente dos sabões e não formam precipitados. Do ponto de vista químico, os detergentes são classificados em três grupos principais: 1) aniônicos, 2) cariônicos e 3) não iônicos.

Detergentes aniônicos. São aqueles em que a propriedade detergente do composto reside na porção aniônica ou no íon da molécula carregado negativamente. Por exemplo:

- $(C_9H_{19}COO)^-Na^+$ – sabão
- $(C_{12}H_{25}OSO_3)^-Na^+$ – dodecil sulfato de sódio (detergente sintético)

Detergentes catiônicos. São aqueles em que a propriedade detergente do composto reside na porção catiônica da molécula (carregada positivamente). Os principais detergentes catiônicos são os compostos quaternários de amônio, os quais possuem baixa atividade detergente e alta atividade germicida. As estruturas desses compostos são relacionadas à do cloreto de amônio, NH_4Cl, em que radicais orgânicos substituem os hidrogênios (Figura 3.7).

Os compostos quaternários são bactericidas para bactérias Gram-positivas e Gram-negativas, mesmo em concentrações muito baixas. Seus efeitos antimicrobianos devem-se à desnaturação de proteínas das células, interferindo nos processos metabólicos, causando lesão na membrana citoplasmática e inativando enzimas. Em geral, os compostos quaternários de amônio são aplicados em pH 6,0 ou mais alto, à temperatura de 24°C, por, no mínimo, 2 minutos, tendo como sugestão de concentração 200 ppm quando aplicado método de imersão e circulação ou 400 ppm quando usado método de aspersão e nebulização. As vantagens e desvantagens de sua utilização são indicadas no Quadro 3.8.

Detergentes não iônicos. São aqueles que não ionizam quando dissolvidos em água. Exemplos são o polissorbato 80 e o octoxinol. Os detergentes não iônicos, em geral, não são antimicrobianos.

Ácido peracético. O peróxido do ácido acético, chamado de ácido peroxiacético ou peracético, é produzido pela reação do ácido acético com peróxido de hidrogênio, na presença de ácido sulfúrico, que tem a função de catalisador, derivando

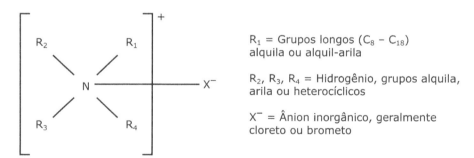

Figura 3.7 Estrutura dos compostos quaternários.

QUADRO 3.8
VANTAGENS E DESVANTAGENS DO USO DE COMPOSTOS QUATERNÁRIOS

Vantagens	Desvantagens
– Não corrosivos – Inodoros, incolores e não irritantes – Estáveis a temperaturas elevadas e relativamente estáveis na presença de matéria orgânica – Ativos em uma ampla faixa de pH – Bastante ativos contra os microrganismos termodúricos	– Pouco eficientes contra bactérias Gram-negativas (coliformes, psicrófilos) – Imcompatíveis com detergentes aniônicos e água dura – Podem causar sabores estranhos em produtos laticínios – Inibem culturas lácticas – Ineficientes contra bacteriófagos

em uma formulação composta de peróxido de hidrogênio e ácido acético, com características fortemente oxidantes. Atualmente, o ácido peracético é um dos desinfetantes de maior aplicação na indústria de alimentos, devido à alta eficácia a frio e à grande diluição dos produtos de degradação, que não oferecem risco de toxicidade, nem afetam o sabor e o odor dos alimentos. Possui atividade germicida, fungicida, bactericida, virucida e esporicida, agindo por oxidação das permeases da membrana celular.

A vantagem do produto é que os resíduos de sua aplicação são a água e o ácido acético, que não são tóxicos e não comprometem grande parte dos produtos, principalmente da indústria de alimentos. Portanto, é amplamente usado na desinfecção de linhas de processamento, tubulações, superfícies, evaporadores e pontos de contato com os alimentos.

A forte característica oxidativa possibilita a remoção da sujidade e boa parte dos biofilmes. Em indústrias de alimento e de papel e celulose, é um excelente auxiliar na deslignificação. Essa vantagem pode se tornar desvantagem se o produto (principalmente em concentrações muito elevadas) for colocado em contato com materiais sensíveis à oxidação, como no caso de polímeros, resinas de troca iônica e outros materiais.

Outra vantagem apresentada pelo ácido peracético é sua baixa toxicidade após a aplicação e o enxágue. Ele pode causar danos se os cuidados devidos não forem tomados com a reciclagem de antimicrobianos. Isso ocorre porque a desinfecção é realizada principalmente pela ação do peróxido, e a ação residual é devida à redução de pH (pelo ácido acético). Uma observação frequente é que ambientes tratados de maneira sequencial com o ácido peracético tendem a desenvolver "surtos" de contaminação por fungos filamentosos (principalmente *Penicillium* e *Aspergillus* spp.) e, ocasionalmente, por leveduras. Essa característica indica que focos de desenvolvimento seletivo desses microrganismos estão sendo formados no ambiente, pois os fungos são aqueles que melhor se adaptam ao ambiente ácido.

Manutenção corretiva e preventiva

Se não houver cuidado, mecânicos e eletricistas podem se tornar vetores de contaminações por toda a organização, com cavacos metálicos, óleos, graxas, etc. Por isso, a organização deve descrever um procedimento documentado com a sistemática de manutenção corretiva, manutenção preventiva e lubrificações para as máquinas e os equipamentos, com o objetivo de preservar a condição sanitária dos equipamentos, impedindo que a manutenção seja uma operação que implique risco à sanidade do produto. Esse procedimento documentado é também uma exigência da Resolução da Anvisa RDC N° 275 (Brasil, 2002e).

O escopo dos serviços de inspeção e manutenção é garantir a confiabilidade funcional dos equipamentos. Os serviços devem ser executados no rigoroso cumprimento das normas técnicas e legais em vigor no que se refere a proteção do meio, segurança, prevenção de acidentes e higiene nos locais de trabalho. É preciso cuidado total durante as manutenções, para evitar que ferramentas, porcas, parafusos e outros elementos contaminem os produtos. Caixas de ferramenta não podem possuir objetos capazes de contaminar os produtos, tais como fragmentos e cavacos metálicos.

Toda manutenção corretiva deve ser registrada, para posterior análise de causa de parada do equipamento e criação de um plano de ação para evitar quebra repetida. Uma intervenção não planejada da manutenção aumenta os riscos de contaminação. Sempre que possível, o equipamento deve ser removido da área de fabricação/manipulação para receber manutenção ou a manutenção deve ser realizada fora do horário de produção. Quando o equipamento precisar receber manutenção na área de fabricação/manipulação durante o horário de produção, ele deve ser protegido com lona ou outro material, formando um biombo ou divisória. Nesses casos, o executor sempre deve observar se a intervenção poderá ocasionar contaminação do produto manufaturado. Se houver risco de contaminação, deverá adotar procedimentos para impedir o risco. Durante a manutenção, o executor só disponibilizará o material e as ferramentas necessárias para a intervenção, sempre se preocupando com a organização e a limpeza do local. Caixas de ferramenta devem ser mantidas limpas e organizadas.

Após o final de cada manutenção, mecânicos ou eletricistas devem fazer uma limpeza, eliminando excesso de graxa, sujeiras, fragmentos de metal (cavacos, limalhas, etc.), pedaços de fio, ferramentas ou objetos estranhos, além de verificar se todas as partes, parafusos, porcas e outros dispositivos, estão corretamente fixados e apertados. Essa limpeza/inspeção deve ser registrada.

Parafusos em locais onde possam cair e contaminar produtos devem ser colados. Em qualquer tipo de montagem em que o componente a ser instalado precisar de lubrificação prévia e houver risco de inclusão no produto, o lubrificante usado deve ser de grau alimentício.[25] Soldas devem ser sanitárias e polidas para evitar locais que permitam acúmulo de sujidades. Sempre que possível, devem ser feitas pelo sistema TIG (*Tungsten Inert Gas Welding*).[26] Os equipamentos devem possuir características sanitárias: superfícies lisas, íntegras, impermeáveis, resistentes a corrosão, de fácil higienização e de material que não contamine alimentos.

Substituição de peças e partes de equipamentos devem ser feitas sempre por materiais de qualidade igual ou superior. Gambiarras devem ser evitadas. Se inevitáveis para conter um problema maior ou uma contaminação, precisam ser substituídas por uma solução adequada rapidamente, de preferência em 24 horas. Deve ser proibido utilizar fita adesiva para reparos e manutenções. Não deve ser permitido que pinturas se soltem e contaminem o produto. As tintas utilizadas não devem conter metais pesados.

Em caso de manutenções não programadas, em que as paradas ocorreram devido a um incidente que possa representar corpos estranhos, como metais ou poeira, a liderança da linha no horário do incidente deve informar imediatamente ao controle de qualidade, para que este retenha o lote produzido e o identifique como produto não conforme, determinando também a causa da segregação. Se a liderança tiver a informação de que o incidente ocorreu há mais de uma hora, deve ser retido o lote desde o momento do incidente. Um produto retido por risco de metais só deve ser liberado após passar por detector de metais com sensibilidade mínima de 3 mm para metais ferrosos e de 4 mm para metais não ferrosos.

Prevenção da contaminação cruzada

A organização deve prevenir a mitigação de eventos de risco nos produtos. Esse procedimento deve ser documentado e tem o objetivo de determinar ações para uma gestão proativa, visando minimizar os efeitos negativos dos eventos de risco[27] nas linhas industriais e/ou atenuar seus potenciais danos, que podem ser ofensivos à saúde dos consumidores ou à imagem organização. A possibilidade da ocorrência desses danos deve ser considerada situação de risco nas linhas industriais, englobando:

- corpos estranhos (metais, madeira, papel, pedras, plástico);
- goteira sobre a linha industrial – pode gerar mofo, favorecer a contaminação microbiológica ou danificar a embalagem;
- contaminação química (detergente, óleo e graxa).

Os empregados devem estar preparados para identificar qualquer anomalia (sons e ruídos, fumaça, odores, outros sinais) nas linhas industriais que signifiquem risco de que um produto possa sair contaminado para os consumidores, seja uma das situações descritas ou qualquer outra situação que represente contaminação do produto.

Política de vidros e plásticos rígidos

Nas áreas de manipulação e produção, utensílios de vidro devem ser evitados ao máximo. Sua utilização deve restringir-se a casos insubstituíveis. Vidrarias de laboratório, termômetros e outros itens utilizados nas áreas de produção não podem ser de vidro.

Lâmpadas devem ter proteção de material que não quebre com facilidade. As trocas das lâmpadas queimadas devem acontecer no momento em que a produção estiver parada ou em outro local seguro. Manômetros e termômetros acoplados aos equipamentos têm de ser, preferencialmente, blindados. Se possuírem visor de vidro, devem ser substituídos por material plástico, ou protegidos com filme plástico (insufilme ou papel *contact*). Termômetros portáteis não podem ser de vidro. Janelas em áreas industriais devem ter seus vidros substituídos por acrílico ou ser protegidas com filme plástico (insufilme). Se essas janelas abrem, devem ser teladas por dentro; se não abrem, o telamento está dispensado.

Em caso de quebra de vidro próximo a produtos que estejam expostos, havendo risco de o produto ter sido atingido, um raio de 3 m deve ser isolado e tudo nesse raio deve ser peneirado ou descartado. Se o incidente foi próximo de uma linha industrial em operação, o supervisor da linha no horário do incidente deve informar imediatamente ao controle de qualidade, para que identifique e retenha o lote produzido durante a última hora, determinando a causa da segregação. Se o supervisor tiver a informação de que o incidente ocorreu há mais de uma hora, deve ser retido o lote desde o momento do incidente.

Cuidados em casos de goteiras

Telhados devem ser adequados e impedir goteiras. Contudo, em caso de chuva forte ou outro motivo que ocasione gotejamento sobre uma linha industrial, onde o gotejamento esteja atingindo uma esteira com produtos ou qualquer outro lugar que possa atingir os produtos, o processo deve ser interrompido até o gotejamento acabar (produto úmido gera mofo e favorece o crescimento microbiológico). Se o incidente foi próximo de uma linha industrial em operação, a liderança da linha no horário do incidente deve informar imediatamente ao controle de qualidade para que se identifique e retenha o lote produzido durante a última hora, estabelecendo a causa da segregação. Se a liderança tiver a informação de que o incidente ocorreu há mais de uma hora, deve ser retido o lote desde o momento do incidente.

Se o gotejamento estiver atingindo matérias-primas ou produtos armazenados, imediatamente o responsável pelo almoxarifado e/ou pela expedição deve priorizar a remoção do produto da área atingida. A seguir, deve informar ao controle de qualidade para avaliar o dano e a liberação ou não do produto e/ou da matéria-prima atingida.

Adesão ao programa de pré-requisitos e aos programas de pré-requisitos operacionais

Uma forma de avaliar a adesão de uma organização ao programa de pré-requisitos (PPR) e aos PPRs operacionais é por meio da "Lista de verificação das boas práticas de fabricação em estabelecimentos produtores/industrializadores de alimentos" (Quadro 3.9) da Resolução da Anvisa RDC Nº 275, de 21 de outubro de 2002.

Análise de perigos e pontos críticos de controle (APPCC)

A APPCC, que é a "essência" de um sistema de segurança dos alimentos, será discutida em associação com o elemento controle operacional, uma vez que se trata de uma metodologia de cunho operacional para impedir que alimentos com algum tipo de contaminação cheguem aos consumidores. É uma metodologia de caráter preventivo, como será visto.

QUADRO 3.9
LISTA DE VERIFICAÇÃO DAS BOAS PRÁTICAS DE FABRICAÇÃO EM ESTABELECIMENTOS PRODUTORES/INDUSTRIALIZADORES DE ALIMENTOS

Avaliação	Sim	Não	NA
1. Edificação e instalações			
1.1 Área externa			
1.1.1 Área externa livre de focos de insalubridade, de objetos em desuso ou estranhos ao ambiente, de vetores e outros animais no pátio e na vizinhança; de focos de poeira; de acúmulo de lixo nas imediações; de água estagnada, entre outros.			
1.1.2 Vias de acesso interno com superfície dura ou pavimentada, adequada ao trânsito sobre rodas e ao escoamento adequado e limpas.			
1.2 Acesso			
1.2.1 Direto, não comum a outros usos (habitação).			
1.3 Área interna			
1.3.1 Área interna livre de objetos em desuso ou estranhos ao ambiente.			
1.4 Piso			
1.4.1 Material que permite fácil e apropriada higienização (liso, resistente, drenado, com declive, impermeável).			
1.4.2 Em adequado estado de conservação (livre de defeitos, rachaduras, trincas, buracos e outros).			
1.4.3 Sistema de drenagem dimensionado adequadamente, sem acúmulo de resíduos. Drenos, ralos sifonados e grelhas colocados em locais adequados, de forma a facilitar o escoamento e proteger contra a entrada de baratas, roedores, etc.			
1.5 Tetos			
1.5.1 Acabamento liso, em cor clara, impermeável, de fácil limpeza e, quando for o caso, desinfectado.			

▶ ▶ ▶

QUADRO 3.9
LISTA DE VERIFICAÇÃO DAS BOAS PRÁTICAS DE FABRICAÇÃO EM ESTABELECIMENTOS PRODUTORES/INDUSTRIALIZADORES DE ALIMENTOS

Avaliação	Sim	Não	NA
1.5.2 Em adequado estado de conservação (livres de trincas, rachaduras, umidade, bolor, descascamentos e outros).			
1.6 Paredes divisórias			
1.6.1 Acabamento liso, impermeável e de fácil higienização até uma altura adequada para todas as operações. De cor clara.			
1.6.2 Em adequado estado de conservação (livres de falhas, rachaduras, umidade, descascamento e outros).			
1.6.3 Existência de ângulos abaulados entre as paredes e o piso e entre as paredes e o teto.			
1.7 Portas			
1.7.1 Com superfície lisa, de fácil higienização, ajustadas aos batentes, sem falhas de revestimento.			
1.7.2 Portas externas com fechamento automático (mola, sistema eletrônico ou outro) e com barreiras adequadas para impedir a entrada de vetores e outros animais (telas milimétricas ou outro sistema).			
1.7.3 Em adequado estado de conservação (livres de falhas, rachaduras, umidade, descascamento e outros).			
1.8 Janelas e outras aberturas			
1.8.1 Com superfície lisa, de fácil higienização, ajustadas aos batentes, sem falhas de revestimento.			
1.8.2 Existência de proteção contra insetos e roedores (telas milimétricas ou outro sistema).			
1.8.3 Em adequado estado de conservação (livres de falhas, rachaduras, umidade, descascamento e outros).			

▶▶▶

QUADRO 3.9
LISTA DE VERIFICAÇÃO DAS BOAS PRÁTICAS DE FABRICAÇÃO EM ESTABELECIMENTOS PRODUTORES/INDUSTRIALIZADORES DE ALIMENTOS

Avaliação	Sim	Não	NA
1.9 Escadas, elevadores de serviço, montacargas e estruturas auxiliares			
1.9.1 Construídos, localizados e utilizados de forma a não serem fontes de contaminação.			
1.9.2 De material apropriado, resistente, liso e impermeável, em adequado estado de conservação.			
1.10 Instalações sanitárias e vestiários para os manipuladores			
1.10.1 Quando localizados isolados da área de produção, acesso realizado por passagens cobertas e calçadas.			
1.10.2 Independentes para cada sexo (conforme legislação específica), identificados e de uso exclusivo para manipuladores de alimentos.			
1.10.3 Instalações sanitárias com vasos sanitários; mictórios e lavatórios íntegros e em proporção adequada ao número de empregados (conforme legislação específica).			
1.10.4 Instalações sanitárias com sistema de água corrente, dotadas preferencialmente de torneira com acionamento automático e conectadas a rede de esgoto ou fossa séptica.			
1.10.5 Ausência de comunicação direta (incluindo sistema de exaustão) com a área de trabalho e de refeições.			
1.10.6 Portas com fechamento automático (mola, sistema eletrônico ou outro).			
1.10.7 Pisos e paredes adequados e apresentando satisfatório estado de conservação.			
1.10.8 Iluminação e ventilação adequadas.			
1.10.9 Instalações sanitárias dotadas de produtos destinados à higiene pessoal: papel higiênico, sabonete inodoro antisséptico ou sabonete líquido inodoro antisséptico, toalhas de papel não reciclado para as mãos ou outro sistema higiênico e seguro para secagem.			

▶▶▶

QUADRO 3.9
LISTA DE VERIFICAÇÃO DAS BOAS PRÁTICAS DE FABRICAÇÃO EM ESTABELECIMENTOS PRODUTORES/INDUSTRIALIZADORES DE ALIMENTOS

Avaliação	Sim	Não	NA
1.10.10 Presença de lixeiras com tampas e com acionamento não manual.			
1.10.11 Coleta frequente do lixo.			
1.10.12 Avisos com os procedimentos para lavagem das mãos.			
1.10.13 Vestiários com área compatível e armários individuais para todos os manipuladores.			
1.10.14 Duchas ou chuveiros em número suficiente (conforme legislação específica), com água fria ou com água quente e fria.			
1.10.15 Apresentam-se organizados e em adequado estado de conservação.			
1.11 Instalações sanitárias para visitantes			
1.11.1 Instaladas totalmente independentes da área de produção e higienizadas.			
1.12 Lavatórios na área de produção			
1.12.1 Existência de lavatórios na área de manipulação com água corrente, dotados, de preferência, de torneira com acionamento automático, em posições adequadas em relação ao fluxo de produção e serviço e em número suficiente, de modo a atender toda a área de produção.			
1.12.2 Lavatórios em condições de higiene, dotados de sabonete inodoro antisséptico ou sabonete líquido inodoro antisséptico, toalhas de papel não reciclado ou outro sistema higiênico e seguro de secagem e coletor de papel acionados sem contato manual.			
1.13 Iluminação e instalação elétrica			
1.13.1 Natural ou artificial, adequada à atividade desenvolvida, sem ofuscamento, reflexos fortes, sombras e contrastes excessivos.			

▶ ▶ ▶

QUADRO 3.9
LISTA DE VERIFICAÇÃO DAS BOAS PRÁTICAS DE FABRICAÇÃO EM ESTABELECIMENTOS PRODUTORES/INDUSTRIALIZADORES DE ALIMENTOS

Avaliação	Sim	Não	NA
1.13.2 Luminárias com proteção adequada contra quebras e em adequado estado de conservação.			
1.13.3 Instalações elétricas embutidas ou, quando exteriores, revestidas por tubulações isolantes e presas a paredes e tetos.			
1.14 Ventilação e climatização			
1.14.1 Ventilação e circulação de ar capazes de garantir o conforto térmico e o ambiente livre de fungos, gases, fumaça, pós, partículas em suspensão e condensação de vapores, sem causar danos à produção.			
1.14.2 Ventilação artificial por meio de equipamento(s) higienizado(s) e com manutenção adequada ao tipo de equipamento.			
1.14.3 Ambientes climatizados artificialmente com filtros adequados.			
1.14.4 Registro periódico dos procedimentos de limpeza e manutenção dos componentes do sistema de climatização (conforme legislação específica) afixado em local visível.			
1.14.5 Sistema de exaustão e/ou insuflamento com troca de ar capaz de prevenir contaminações.			
1.14.6 Sistema de exaustão e/ou insuflamento dotado de filtros adequados.			
1.14.7 Captação e direção da corrente de ar não seguem a direção da área contaminada para a área limpa.			
1.15 Higienização das instalações			
1.15.1 Existência de um responsável pela operação de higienização comprovadamente capacitado.			
1.15.2 Frequência de higienização das instalações adequada.			

▶ ▶ ▶

QUADRO 3.9
LISTA DE VERIFICAÇÃO DAS BOAS PRÁTICAS DE FABRICAÇÃO EM ESTABELECIMENTOS PRODUTORES/INDUSTRIALIZADORES DE ALIMENTOS

Avaliação	Sim	Não	NA
1.15.3 Existência de registro da higienização.			
1.15.4 Produtos de higienização regularizados pelo Ministério da Saúde.			
1.15.5 Disponibilidade dos produtos de higienização necessários à realização da operação.			
1.15.6 A diluição dos produtos de higienização, o tempo de contato e o modo de uso/aplicação obedecem às instruções recomendadas pelo fabricante.			
1.15.7 Produtos de higienização identificados e guardados em local adequado.			
1.15.8 Disponibilidade e adequação dos utensílios (escovas, esponjas, etc.) necessários à realização da operação. Em bom estado de conservação.			
1.15.9 Higienização adequada.			
1.16 Controle integrado de vetores e pragas urbanas			
1.16.1 Ausência de vetores e pragas urbanas ou qualquer evidência de sua presença, como fezes, ninhos e outros.			
1.16.2 Adoção de medidas preventivas e corretivas com o objetivo de impedir a atração, o abrigo, o acesso e/ou a proliferação de vetores e pragas urbanas.			
1.16.3 Em caso de adoção de controle químico, existência de comprovante de execução do serviço expedido por empresa especializada.			
1.17 Abastecimento de água			
1.17.1 Sistema de abastecimento ligado à rede pública.			
1.17.2 Sistema de captação própria protegido, revestido e distante de fonte de contaminação.			

▶ ▶ ▶

QUADRO 3.9
LISTA DE VERIFICAÇÃO DAS BOAS PRÁTICAS DE FABRICAÇÃO EM ESTABELECIMENTOS PRODUTORES/INDUSTRIALIZADORES DE ALIMENTOS

Avaliação	Sim	Não	NA
1.17.3 Reservatório de água acessível, com instalação hidráulica com volume, pressão e temperatura adequados, dotado de tampas, em satisfatória condição de uso, livre de vazamentos, infiltrações e descascamentos.			
1.17.4 Existência de responsável comprovadamente capacitado para a higienização do reservatório da água.			
1.17.5 Apropriada frequência de higienização do reservatório de água.			
1.17.6 Existência de registro da higienização do reservatório de água ou comprovante de execução de serviço em caso de terceirização.			
1.17.7 Encanamento em estado satisfatório e ausência de infiltrações e interconexões, evitando conexão cruzada entre água potável e não potável.			
1.17.8 Existência de planilha de registro da troca periódica do elemento filtrante.			
1.17.9 Potabilidade da água atestada por meio de laudos laboratoriais, com adequada periodicidade, assinados por técnico responsável pela análise ou expedidos por empresa terceirizada.			
1.17.10 Disponibilidade de reagentes e equipamentos necessários à análise da potabilidade de água realizada no estabelecimento.			
1.17.11 Controle de potabilidade realizado por técnico comprovadamente capacitado.			
1.17.12 Gelo produzido com água potável, fabricado, manipulado e estocado sob condições sanitárias satisfatórias, quando destinado a entrar em contato com alimento ou superfície que entre em contato com alimento.			
1.17.13 Vapor gerado a partir de água potável quando utilizado em contato com alimento ou com superfície que entre em contato com alimento.			

▶ ▶ ▶

QUADRO 3.9
LISTA DE VERIFICAÇÃO DAS BOAS PRÁTICAS DE FABRICAÇÃO EM ESTABELECIMENTOS PRODUTORES/INDUSTRIALIZADORES DE ALIMENTOS

Avaliação	Sim	Não	NA
1.18 Manejo dos resíduos			
1.18.1 Recipientes para coleta de resíduos no interior do estabelecimento de fácil higienização e transporte, identificados de maneira apropriada e higienizados constantemente; uso de sacos de lixo apropriados. Quando necessário, recipientes tampados com acionamento não manual.			
1.18.2 Retirada frequente dos resíduos da área de processamento, evitando focos de contaminação.			
1.18.3 Existência de área adequada para a estocagem dos resíduos.			
1.19 Esgotamento sanitário			
1.19.1 Fossas, esgoto conectado à rede pública, caixas de gordura em adequado estado de conservação e funcionamento.			
1.20 Leiaute			
1.20.1 Leiaute adequado ao processo produtivo: número, capacidade e distribuição das dependências de acordo com o ramo de atividade, o volume de produção e a expedição.			
1.20.2 Áreas para recepção e depósito de matéria-prima, ingredientes e embalagens distintas das áreas de produção, armazenamento e expedição de produto final.			
2. Equipamentos, móveis e utensílios			
2.1 Equipamentos			
2.1.1 Equipamentos da linha de produção com desenho e número adequados ao ramo.			
2.1.2 Dispostos de forma a permitir fácil acesso e higienização adequada.			

▶ ▶ ▶

QUADRO 3.9
LISTA DE VERIFICAÇÃO DAS BOAS PRÁTICAS DE FABRICAÇÃO EM ESTABELECIMENTOS PRODUTORES/INDUSTRIALIZADORES DE ALIMENTOS

Avaliação	Sim	Não	NA
2.1.3 Superfícies em contato com alimento lisas, íntegras, impermeáveis, resistentes à corrosão, de fácil higienização e de material não contaminante.			
2.1.4 Em adequado estado de conservação e funcionamento.			
2.1.5 Equipamentos de conservação dos alimentos (refrigeradores, congeladores, câmaras frigoríficas e outros), bem como os destinados ao processamento térmico, com medidor de temperatura localizado em local apropriado e em adequado funcionamento.			
2.1.6 Existência de planilhas de registro da temperatura, mantidas durante o período adequado.			
2.1.7 Existência de registros que comprovem que os equipamentos e o maquinário passam por manutenção preventiva.			
2.1.8 Existência de registros que comprovem a calibração dos instrumentos e dos equipamentos de medição ou comprovante da execução do serviço quando a calibração for realizada por empresas terceirizadas.			
2.2 Móveis (mesas, bancadas, vitrinas, estantes)			
2.2.1 Em número suficiente, de material apropriado, resistentes, impermeáveis; em adequado estado de conservação, com superfícies íntegras.			
2.2.2 Com desenho que permita uma fácil higienização (lisos, sem rugosidades e frestas).			
2.3 Utensílios			
2.3.1 Material não contaminante, resistente à corrosão, de tamanho e forma que permitam fácil higienização: em adequado estado de conservação e em número suficiente e apropriado ao tipo de operação utilizada.			

►►►

QUADRO 3.9
LISTA DE VERIFICAÇÃO DAS BOAS PRÁTICAS DE FABRICAÇÃO EM ESTABELECIMENTOS PRODUTORES/INDUSTRIALIZADORES DE ALIMENTOS

Avaliação	Sim	Não	NA
2.3.2 Armazenados em local apropriado, de forma organizada e protegidos contra contaminação.			
2.4 Higienização de equipamentos e maquinários e de móveis e utensílios			
2.4.1 Existência de um responsável pela operação de higienização comprovadamente capacitado.			
2.4.2 Frequência de higienização adequada.			
2.4.3 Existência de registro da higienização.			
2.4.4 Produtos de higienização regularizados pelo Ministério da Saúde.			
2.4.5 Disponibilidade dos produtos de higienização necessários à realização da operação.			
2.4.6 A diluição dos produtos de higienização, o tempo de contato e o modo de uso/aplicação obedecem às instruções recomendadas pelo fabricante.			
2.4.7 Produtos de higienização identificados e guardados em local adequado.			
2.4.8 Disponibilidade e adequação dos utensílios necessários à realização da operação. Em bom estado de conservação.			
2.4.9 Adequada higienização.			
3. Manipuladores			
3.1 Vestuário			
3.1.1 Utilização de uniforme de trabalho de cor clara, adequado à atividade e exclusivo para a área de produção.			
3.1.2 Limpo e em adequado estado de conservação.			
3.1.3 Asseio pessoal: boa apresentação, asseio corporal, mãos limpas, unhas curtas, sem esmalte, sem adornos (anéis, pulseiras, brincos, etc.); manipuladores barbeados, com os cabelos protegidos.			▶▶▶

QUADRO 3.9
LISTA DE VERIFICAÇÃO DAS BOAS PRÁTICAS DE FABRICAÇÃO EM ESTABELECIMENTOS PRODUTORES/INDUSTRIALIZADORES DE ALIMENTOS

Avaliação	Sim	Não	NA
3.2 Hábitos higiênicos			
3.2.1 Lavagem cuidadosa das mãos antes da manipulação de alimentos, principalmente após qualquer interrupção e depois do uso de sanitários.			
3.2.2 Manipuladores não espirram sobre os alimentos, não cospem, não tossem, não fumam, não manipulam dinheiro e não praticam outros atos que possam contaminar o alimento.			
3.2.3 Cartazes de orientação aos manipuladores sobre a correta lavagem das mãos e sobre os demais hábitos de higiene, afixados em locais apropriados.			
3.3 Estado de saúde			
3.3.1 Ausência de afecções cutâneas, feridas e supurações; ausência de sintomas e infecções respiratórias, gastrintestinais e oculares.			
3.4 Programa de controle de saúde			
3.4.1 Supervisão periódica do estado de saúde dos manipuladores.			
3.4.2 Registro dos exames realizados.			
3.5 Equipamento de proteção individual			
3.5.1 Utilização de equipamento de proteção individual.			
3.6 Programa de capacitação dos manipuladores e supervisão			
3.6.1 Programa de capacitação adequado e contínuo relacionado à higiene pessoal e à manipulação dos alimentos.			
3.6.2 Registros dessas capacitações.			
3.6.3 Supervisão da higiene pessoal e manipulação dos alimentos.			

▶ ▶ ▶

QUADRO 3.9
LISTA DE VERIFICAÇÃO DAS BOAS PRÁTICAS DE FABRICAÇÃO EM ESTABELECIMENTOS PRODUTORES/INDUSTRIALIZADORES DE ALIMENTOS

Avaliação	Sim	Não	NA
3.6.4 Existência de supervisor comprovadamente capacitado.			
4. Produção e transporte do alimento			
4.1 Matéria-prima, ingredientes e embalagens			
4.1.1 Operações de recepção de matéria-prima, ingredientes e embalagens são realizadas em local protegido e isolado da área de processamento.			
4.1.2 Matérias-primas, ingredientes e embalagens inspecionados na recepção.			
4.1.3 Existência de planilhas de controle na recepção (temperatura e características sensoriais, condições de transporte e outros).			
4.1.4 Matérias-primas e ingredientes aguardando liberação e aqueles aprovados estão devidamente identificados.			
4.1.5 Matérias-primas, ingredientes e embalagens reprovados no controle efetuado na recepção são devolvidos imediatamente ou identificados e armazenados em local separado.			
4.1.6 Rótulos da matéria-prima e ingredientes atendem à legislação.			
4.1.7 Critérios estabelecidos para a seleção das matérias-primas são baseados na segurança do alimento.			
4.1.8 Armazenamento em local adequado e organizado; sobre estrados distantes do piso ou sobre paletes, bem conservados e limpos, ou sobre outro sistema aprovado, afastados das paredes e distantes do teto, de forma que permita apropriada higienização, iluminação e circulação de ar.			
4.1.9 Uso de matérias-primas, ingredientes e embalagens respeita a ordem de entrada destes, sendo observado o prazo de validade.			

▶▶▶

QUADRO 3.9
LISTA DE VERIFICAÇÃO DAS BOAS PRÁTICAS DE FABRICAÇÃO EM ESTABELECIMENTOS PRODUTORES/INDUSTRIALIZADORES DE ALIMENTOS

Avaliação	Sim	Não	NA
4.1.10 Acondicionamento adequado das embalagens a serem utilizadas.			
4.1.11 Rede de frio adequada ao volume e aos diferentes tipos de matérias-primas e ingredientes.			
4.2 Fluxo de produção			
4.2.1 Locais para pré-preparo (área suja) isolados da área de preparo por barreira física ou técnica.			
4.2.2 Controle da circulação e do acesso do pessoal.			
4.2.3 Conservação adequada de materiais destinados ao reprocessamento.			
4.2.4 Ordenado, linear e sem cruzamento.			
4.3 Rotulagem e armazenamento do produto final			
4.3.1 Dizeres de rotulagem com identificação visível e de acordo com a legislação vigente.			
4.3.2 Produto final acondicionado em embalagens adequadas e íntegras.			
4.3.3 Alimentos armazenados separados por tipo ou grupo, sobre estrados distantes do piso ou sobre paletes, bem conservados e limpos, ou sobre outro sistema aprovado, afastados das paredes e distantes do teto, de forma a permitir apropriada higienização, iluminação e circulação de ar.			
4.3.4 Ausência de material estranho, estragado ou tóxico.			
4.3.5 Armazenamento em local limpo e conservado.			
4.3.6 Controle adequado e existência de planilha de registro de temperatura para ambientes com controle térmico.			
4.3.7 Rede de frio adequada ao volume e aos diferentes tipos de alimentos.			

▶ ▶ ▶

QUADRO 3.9
LISTA DE VERIFICAÇÃO DAS BOAS PRÁTICAS DE FABRICAÇÃO EM ESTABELECIMENTOS PRODUTORES/INDUSTRIALIZADORES DE ALIMENTOS

Avaliação	Sim	Não	NA
4.3.8 Produtos avariados, com prazo de validade vencido, devolvidos ou recolhidos do mercado devidamente identificados e armazenados em local separado e de forma organizada.			
4.3.9 Produtos finais aguardando resultado analítico ou em quarentena e aqueles aprovados devidamente identificados.			
4.4 Controle de qualidade do produto final			
4.4.1 Existência de controle de qualidade do produto final.			
4.4.2 Existência de programa de amostragem para a análise laboratorial do produto final.			
4.4.3 Existência de laudo laboratorial atestando o controle de qualidade do produto final, assinado pelo técnico da empresa responsável pela análise ou expedido por empresa terceirizada.			
4.4.4 Existência de equipamentos e materiais necessários para a análise do produto final realizada no estabelecimento.			
4.5 Transporte do produto final			
4.5.1 Produto transportado na temperatura especificada no rótulo.			
4.5.2 Veículo limpo, com cobertura para proteção de carga. Ausência de vetores e pragas urbanas ou qualquer evidência de sua presença, como fezes, ninhos e outros.			
4.5.3 O transporte mantém a integridade do produto.			
4.5.4 O veículo não transporta outras cargas que comprometam a segurança do produto.			
4.5.5 Presença de equipamento para controle de temperatura quando se transportam alimentos que necessitam de condições especiais de conservação.			

▶▶▶

QUADRO 3.9
LISTA DE VERIFICAÇÃO DAS BOAS PRÁTICAS DE FABRICAÇÃO EM ESTABELECIMENTOS PRODUTORES/INDUSTRIALIZADORES DE ALIMENTOS

Avaliação	Sim	Não	NA

5. Documentação

5.1 Manual de boas práticas de fabricação

5.1.1 As operações executadas no estabelecimento estão de acordo com o manual de boas práticas de fabricação.

5.2 Procedimentos operacionais padronizados (POPs)

5.2.1 Higienização das instalações, dos equipamentos e dos utensílios

5.2.1.1 Existência de POP estabelecido para este item.

5.2.1.2 O POP descrito está sendo cumprido.

5.2.2 Controle de potabilidade da água

5.2.2.1 Existência de POP estabelecido para o controle de potabilidade da água.

5.2.2.2 O POP descrito está sendo cumprido.

5.2.3 Higiene e saúde dos manipuladores

5.2.3.1 Existência de POP estabelecido para este item.

5.2.3.2 O POP descrito está sendo cumprido.

5.2.4 Manejo dos resíduos

5.2.4.1 Existência de POP estabelecido para este item.

5.2.4.2 O POP descrito está sendo cumprido.

5.2.5 Manutenção preventiva e calibração de equipamentos

5.2.5.1 Existência de POP estabelecido para este item.

5.2.5.2 O POP descrito está sendo cumprido.

5.2.6 Controle integrado de vetores e pragas urbanas

5.2.6.1 Existência de POP estabelecido para este item.

▶ ▶ ▶

QUADRO 3.9
LISTA DE VERIFICAÇÃO DAS BOAS PRÁTICAS DE FABRICAÇÃO EM ESTABELECIMENTOS PRODUTORES/INDUSTRIALIZADORES DE ALIMENTOS

Avaliação	Sim	Não	NA
5.2.6.2 O POP descrito está sendo cumprido.			
5.2.7 Seleção de matérias-primas, ingredientes e embalagens			
5.2.7.1 Existência de POP estabelecido para este item.			
5.2.7.2 O POP descrito está sendo cumprido.			
5.2.8 Programa de recolhimento de alimentos			
5.2.8.1 Existência de POP estabelecido para este item.			
5.2.8.2 O POP descrito está sendo cumprido.			

NA = não adequado.

Origem do sistema APPCC

As primeiras metodologias de gerenciamento de processos que serviram de base aos conceitos do sistema APPCC, conhecido internacionalmente como HACCP *(hazard analysis and critical control points)*, surgiram na indústria química, particularmente na Grã-Bretanha, cerca de 50 anos atrás. Nas décadas de 1950, 1960 e 1970, a Comissão de Energia Atômica dos Estados Unidos utilizou extensivamente princípios análogos ao do sistema APPCC nos projetos das plantas de energia nuclear, com o objetivo de torná-las seguras para os 200 anos seguintes.

Com a corrida espacial e as primeiras viagens tripuladas no início dos anos 1960, a Administração Espacial e da Aeronáutica (NASA) dos Estados Unidos estabeleceu como prioridade o estudo da segurança da saúde dos astronautas, no sentido de eliminar a possibilidade de doenças durante sua permanência no espaço. Entre as possíveis doenças com potencial para afetar os astronautas durante as viagens espaciais, foram consideradas como mais relevantes aquelas associadas aos alimentos, por sua maior probabilidade de ocorrência, o que levou a NASA a buscar o fornecimento de alimentos com defeito zero, ou seja, totalmente isentos de contaminantes.

Assim, a Pillsbury Company foi escolhida para desenvolver sistemas de controle mais efetivos para o processamento dos alimentos, de modo a garantir um suprimento de alimentos totalmente seguros para o programa espacial. Contudo, a Pillsbury concluiu ser inviável conceber alimentos zero defeito por meio de técnicas analíticas convencionais, pois seria necessário analisar 100% de uma produção para garantir-lhe inocuidade total e, sendo as análises para alimentos destrutivas, não sobraria alimento para ser consumido pelos astronautas.

Em virtude dessa conclusão, os engenheiros da Pillsbury se uniram aos engenheiros da NASA e do exército dos Estados Unidos. Tomando como base um sistema de engenharia conhecido como análise dos modos e efeitos de falha (FMEA; *failure, mode and effect analysis*) e a filosofia do gerenciamento da qualidade total (TQM; *total quality management*), com um enfoque sistemático total de manufatura, melhorando a qualidade ao longo do processo, concluíram, após intensa avaliação, que seria necessário estabelecer o controle em todas as etapas de preparação dos alimentos, incluindo obtenção das matérias-primas, ambiente, processos, pessoas, estocagem, distribuição e consumo. Assim foi gerado o embrião do sistema APPCC nos moldes atualmente conhecidos.

Definição, abrangência e objetivos do sistema APPCC

O *Codex Alimentarius* (Hazard..., 2001) define o APPCC como um sistema que identifica, avalia e controla perigos que são significativos para a segurança dos alimentos.[28] Além disso, explica que o sistema deve ser sistemático, ter base científica e identificar perigos específicos, bem como medidas de controle para garantir a segurança dos alimentos. O sistema APPCC serve para avaliar perigos e estabelecer um sistema de controle que enfoque a prevenção, em vez de confiar basicamente nas análises de produto final, sendo capaz de se ajustar a mudanças, tais como avanços no projeto dos equipamentos, procedimentos operacionais ou desenvolvimentos tecnológicos.

O objetivo do sistema APPCC é identificar os perigos relacionados com o processo, as matérias-primas, os insumos ou as embalagens que podem ser gerenciados em segmentos da produção, isto é, o sistema APPCC tem foco na ação *on-line*, estabelecendo formas de controle para garantir a segurança do processo durante sua efetivação. O *Codex Alimentarius* (Hazard..., 2001) resume o objetivo do sistema APPCC como "focar o controle dos pontos críticos de controle (PCCs)".[29] O sistema APPCC pode ser implantado em todos os elos da cadeia produtiva alimentícia, desde a produção primária até o consumidor final.

Os sete princípios do sistema APPCC

A análise de perigos e pontos críticos de controle é realizada por meio do cumprimento de sete princípios,[30] que são a base estrutural desse sistema. Os sete princípios da APPCC são transcritos no Quadro 3.10 (Hazard..., 2001).

QUADRO 3.10
SETE PRINCÍPIOS DO SISTEMA APPCC

Princípio 1 – Listar todos os perigos potenciais associados a cada etapa, conduzir a análise de perigos e estabelecer as medidas de controle dos perigos identificados

A equipe de APPCC deve listar todos os perigos que tenham probabilidade razoável de ocorrer em cada etapa, desde a produção primária, o processo, a manipulação e a distribuição até o ponto de consumo.

Sempre que possível, na condução da análise de perigos, deve ser incluído o seguinte: 1) a probabilidade de ocorrência do perigo e a gravidade dos efeitos adversos à saúde; 2) a avaliação qualitativa ou quantitativa da presença do perigo; 3) sobrevivência ou multiplicação dos microrganismos em análise; 4) produção ou persistência de toxinas e agentes físicos ou químicos no alimento; 5) condições que possam levar aos itens anteriormente descritos.

A equipe deve analisar se existem medidas de controle que possam ser aplicadas para cada perigo, considerando que, para controlar um perigo específico, pode ser necessária mais de uma medida de controle, e mais de um perigo pode ser controlado por uma mesma medida de controle.

Na condução da análise de perigos, a equipe de APPCC deve buscar identificar perigos de natureza tal que sua eliminação ou redução a um nível aceitável seja essencial para a produção de um alimento seguro, o que será de extrema importância no próximo passo.

Princípio 2 – Determinação dos pontos críticos de controle

Pode haver nenhum, um ou vários PCCs em um processo. Pode haver mais de um PCC no qual um controle seja aplicado para controlar um mesmo perigo, ou o controle em um único PCC pode controlar mais de um perigo.

Se um perigo foi identificado em uma etapa na qual um controle é necessário para a segurança do alimento e se não existir medida de controle naquela ou em outra etapa, então o produto ou o processo deve ser modificado naquela etapa ou em um estágio anterior ou posterior, de maneira a incluir uma medida de controle.

Princípio 3 – Estabelecimento de limites críticos para cada PCC

Limites críticos devem ser especificados e validados, se possível, para cada PCC. Em alguns casos, mais de um limite crítico pode ser estabelecido em uma etapa particular.

Princípio 4 – Estabelecimento de um sistema de monitoramento para cada PCC

Os procedimentos de monitoramento devem ser capazes de detectar perda de controle de um PCC. Além disso, o monitoramento deve prover essa informação

QUADRO 3.10
SETE PRINCÍPIOS DO SISTEMA APPCC

a tempo de se fazerem ajustes para assegurar o controle do processo, de forma a prevenir a violação dos limites críticos. Ajustes do processo devem ser feitos, quando possível, se os resultados do monitoramento indicarem uma tendência que possa levar a uma perda de controle do PCC, de preferência antes que o desvio ocorra.

Os dados resultantes do monitoramento devem ser avaliados por pessoa designada, que tenha conhecimento e autoridade para conduzir ações corretivas quando necessário.

Se o monitoramento não é contínuo, a frequência (intervalos entre as observações de controle) deve ser suficiente para garantir o controle do PCC. Procedimentos de monitoramento de PCCs devem ser efetuados rapidamente, por estarem relacionados a processos *on-line* e por não haver tempo para testes analíticos demorados.

Princípio 5 – Estabelecimento de ações para casos de desvio

Ações para casos de desvio devem ser desenvolvidas para cada PCC, de maneira a tratar os desvios que possam ocorrer eventualmente.

Essas ações devem assegurar que o PCC seja reconduzido de volta ao controle. As ações tomadas também devem incluir a disposição apropriada do produto envolvido. Procedimentos para correção do desvio e para a disposição do produto devem ser documentados no sistema de manutenção de registro do sistema APPCC.

Princípio 6 – Estabelecimento de procedimentos de verificação

Métodos, procedimentos e testes de verificação e auditoria, incluindo amostragem aleatória e análises, podem ser utilizados para determinar se o sistema APPCC está funcionando de maneira correta. A frequência da verificação deve ser suficiente para confirmar que o sistema APPCC está sendo eficaz.

Quando possível, atividades de validação devem incluir ações para confirmar a eficácia de todos os elementos do plano APPCC.

Princípio 7 – Estabelecimento da documentação e da conservação de registros

Os procedimentos de APPCC devem ser documentados e os monitoramentos, registrados. A documentação e a conservação dos registros devem ser apropriadas à natureza e ao tamanho da operação. O prazo de arquivamento de registros deve corresponder, no mínimo, à vida de prateleira do produto.

Considerações sobre a aplicabilidade do sistema APPCC

O enfoque básico do sistema APPCC é a prevenção, e não a inspeção final. O sistema APPCC permite comprovar, por meio de documentação técnica apropriada, que determinado processo produtivo é seguro. Assim, o elemento mais importante desse sistema é sua natureza preventiva e o controle do processo de fabricação nos seus pontos críticos de controle.

Obviamente, a eficiência do sistema dependerá não só dos planos de controle estabelecidos, mas de escrever o que se faz e fazer aquilo que se escreveu, persistindo nos controles e aprimorando-os sempre que alguma evolução em matérias-primas, máquinas, embalagens e/ou processos permitir um avanço. Essa descrição dos controles que devem ser efetuados depende do prognóstico correto e responsável dos perigos identificados e dos riscos subsequentes.

Sistema APPCC e o contexto comercial mundial

Um aspecto relevante referente à utilização do sistema APPCC refere-se à divulgação mundial. Importantes documentos publicados nos últimos anos têm colaborado para um comum acordo mundial. Os princípios de APPCC têm sido aplicados por muitas companhias (grandes e pequenas), comitês, grupos de consultoria, governos e outras instituições, promovendo uma padronização, em nível mundial, de conceitos e linguagem. O sistema APPCC é recomendado por organismos internacionais, como a OMC, a FAO e a OMS, e já é exigido por segmentos do setor alimentício da Comunidade Econômica Europeia, dos Estados Unidos e do Canadá.

Desde a criação da Organização Mundial do Comércio, em 1995, as regras que regem o comércio entre países têm se tornado mais rígidas. Essas regras são objeto de acordos internacionais, assinados pelos países quando de sua adesão à OMC. Entre esses acordos figuram o Acordo de Barreiras Técnicas ao Comércio (TBT; *Agreement on Technical Barriers to Trade*) e o Acordo de Medidas Sanitárias e Fitossanitárias (SPS; *Agreement on the Application of Sanitary and Phitosanitary Measures*). A aplicação do sistema APPCC está totalmente em conformidade com os princípios desses acordos. A consequência é o comprovado número crescente de países membros da OMC que fazem uso desse sistema. A seguir, são mencionadas algumas das adoções mais relevantes.

Em 1972, a Food and Drug Administration (FDA) implementou o sistema APPCC para alimentos enlatados com baixa acidez. Hoje, a FDA e o US Departament of Agriculture (USDA) exigem APPCC para produtos pesqueiros (desde dezembro de 1995) e para carnes e aves (desde julho de 1996). Desde janeiro de 2001, a FDA exige que os produtores de sucos de fruta – norte-americanos e estrangeiros – usem os princípios APPCC em seus processos de industrialização. A mesma exigência se faz presente no caso da exportação de suínos.

Com a publicação, pelo governo brasileiro, em novembro de 1993, da portaria do Ministério da Saúde Nº 1428/93 (Brasil, 1993), ficou estipulado que todos os estabelecimentos que trabalham com alimentos poderão ser fiscalizados quanto à aplicação dos princípios de APPCC. Consequentemente, devem implantá-lo.

Na União Europeia, a aplicação do sistema APPCC é indicada por meio da Diretiva do Conselho 93/43 (União Europeia, 1993), relativa à higiene dos gêneros alimentícios. Essa diretiva foi incorporada ao Livro Branco sobre a Segurança dos Alimentos (Livro..., 2000), em 12 de janeiro de 2000.

O Canadá introduziu, em 1993, a partir de um esforço conjunto com a indústria pesqueira, o Quality Management Program (QMP). Este foi considerado o primeiro programa, no mundo, obrigatório de inspeção baseado em APPCC, em virtude do que, cerca de 2 mil planos APPCC foram aprovados. Agora, esse país avança na implementação de seu Agriculture Canada's Food Safety Enhancement Program (FSEP), um sistema para garantia da inocuidade de todos os seus alimentos, o que estimula ainda mais a adoção do enfoque de APPCC.

Apesar da implementação de um sistema APPCC não ser uma exigência legal, mas um processo voluntário, cabendo às organizações decidir por sua implantação ou não, gradativamente os princípios do sistema APPCC estão se tornando uma exigência de mercado em âmbito internacional. Está fazendo parte do senso comum do segmento alimentício que a forma mais eficaz de garantir produtos seguros aos consumidores finais é aplicar o sistema APPCC aos processos e adquirir insumos de organizações que também o implantaram.

Normatização do sistema APPCC

Devido ao interesse das organizações alimentícias pelo sistema APPCC, surgiu a necessidade da criação de normas técnicas sobre esse tema, com o objetivo de padronizar sua aplicação entre as organizações alimentícias e facilitar as relações técnicas e/ou comerciais entre países. Normas para a segurança dos alimentos tendo como base o sistema APPCC foram criadas para satisfazer essa demanda. Algumas dessas normas são internacionais e outras nacionais, mas com penetração mundial. O Quadro 3.11 apresenta algumas dessas normas.

De forma geral, as normas para a análise de perigos e pontos críticos de controle são muito parecidas entre si, constituídas de itens de um sistema de gestão para a segurança de alimentos, sempre tomando como base o sistema APPCC. Nesse sentido, essas normas possuem alguns elementos a mais do que o sistema APPCC proposto pelo *Codex Alimentarius* (Hazard..., 2001) na forma

QUADRO 3.11
NORMAS NACIONAIS E INTERNACIONAIS PARA SISTEMAS DE GESTÃO DE APPCC

País	Norma nacional para o sistema de gestão da APPCC
Dinamarca	Dansk Standard. DS *3027 E:2002*: management of food safety based on HACCP: requirements for a management system for food producing organizations their suppliers. Dansk, 2003.
Holanda	The National Board of Experts HACCP. *Requirements for HACCP based food safety system*. The Netherlands: The National Board of Experts HACCP, 2002.
Alemanha e França	International Food Standard. *Standard for auditing retailer and wholesaler branded food products*. [S.I.]: IFS, 2007. Version 5. Protocolo criado por associações comerciais da Alemanha e da França que visa estabelecer um padrão uniforme para segurança dos alimentos e sistema de auditoria.
Inglaterra	British Retail Consortium. *BRC Global Standard for Food Safety*. London: The Stationery Office, 2008. V.S. Inicialmente criada por um grupo de varejistas britânicos para garantir que os alimentos oferecidos em seu mercado atendessem aos padrões de norma de aceitação "global". É específica para a indústria de alimentos e ingredientes.
Brasil	Associação Brasileira de Normas Técnicas. *NBR 14900:2002*: sistemas de gestão da análise de perigos e pontos críticos de controle: segurança de alimentos. Rio de Janeiro, 2003.
União Europeia	Confederation of the food and drink industries of the european union. *PAS 220:2008*: Public Available Specification. [S.I.], 2008. Desenvolvida pela Confederation of the Food and Drink Industries of the European Union (CIAA) em parceria com as Organizações Danone, Kraft Foods, Nestlé e Unilever, com o objetivo de detalhar os programas de pré-requisitos que auxiliam no controle dos perigos à segurança dos alimentos. A intenção é o uso em conjunto com a norma ISO 22000.

▶ ▶ ▶

QUADRO 3.11
**NORMAS NACIONAIS E INTERNACIONAIS PARA
SISTEMAS DE GESTÃO DE APPCC**

País	Norma nacional para o sistema de gestão da APPCC
Estados Unidos	Safety Quality Food Program (SQF).
	O SQF está alinhado com o HACCP, o *Codex Alimentarius*, os requisitos da ISO 9001 e do National Advisory Committee on Microbiological Criteria of Foods (MACMCF) e possui dois padrões: SQF 1000, destinado à cadeia primária, e SQF 2000, aplicável a fabricantes e distribuidores de todos os setores da indústria de alimentos. Possui três níveis de certificação: fundamental, HACCP e sistema de gestão.
Internacional	International Organization for Standardization. *ISO 22000:2005*: Food safety management systems: requirements for any organization in the food chain. Geneva, 2005.
	Norma desenvolvida para ser compatível e harmonizar um sistema de gestão de segurança dos alimentos com base no sistema HACCP com outros sistemas de gestão da qualidade reconhecidos (ISO 9001).
	A ISO 22000 aplica-se a todas as organizações envolvidas, direta ou indiretamente, na cadeia de alimentos, incluindo indústrias de alimentos, ingredientes, embalagens, produtos de limpeza para o segmento de alimentos e prestadores de serviços associados.

dos sete princípios. Assim, o sistema APPCC é apenas um dos elementos de um sistema de gestão de segurança dos alimentos. O primeiro é definido como um sistema que identifica, avalia e controla os perigos de natureza biológica, física ou química que possam causar um agravo à saúde do consumidor; o segundo é definido como uma estrutura organizacional, procedimentos, processos, recursos necessários para executar o plano APPCC e atingir seus objetivos.

Pode-se entender que a ISO 22000:2005 é uma norma complementar à ISO 15161:2001, sendo que o âmbito da ISO 15161 é mais amplo, porém menos específico, pois lida com todos os aspectos da qualidade de alimentos e bebidas e demonstra como o sistema APPCC pode ser integrado ao sistema de gestão da qualidade, enquanto a ISO 22000:2005 pretende centrar-se exclusivamente na segurança dos alimentos, dando orientações aos produtores para a implementação do sistema de segurança dos alimentos e integrando três pilares técnicos: ISO 9001:2015, APPCC e códigos de boas práticas.

Pelo caráter preventivo, na perspectiva da segurança dos alimentos, a identificação dos perigos e seu controle operacional são o objetivo principal do plano de APPCC. A ISO 22000:2005 incorpora os sete princípios de APPCC do *Codex Alimentarius* (Hazard..., 2001) e os converte nos requisitos 7.3, 7.3.1, 7.3.3, 7.3.3.2, 7.3.4, 7.3.5, 7.3.5.1, 7.3.5.2, 7.4, 7.4.1, 7.4.2, 7.4.2.1, 7.4.2.2, 7.4.2.3, 7.4.3, 7.4.4, 7.5, 7.6, 7.6.1, 7.6.2, 7.6.3, 7.6.4, 7.6.5, 7.10.1, 7.8 e 8.2 da Norma ISO 22000, plano APPCC, transcritos no Quadro 3.12.

QUADRO 3.12
REQUISITOS DA ISO 22000:2005 COMPATÍVEIS COM OS SETE PRINCÍPIOS DE APPCC PRESCRITOS NO *CODEX ALIMENTARIUS*

ISO 22000:2005

7.3 Etapas preliminares para permitir análise de perigos

7.3.1 Generalidades
Todas as informações relevantes, necessárias para conduzir a análise de perigos, devem ser coletadas, mantidas, atualizadas e documentadas.

Registros devem ser mantidos.

7.3.3 Características do produto

7.3.3.2 Características dos produtos finais
As características dos produtos finais devem ser descritas em documentos na extensão necessária à condução da análise de perigos (ver 7.4), incluindo as informações seguintes, como apropriado:
a) nome do produto ou identificação similar;
b) composição;
c) características biológicas, físicas e químicas importantes à segurança dos alimentos;
d) vida de prateleira pretendida e condição de armazenagem;
e) embalagem;
f) rotulagem relacionada à segurança de alimentos e/ou instruções de manuseio, preparação e uso;
g) métodos de distribuição.

QUADRO 3.12
REQUISITOS DA ISO 22000:2005 COMPATÍVEIS COM OS SETE PRINCÍPIOS DE APPCC PRESCRITOS NO *CODEX ALIMENTARIUS*

A organização deve identificar os requisitos estatutários e regulamentares de segurança dos alimentos relacionados estabelecidos neste item.

As descrições devem ser mantidas atualizadas, incluindo, quando requerido, conformidade com o requisito 7.7.

7.3.4 Uso pretendido

O uso pretendido, o manuseio razoavelmente esperado do produto final e qualquer manuseio e uso incorretos do produto final não intencionais, porém razoavelmente esperados, devem ser considerados e descritos em documentos na extensão necessária à condução de análise de perigos (ver 7.4).

Grupos de usuários e, quando apropriado, grupos de consumidores devem ser identificados para cada produto, e grupos de consumidores conhecidos que sejam especialmente vulneráveis a determinados perigos de segurança de alimentos devem ser considerados.

As decisões devem ser mantidas atualizadas, incluindo, quando requerido, conformidade com o requisito 7.7.

7.3.5 Fluxogramas, etapas do processo e medidas de controle

7.3.5.1 Fluxogramas
Os fluxogramas devem ser preparados para categorias de produtos ou de processos abrangidos pelo sistema de gestão da segurança de alimentos. Os fluxogramas devem fornecer a base para avaliar a possibilidade de ocorrência, aumento ou introdução de perigos à segurança dos alimentos.

Os fluxogramas devem ser claros, precisos e suficientemente detalhados. Conforme apropriado, devem incluir o seguinte:
a) sequência e interação de todas as etapas do processo;
b) quaisquer processos externos e trabalhos subcontratados;
c) onde matérias-primas, ingredientes e produtos intermediários entram no fluxo;
d) onde o retrabalho e a recirculação ocorrem;
e) onde os produtos finais, os produtos intermediários, os subprodutos e os resíduos são liberados ou removidos.

De acordo com o item 7.8, a equipe de segurança dos alimentos deve verificar a precisão dos fluxogramas por meio de uma checagem *in loco*.

Os fluxogramas verificados devem ser mantidos como registros.

QUADRO 3.12
REQUISITOS DA ISO 22000:2005 COMPATÍVEIS COM OS SETE PRINCÍPIOS DE APPCC PRESCRITOS NO *CODEX ALIMENTARIUS*

7.3.5.2 Descrição das etapas do processo e das medidas de controle
As medidas de controle existentes, os parâmetros dos processos e/ou o rigor com o qual cada um é aplicado, ou procedimentos que podem influenciar a segurança de alimentos, devem ser descritos na extensão necessária à condução da análise de perigos (ver 7.4).

Requisitos externos (p. ex., de autoridades regulamentares ou de consumidores) que podem causar impacto da análise de perigo também devem ser descritos.

As descrições devem ser atualizadas de acordo com o item 7.7.

7.4 Análise de perigos

7.4.1 Generalidades
A equipe de segurança dos alimentos deve conduzir a análise de perigos para determinar quais perigos necessitam ser controlados, o grau de controle requerido para garantir a segurança de alimentos e qual combinação de medidas de controle é requerida.

7.4.2 Identificação de perigos e determinação de níveis aceitáveis

7.4.2.1 Todos os perigos de segurança de alimentos razoavelmente esperados que podem ocorrer em relação ao tipo de produto, ao tipo de processo e às instalações de processamento existentes devem ser identificados e registrados. A identificação deve ser baseada em:
a) informações preliminares de dados coletados de acordo com o item 7.3;
b) experiência;
c) informações da cadeia produtiva de alimentos relativas à segurança dos alimentos que podem ser de importância para a segurança dos produtos finais, dos produtos intermediários e do alimento no momento do consumo.

As etapas, desde as matérias-primas, o processamento e a distribuição, nas quais cada perigo à segurança dos alimentos pode ser introduzido, devem ser indicadas.

7.4.2.2 Quando da identificação de perigos, devem ser considerados:
a) as etapas precedentes e posteriores à operação especificada;
b) os equipamentos de processo, utilidades/serviços e arredores;
c) os elos precedentes e posteriores na cadeia produtiva de alimentos.

7.4.2.3 Para cada perigo à segurança dos alimentos identificado, deve ser determinado o nível deste no produto final, sempre que possível.

QUADRO 3.12
REQUISITOS DA ISO 22000:2005 COMPATÍVEIS COM OS SETE PRINCÍPIOS DE APPCC PRESCRITOS NO *CODEX ALIMENTARIUS*

O nível determinado deve levar em consideração os requisitos estatutários e regulamentares estabelecidos, requisitos dos clientes relativos à segurança dos alimentos, uso pretendido pelo consumidor e outros dados relevantes.

As justificativas para essa determinação e o resultado devem ser registrados.

7.4.3 Avaliação de perigos
A avaliação de perigos deve ser conduzida para determinar, para cada perigo à segurança dos alimentos identificado (ver 7.4.2), se sua eliminação ou redução a níveis aceitáveis é essencial à produção de alimento seguro e se seu controle é necessário para permitir que os níveis aceitáveis definidos sejam respeitados.

Cada perigo à segurança dos alimentos deve ser avaliado conforme a possível gravidade dos efeitos adversos à saúde e a probabilidade de sua ocorrência.

A metodologia usada deve ser descrita, e os resultados da avaliação dos perigos à segurança dos alimentos devem ser registrados.

7.4.4 Seleção e avaliação das medidas de controle
Com base na avaliação dos perigos referida em 7.4.3, uma combinação apropriada de medidas de controle deve ser selecionada, capaz de prevenir, eliminar ou reduzir esses perigos à segurança dos alimentos a níveis aceitáveis definidos.

Nessa seleção, cada medida de controle, conforme descrito em 7.3.5.2, deve ser analisada criticamente com relação a sua eficácia contra os perigos à segurança dos alimentos identificados.

As medidas de controle selecionadas devem ser classificadas de acordo com a necessidade de serem gerenciadas por meio dos PPRs operacionais ou pelo plano APPCC.

A seleção e a classificação de uma medida de controle devem ser conduzidas usando uma abordagem lógica, que inclui avaliações com relação ao seguinte:
a) seu efeito sobre os perigos à segurança dos alimentos identificados, em relação ao rigor aplicado;
b) sua viabilidade para o monitoramento (p. ex., habilidade de ser monitorada em tempo) adequado com o intuito de permitir correções imediatas;
c) sua posição dentro do sistema em relação a outras medidas de controle;
d) a probabilidade de falhas no seu funcionamento ou de variações significativas no processo;
e) a gravidade das consequências em caso de falhas em seu funcionamento;
f) se a medida de controle é especificamente estabelecida e aplicada para eliminar ou reduzir significativamente os níveis de perigos;

> **QUADRO 3.12**
> **REQUISITOS DA ISO 22000:2005 COMPATÍVEIS COM OS SETE PRINCÍPIOS DE APPCC PRESCRITOS NO *CODEX ALIMENTARIUS***
>
> g) efeitos sinérgicos (i.e., interações que ocorrem entre duas ou mais medidas, sendo o resultado de seus efeitos combinados maior do que a soma de seus efeitos individuais).
>
> Medidas de controle classificadas como pertencentes ao plano APPCC devem ser implementadas de acordo com o item 7.6.
>
> Outras medidas de controle devem ser implementadas, como o PPR operacional, de acordo com o item 7.5.
>
> A metodologia e os parâmetros utilizados para essa classificação devem ser descritos, em documentos, e os resultados da avaliação precisam ser registrados.
>
> **7.5 Estabelecimento dos programas de pré-requisitos (PPRs) operacionais**
> Os PPRs operacionais devem ser documentados e incluir as seguintes informações para cada programa:
> a) perigos à segurança dos alimentos a serem controlados pelo programa (ver 7.4.4);
> b) medidas de controle (ver 7.4.4);
> c) procedimentos de monitoramento que demonstrem que os PPRs operacionais estão implementados;
> d) correções e ações corretivas a serem tomadas se o monitoramento mostrar que os PPRs operacionais não estão sob controle (ver 7.10,1 e 7.10.2, respectivamente);
> e) responsabilidades e autoridades;
> f) registros de monitoramento.
>
> **7.6 Estabelecimento do plano APPCC**
>
> **7.6.1 Plano APPCC**
> O plano APPCC deve ser documentado e incluir as seguintes informações para cada ponto crítico de controle (PCC) identificado:
> a) perigos à segurança dos alimentos a serem controlados no PCC (ver 7.4.4);
> b) medidas de controle (ver 7.4.4);
> c) limites críticos (ver 7.6.3);
> d) procedimentos de monitoramento (ver 7.6.4);
> e) correções e ações corretivas a serem tomadas se os limites críticos forem excedidos (ver 7.6.5);
> f) responsabilidades e autoridades;
> g) registros de monitoramento.
>
> ▶ ▶ ▶

QUADRO 3.12
REQUISITOS DA ISO 22000:2005 COMPATÍVEIS COM OS SETE PRINCÍPIOS DE APPCC PRESCRITOS NO *CODEX ALIMENTARIUS*

7.6.2 Identificação dos pontos críticos de controle (PCCs)

Para cada perigo controlado pelo plano APPCC, os PCCs devem ser identificados para as medidas de controle identificadas.

7.6.3 Determinação dos limites críticos para os PCCs

Limites críticos devem ser determinados para o monitoramento estabelecido para cada PCC.

Limites críticos devem ser estabelecidos para assegurar que o nível aceitável identificado do perigo à segurança dos alimentos no produto final (ver 7.4.2) não seja excedido.

Os limites críticos devem ser mensuráveis.

A razão para a escolha dos limites críticos deve ser documentada.

Limites críticos baseados em dados subjetivos (assim como inspeção visual do produto, processo, manipulação, etc.) devem ser apoiados por instruções ou especificações e/ou educação e treinamento.

7.6.4 Sistema de monitoramento dos pontos críticos de controle

Um sistema de monitoramento deve ser estabelecido para cada PCC, para demonstrar que este está sob controle. O sistema deve incluir todas as medições programadas ou as observações relativas aos limites críticos.

O sistema de monitoramento deve considerar como procedimentos relevantes instruções e registros que abranjam o seguinte:
a) medições ou observações que forneçam resultados dentro de um período de tempo adequado;
b) dispositivos de monitoramento usados;
c) métodos de calibração aplicáveis (ver 8.3);
d) frequência de monitoramento;
e) responsabilidade e autoridade relacionadas ao monitoramento e à avaliação dos resultados;
f) requisitos de registros e métodos.

Os métodos de monitoramento e a frequência devem ser capazes de determinar quando os limites críticos forem excedidos, a tempo de o produto ser isolado antes de ser usado ou consumido.

▶ ▶ ▶

QUADRO 3.12
REQUISITOS DA ISO 22000:2005 COMPATÍVEIS COM OS SETE PRINCÍPIOS DE APPCC PRESCRITOS NO *CODEX ALIMENTARIUS*

7.6.5 Ações quando os resultados de monitoramento excedem os limites críticos

Correções e ações corretivas planejadas a serem tomadas quando os limites críticos forem excedidos devem ser especificadas no plano APPCC.

As ações devem assegurar que a causa da não conformidade seja identificada, que os parâmetros controlados no PCC sejam retomados ao controle e que a recorrência seja prevenida (ver 7.10.2).

Procedimentos documentados devem ser estabelecidos e mantidos para o tratamento apropriado dos produtos potencialmente inseguros, para garantir que não serão liberados antes de serem avaliados (ver 7.10.3).

7.10.1 Correções

A organização deve assegurar que, quando limites críticos para os PCCs forem excedidos (ver 7.6.5) ou houver uma perda de controle dos PPRs operacionais, os produtos afetados sejam identificados e controlados no que se refere a seu uso e liberação.

Um procedimento documentado deve ser estabelecido e mantido, definindo:
a) a identificação e a avaliação dos produtos finais afetados para determinar seu tratamento adequado (ver 7.10.3);
b) uma análise crítica das correções realizadas.

Os produtos elaborados sob condições nas quais os limites tenham sido excedidos são potencialmente inseguros e devem ser tratados de acordo com 7.10.3.

Produtos elaborados sob condições nas quais os PPRs operacionais não estejam conforme devem ser avaliados em relação às causas da não conformidade e a suas consequências em termos de segurança de alimentos e, quando necessário, devem ser tratados de acordo com 7.10.3.

A avaliação deve ser registrada.

Todas as correções devem ser aprovadas pelas pessoas responsáveis e registradas juntamente com informações sobre a natureza da não conformidade, suas causas e consequências, incluindo informações necessárias para fins de rastreabilidade relacionada aos lotes não conformes.

▶▶▶

QUADRO 3.12
REQUISITOS DA ISO 22000:2005 COMPATÍVEIS COM OS SETE PRINCÍPIOS DE APPCC PRESCRITOS NO *CODEX ALIMENTARIUS*

7.8 Planejamento da verificação
O planejamento da verificação deve definir o propósito, os métodos, a frequência e as responsabilidades das atividades de verificação, as quais devem confirmar que:
a) os PPRs estão implementados (ver 7.2);
b) as entradas para a análise de perigos (ver 7.3) são atualizadas continuamente;
c) os PPRs operacionais (ver 7.5) e os elementos do plano APPCC (ver 7.6.1) estão implementados e são eficazes;
d) os perigos estão dentro dos níveis identificados como aceitáveis (ver 7.4.2);
e) outros procedimentos requeridos pela organização estão implementados e são eficazes.

8.2 Validação das combinações de medidas de controle
Antes da implementação das medidas de controle ser incluída nos PPRs operacionais e no plano APPCC e depois de qualquer modificação nestes (ver 8.5.2), a organização deve validar que:
a) as medidas de controle selecionadas são capazes de realizar o controle pretendido dos perigos à segurança dos alimentos, para o qual foram designadas;
b) as medidas de controle são eficazes e capazes de, em combinação, assegurar o controle dos perigos à segurança dos alimentos identificados para obter produtos finais que satisfaçam os níveis aceitáveis definidos.

Se o resultado da validação mostrar que um ou ambos os elementos não podem ser confirmados, a medida de controle e/ou suas combinações devem ser modificadas e reavaliadas (ver 7.4.4).

As modificações podem incluir alterações nas medidas de controle (i.e., parâmetros de processo, rigor e/ou suas combinações) e/ou mudanças em matérias-primas, tecnologias de fabricação, características do produto final, métodos de distribuição e uso pretendido do produto final.

Fonte: ISO 22000:2005.

Para atender aos requisitos da ISO 22000:2005, a organização deve elaborar um plano APPCC que contemple o cumprimento dos sete princípios que são a base estrutural desse sistema. Cada plano de APPCC deve abordar, inicialmente, as seguintes informações:

- identificação da unidade e contato;
- público-alvo;
- dizeres especiais do rótulo;
- características nutricionais;
- condições de estocagem;
- condições de transporte;
- validade;
- características das embalagens.

Essas informações devem ser registradas. O Anexo 3, ao final deste livro, apresenta um modelo de formulário de registro.

Para cada plano de APPCC deve ser definido um escopo identificando os perigos contemplados por ele, a unidade fabril e a linha industrial às quais ele se refere. O escopo também deve ser registrado. Os membros da equipe multidisciplinar devem ser definidos e registrados. Aconselha-se que existam membros que entendam dos temas manutenção, limpeza e higienização, análise, microbiologia e características do produto, mas não se limitando a eles. A equipe de APPCC deve listar todos os perigos que apresentam probabilidade razoável de ocorrer em cada etapa do processo, insumo, matéria-prima e embalagem, desde a produção primária, o processo, a manipulação e a distribuição, até o ponto de consumo (Tabela 3.3). Sempre que possível, na condução da análise de perigos, deve ser incluído o seguinte: 1) a probabilidade de ocorrência do perigo e a gravidade dos efeitos adversos à saúde (Tabela 3.4); 2) a avaliação qualitativa ou quantitativa da presença do perigo; 3) sobrevivência ou multiplicação dos microrganismos em análise; 4) produção ou persistência de toxinas e agentes físicos ou químicos no alimento; 5) condições que possam levar aos itens anteriormente descritos.

A equipe deve avaliar se existem medidas de controle que possam ser aplicadas para cada perigo, considerando que, para controlar um perigo específico, pode ser necessária mais de uma medida de controle, e mais de um perigo pode ser controlado por uma mesma medida de controle. Na condução da análise de perigos, a equipe de APPCC deve buscar identificar perigos de natureza tal que sua eliminação ou redução a um nível aceitável seja essencial para a produção de um alimento seguro, o que será de extrema importância para o próximo passo. Logicamente, quanto maior a significância de um perigo, maior atenção deve receber em uma ordem de prioridade, mas mesmo perigos menos significativos não devem ser desprezados. Se o plano de APPCC contemplar perigos microbiológicos, é uma boa prática que características dos microrganismos envolvidos sejam também registradas. Isso ajudará na elaboração das medidas de controle.

Após a identificação dos perigos e de suas medidas de controle, a equipe multidisciplinar deve determinar os pontos críticos de controle. Pode haver ne-

TABELA 3.3
MODELO DE MATRIZ[a] PARA AVALIAR A GRAVIDADE DE PERIGOS

	Químico	Físico	Microbiológico
Alta	– Resíduos de hidróxido de sódio provenientes de higienizações – Resíduos de ácido nítrico provenientes de higienizações	– Fragmentos de metal maiores do que 2 mm – Vidro e plásticos rígidos maiores do que 2 mm	– *Clostridium botulinun* (ausência) – *Salmonella typhi* – *Listeria monocytogenes*[b] – *Vibrio cholerae* – *Escherichia coli* O 157:H7
Média	– Componentes tóxicos de graxas/ lubrificantes – Resíduos de sanitizantes e detergentes – Alergênicos – Traços de metais pesados	– Fragmentos de metal menores do que 2 mm – Vidro e plásticos rígidos menores do que 2 mm – Pelo de roedores – Pragas e fragmentos	– *Salmonella* sp. (ausência em 25 g) – Coliformes fecais (como indicadores de probabilidade de patógenos) – *Shigella* – *Vibrio parahemolyticus* – *Yersinia enterocolitica* – Vírus da hepatite A
Baixa	– Aditivos de tratamento de caldeira no vapor – Resíduos de solventes de embalagens	– Fragmentos de borracha – Fragmentos de plástico – Fragmentos de tinta – Pelos ou cabelos humanos	– *Staphylococcus aureus* (máximo 10^3/g) – Bolores e leveduras (máximo 10^3/g) – *Campylobacter* spp. – *Clostridium perfringes* (ausência)

[a] Para cada produto e linha industrial, a matriz deve ser composta considerando perigos específicos associados a processo e produto.

[b] *Listeria monocytogenes* torna-se perigo de gravidade alta caso o público-alvo sejam gestantes, crianças ou imunossuprimidos; de outra forma, é baixo.

TABELA 3.4
MATRIZ DE SIGNIFICÂNCIA:[a] GRAVIDADE X FREQUÊNCIA

		Gravidade		
		Baixa	Média	Alta
Probabilidade		**1**	**2**	**3**
Frequente	5	5	10	15
Provável	4	4	8	12
Ocasional	3	3	6	9
Remota	2	2	4	6
Improvável	1	1	2	3

[a] Significância neste contexto deriva de uma avaliação da probabilidade de o perigo ocorrer em um determinado processo para um determinado produto e da gravidade de tal perigo.

nhum, um ou vários PCCs em um processo. Pode haver mais de um PCC no qual um controle seja aplicado a um mesmo perigo, ou o controle em um único PCC pode controlar mais de um perigo (ver Anexo 4). Se um perigo foi identificado em uma etapa na qual um controle é necessário para a segurança do alimento e se não existir medida de controle naquela ou em outra etapa, então o produto ou o processo deve ser modificado naquela etapa ou em um estágio anterior ou posterior, de maneira a incluir uma medida de controle.

Não é uma obrigação normativa o uso de uma árvore decisória. Porém, ela auxilia na identificação dos PCCs e dá clareza aos critérios usados para a definição destes. No Anexo 5 é apresentado um modelo baseado no *Codex Alimentarius* (Hazard..., 2001).

Determinados os PCCs, é o momento de estabelecer os limites críticos (LCs). Limites críticos devem ser especificados e validados, se possível, para cada PCC. Em alguns casos, mais de um limite crítico pode ser estabelecido em uma etapa particular. Os critérios de validação dos limites críticos devem ser registrados.

Os PCCs precisam ser monitorados e controlados, e os procedimentos de monitoramento devem ser capazes de detectar perda de controle de um PCC. Além disso, o monitoramento deve prever essa informação a tempo de se fazerem ajustes para assegurar o controle do processo de forma a prevenir a violação dos limites críticos. Ajustes de processo devem ser feitos, quando possível, se os resultados de monitoramento indicarem uma tendência que possa levar a uma perda de controle do PCC, de preferência antes que o desvio ocorra. Os dados resultantes do monitoramento devem ser avaliados por uma pessoa competente e designada, que tenha conhecimento e autoridade para conduzir ações corretivas quando necessário. Se o monitoramento não é contínuo, a frequência (intervalos entre as observações de controle) deve ser suficiente para garantir o controle do PCC. Procedimentos de monitoramento de PCCs devem ser efetuados rapidamente, por estarem relacionados com processos *on-line* e por não haver tempo para testes analíticos demorados.

Por mais que se controle, falhas podem ocorrer, e é preciso estar preparado. Por isso, ações para casos de desvio devem ser desenvolvidas para cada PCC, de modo a tratar os desvios que possam ocorrer eventualmente. Essas ações devem assegurar que o PCC seja reconduzido de volta ao controle. As ações tomadas também devem incluir a disposição apropriada do produto envolvido. Procedimentos para a correção do desvio e para a disposição do produto devem ser planejados antecipadamente e documentados de maneira apropriada (ver Anexo 6).

Métodos, procedimentos, testes de verificação e auditoria, incluindo amostragem aleatória e análises, podem ser utilizados para determinar se o sistema APPCC está funcionando de forma correta. A frequência da verificação deve ser suficiente para confirmar que ele está sendo eficaz (ver Anexo 7). Quando possível, atividades de validação devem ser realizadas e incluir ações para confirmar a eficácia dos elementos do plano APPCC, em especial medidas de controle para os perigos identificados.

Controle de instrumentos de medição e ensaio

O monitoramento e a medição estão entre os principais elementos de um sistema de gestão para a indústria alimentícia, pois, no sistema APPCC, que é o centro de um sistema de segurança dos alimentos, o objetivo principal é identificar etapas do processo consideradas essenciais para a segurança dos alimentos e controlá-las, o que é feito por meio do monitoramento de PCCs, além do monitoramento para manter o produto dentro de parâmetros, a fim de garantir sua qualidade ao final do processo.

Logicamente, então, os instrumentos de medição utilizados devem estar calibrados e adequados ao uso. Medir com um instrumento não calibrado, indicando valores errados, pode ser tão prejudicial ao processo quanto o não medir. Os requisitos que tratam desse tema nas Normas ISO 9001:2015 e ISO 22000:2005 são, respectivamente, o 7.1.5 e o 8.3, apresentados no Quadro 3.13.

QUADRO 3.13
REQUISITO 7.1.5 DA NORMA ISO 9001:2015 E REQUISITO 8.3 DA NORMA ISO 22000:2005

ISO 9001:2015	ISO 22000:2005
7.1.5 Recursos de monitoramento e medição **7.1.5.1 Generalidades** A organização deve determinar e prover os recursos necessários para assegurar resultados válidos e confiáveis quando monitoramento ou medição for usado para verificar a conformidade de produtos e serviços com requisitos. A organização deve assegurar que os recursos providos sejam: a) adequados para o tipo específico de atividades de monitoramento e medição assumidas; b) sejam mantidos para assegurar que estejam continuamente apropriados aos seus propósitos. A organização deve reter informação documentada apropriada como evidência de que os recursos de monitoramento e medição sejam apropriados para os seus propósitos. **7.1.5.2 Rastreabilidade de medição** Quando a rastreabilidade de medição for um requisito, ou for considerada pela organização uma parte essencial	**8.3 Controle de monitoramento e medição** A organização deve fornecer evidências de que os métodos e os equipamentos de monitoramento e medição especificados são adequados para assegurar o desempenho dos procedimentos de monitoramento e medição. Quando for necessário assegurar resultados válidos, os equipamentos e os métodos de medição usados devem ser: a) calibrados ou verificados em intervalos especificados, ou antes do uso, contra padrões de medição rastreáveis a padrões de medição nacionais ou internacionais; quando tais padrões não existirem, a base usada para a calibração ou a verificação deve ser registrada; b) ajustados e reajustados quando necessário; c) identificados para permitir que a situação de calibração seja determinada; d) protegidos de ajustes que possam invalidar os resultados da medição; e) protegidos de dano e deterioração. ▶▶▶

QUADRO 3.13
REQUISITO 7.1.5 DA NORMA ISO 9001:2015 E REQUISITO 8.3 DA NORMA ISO 22000:2005

ISO 9001:2015	ISO 22000:2005
da provisão de confiança na validade de resultados de medição, os equipamentos de medição devem ser: a) verificados ou calibrados, ou ambos, a intervalos especificados, ou antes do uso, contra padrões de medição rastreáveis a padrões de medição internacionais ou nacionais; quando tais padrões não existirem, a base usada para calibração ou verificação deve ser retida como informação documentada; b) identificados para determinar sua situação; c) salvaguardados contra ajustes, danos ou deteriorações que invalidariam a situação de calibração e resultados de medições subsequentes. A organização deve determinar se a validade de resultados de medição anteriores foi adversamente afetada quando o equipamento de medição for constatado inapropriado para seu propósito pretendido, e deve tomar ação apropriada, como necessário.	Registros dos resultados de calibração e verificação devem ser mantidos. Além disso, a organização deve avaliar a validade dos resultados das medições anteriores quando for verificado que o equipamento ou o processo não está conforme os requisitos. Se o equipamento de medição não estiver conforme, a organização deve promover uma ação apropriada no equipamento e em qualquer produto afetado. Os registros de tais avaliações e as ações resultantes devem ser mantidos. Quando um programa de computador for usado no monitoramento e na medição de requisitos especificados, a capacidade do *software* deve ser confirmada para satisfazer a aplicação pretendida. Isso deve ser realizado antes do uso inicial e reconfirmado sempre que necessário.

Fonte: ISO 9001:2015 e ISO 22000:2005.

Assim, para atender de forma eficaz o requisito de monitoramento e medição, também se exige que sejam identificados e controlados os equipamentos de medição utilizados. Essa exigência busca assegurar que os equipamentos estejam adequados a seu uso e com a precisão exigida, garantindo a confiabilidade das medições realizadas. Para isso, as organizações devem estabelecer sistemáticas para a calibração e a manutenção dos equipamentos de medição, considerando:

- formas de identificação dos equipamentos;
- periodicidade de calibração ou testes;
- forma de registro das atividades de calibração (certificados, formulários, etc.);
- forma de acondicionamento dos equipamentos;
- definição da precisão e da exatidão requeridas para cada equipamento;
- ações que devem ser tomadas em caso de identificação de equipamentos descalibrados;
- ações para rastrear e analisar o efeito de um equipamento descalibrado no processo e como isso pode afetar a qualidade e a segurança dos alimentos.

O processo de medição e monitoramento é de fundamental importância em um sistema de gestão que subsidia a segurança de todos os processos operacionais, em especial o de tomada de ações rápidas. Todos os instrumentos que realizam alguma medição para controlar o processo, fornecer evidências da conformidade do produto ou monitorar parâmetros que garantam a segurança dos alimentos devem ser controlados e calibrados[31] e/ou verificados[32] para demonstrar que os resultados fornecidos apresentam incerteza de medição[33] e erro de medição[34] igual ou inferior ao determinado para aquele dispositivo de medição em seu local previsto de uso.

As avaliações sensoriais, conduzidas por um painel de degustadores treinados, devem ser consideradas como um "esquema de monitoramento". A *performance* dos membros que compõem os painéis sensoriais deve ser verificada regularmente, sendo tratada como uma forma especial de calibração.

O intervalo de calibração pode ser determinado de acordo com o histórico de calibrações anteriores e a importância da medição para o processo. Quando os resultados de calibrações apresentarem incerteza e/ou erro de medição inferior aos determinados, esses intervalos entre calibrações podem ser aumentados, e vice-versa.

Os instrumentos de medição selecionados para serem calibrados devem ser codificados e identificados com uma *tag*. Também é uma boa prática que *tags* fixadas nos instrumentos de medição indiquem a data da próxima calibração. Excepcionalmente, quando a *tag* não puder ser fixada, como, por exemplo, para aqueles instrumentos com tamanho inferior ao da etiqueta, o *status* da calibração pode ser controlado somente por meio de uma matriz de controle de calibração.

Os instrumentos de medição utilizados no processo ou em análises (ensaios laboratoriais) devem ser selecionados com base no erro de medição, na incerteza de medição e na resolução[35] requeridos para as medições que realizam. A resolução deve ser compatível com a medida a ser realizada e com o erro máximo admissível.[36] Como regra, ela deve ser 10 vezes menor do que o erro admissível. A incerteza de medição expandida e o erro de medição formam a tolerância (T) do equipamento, conforme a seguinte equação:

$$T = U_c + \varepsilon_i$$

U_c = é a incerteza padrão combinada de um resultado de medição
ε_i = é o erro de uma medição

Quando o certificado de calibração apresenta vários pontos de medição do instrumento, com várias medições, deve-se considerar o pior caso, tanto da U_c como do ε_i.

A tolerância do instrumento de medição deve ser determinada para cada dispositivo de medição e levar em consideração o tipo de instrumento e a necessidade de rigor na medição que realiza. Em geral, a tolerância deve ser de 3 a 10 vezes menor do que o erro admissível para a análise/medição que o instrumento realiza, dependendo do caso e da importância da medição.

Os equipamentos devem ser calibrados internamente ou por empresas especializadas, utilizando procedimentos adequados para cada caso e, quando houver, de acordo com procedimentos determinados pelas normas da ABNT/Inmetro. Devem ser utilizados padrões rastreáveis à Rede Brasileira de Calibração (RBC). Quando os padrões para calibração são soluções de alguma substância, estas devem ser rastreáveis ao National Institute of Standards and Technology (NIST). Se não houver padrões rastreáveis, é preciso registrar e justificar no "Certificado de Calibração" os padrões utilizados nas calibrações (Figura 3.8).

Os pontos selecionados para realizar as medições na calibração devem abranger toda a faixa de trabalho do equipamento/instrumento de medição. No caso de termômetros, é obrigatória a medição também a 0°C, independentemente da faixa de trabalho do instrumento. Para todas as calibrações realizadas, devem ser emitidos certificados de calibração, os quais devem conter, pelo menos, as seguintes informações:

- nome e/ou logotipo da entidade responsável;
- número do certificado, em todas as folhas;
- identificação do instrumento;

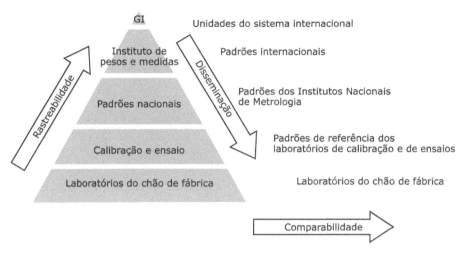

Figura 3.8 Hierarquia do sistema metrológico.

- identificação do solicitante;
- data da calibração e da emissão;
- identificação ou descrição do procedimento utilizado e a norma de referência, quando aplicável;
- padrões utilizados, com os respectivos números dos certificados de calibração e órgão emissor;
- condições ambientais em que foram realizadas as calibrações, quando aplicável;
- incerteza de medição expressa na mesma unidade do resultado da medição e com intervalo de confiança declarado;
- assinaturas do técnico responsável e do gerente técnico;
- resultado obtido, em forma numérica ou representação gráfica, em unidades do sistema internacional (SI) ou por ele aceito.

Os certificados de calibração devem ser validados, verificando se a soma entre incerteza e erro de medição (tolerância) é inferior à estipulada para o instrumento de medição. O registro dessa análise deve ser evidenciado. Quando a incerteza e o erro de medição encontrados forem maiores que o admitido, deve ser aberto registro de não conformidade para avaliação das causas, definição de plano de ação e avaliação do impacto do erro encontrado na qualidade intrínseca e percebida no produto final e necessidade de acionar *recall*. Novos instrumentos de medição devem ser calibrados (caso não venham acompanhados de certificado de calibração) antes de serem enviados para uso, e o certificado validado conforme descrito.

Após a realização de manutenções que possam alterar os resultados de medições, deve ser realizada nova calibração antes do uso, independentemente do cronograma de calibrações. Os instrumentos devem ser mantidos protegidos de ajustes que possam invalidar o resultado da medição, assim como de dano e deterioração, durante o manuseio, a manutenção e a armazenagem. Devem ser operados por pessoal treinado e capacitado. Verificações intermediárias podem ser realizadas internamente, a fim de aumentar os intervalos de calibração e detectar erros de medição antes dos intervalos de calibração determinados, utilizando-se padrões calibrados, também rastreáveis à RBC, quando possível. O procedimento de verificação consiste em comparar o valor de uma leitura com o valor de referência e observar a diferença encontrada. Para balanças, durante as verificações, também são realizados os testes que constam no Quadro 3.14.

QUADRO 3.14
TESTES DE AVALIAÇÃO DE BALANÇAS

Teste	Método
Teste de fidelidade	Coloca-se 50% da capacidade da balança sobre sua plataforma pelo menos três vezes, e a indicação deve ser a mesma.
Teste de mobilidade	Coloca-se 50% da capacidade da balança sobre sua plataforma e acrescenta-se uma sobrecarga correspondente à menor divisão da balança (1 e); a balança deverá indicar esta sobrecarga.
Teste de excentricidade	Coloca-se, no mínimo, um terço da capacidade da balança nos quatro cantos da sua plataforma e no centro, a indicação deve ser igual, permitindo um erro de ± 1 e.
Teste de pesagem	Para balanças Classe III – 0,20 e, 500 e, 2000 e, metade de C ou P (6 pontos contando com o zero) para outras classes, considerar os pontos de mudança de tolerância e a carga mínima de cada classe somada à metade de C ou P mais C ou P.

Os dados das verificações de balanças também devem ser registrados. Caso sejam encontrados erros maiores do que os estipulados, o equipamento/ instrumento de medição deve ser retirado de uso e enviado para manutenção e nova calibração.

Controle de produto não conforme

Tudo deve ser feito para evitar que os produtos cheguem a um estado não conforme ou potencialmente inseguro. Para isso, os processos devem ser controlados e mantidos em seus limites de controle. Porém, em alguns casos, inadvertida e infelizmente, podem ocorrer falhas, desvios nos controle de processo e no controle dos PCCs. Assim, as Normas ISO 9001:2015 e ISO 22000:2005 exigem que sejam planejadas ações a serem tomadas quando forem gerados, respectivamente, um produto não conforme ou um produto potencialmente inseguro, conforme o Quadro 3.15.

QUADRO 3.15
REQUISITO 8.7 DA NORMA ISO 9001:2015 E REQUISITOS 7.10.3, 7.10.3.1, 7.10.3.2 E 7.10.3.3 DA NORMA ISO 22000:2005

ISO 9001:2015	ISO 22000:2005
8.7 Controle de saídas não conforme	**7.10.3 Tratamento de produtos potencialmente inseguros**
8.7.1 A organização deve assegurar que saídas que não estejam conformes com seus requisitos sejam identificadas e controladas para prevenir seu uso ou entrega não pretendido.	**7.10.3.1 Generalidades** A organização deve tratar produtos não conformes por meio de ações para prevenir que entrem na cadeia produtiva de alimentos, a não ser que seja possível assegurar que:
A organização deve implementar ações apropriadas baseadas na natureza da não conformidade e em seus efeitos sobre a conformidade de	a) os perigos à segurança dos alimentos considerados tenham sido reduzidos aos níveis definidos como aceitáveis;

▶ ▶ ▶

QUADRO 3.15
REQUISITO 8.7 DA NORMA ISO 9001:2015 E REQUISITOS 7.10.3, 7.10.3.1, 7.10.3.2 E 7.10.3.3 DA NORMA ISO 22000:2005

ISO 9001:2015	ISO 22000:2005
produtos e serviços. Isso deve também se aplicar aos produtos e serviços não conformes detectados após a entrega de produto, durante ou depois da provisão de serviços. A organização deve lidar com saídas não conformes de um ou mais dos seguintes modos: a) correção; b) segregação, contenção, retorno ou suspensão de provisão de produtos e serviços; c) informação ao cliente; d) obtenção de autorização para aceitação sob concessão. A conformidade com os requisitos deve ser verificada quando saídas não conformes forem corrigidas. **8.7.2** A organização deve reter informação documentada que descreva: a) a não conformidade; b) as ações tomadas; c) as concessões obtidas; d) identifique a autoridade que decide a ação com relação à não conformidade.	b) os perigos à segurança dos alimentos considerados foram reduzidos aos níveis definidos como aceitáveis (ver 7.4.2) antes de entrar na cadeia produtiva de alimentos; ou c) o produto ainda atende aos níveis aceitáveis de perigos à segurança dos alimentos considerados, apesar da não conformidade. Todos os lotes do produto que possam ter sido afetados por uma situação de não conformidade devem ser mantidos sob controle da organização até que tenham sido avaliados. Todos os produtos que possam ter sido afetados por uma situação de não conformidade devem ser mantidos sob controle da organização até que sejam avaliados. Caso os produtos que já não estão mais sob controle da organização sejam subsequentemente determinados como inseguros, a organização deve notificar as partes interessadas relevantes e iniciar o recolhimento (ver 7.10.4). Os controles e as respostas relacionados e a autorização para lidar com produtos potencialmente inseguros devem ser documentados.

▶ ▶ ▶

QUADRO 3.15
REQUISITO 8.7 DA NORMA ISO 9001:2015 E REQUISITOS 7.10.3, 7.10.3.1, 7.10.3.2 E 7.10.3.3 DA NORMA ISO 22000:2005

ISO 9001:2015	ISO 22000:2005
	7.10.3.2 Avaliação para liberação Cada lote do produto afetado pela não conformidade deve ser liberado como seguro somente quando se aplicarem quaisquer das seguintes condições: a) outra evidência, além do sistema de monitoramento, que demonstre que as medidas de controle tenham sido eficazes; b) evidência mostrando que o efeito combinado das medidas de controle para o produto em questão atende ao desempenho pretendido (i.e., níveis aceitáveis identificados de acordo com 7.4.2); c) os resultados de amostragem, análises e/ou outras atividades de verificação demonstram que o lote do produto afetado atende aos níveis aceitáveis identificados para os perigos à segurança dos alimentos considerados. **7.10.3.3 Disposição de produtos não conforme** Depois da avaliação, se o lote do produto não for aceitável para liberação, este deve ser tratado segundo uma das seguintes atividades: a) reprocessamento ou processamento posterior dentro ou fora da organização, para garantir que o perigo à segurança dos alimentos seja eliminado ou reduzido a níveis aceitáveis; b) destruição ou disposição como descarte.

Fonte: ISO 9001:2015 e ISO 22000:2005.

Preservação do produto

Não adianta todos os cuidados tomados no controle operacional para fabricar produtos dentro de suas especificações ou controles para segurança dos alimentos efetuados por meio de PPRs, PPRs operacionais e plano APPCC se não houver cuidado com a preservação do produto depois da linha industrial. A conservação do produto é essencial para manter a qualidade e a segurança do produto, para evitar quebras, amassamentos, vazamentos, ataque de pragas urbanas ou de grãos, exposição ao calor. E um cuidado especial deve ser tomado em relação a produtos alimentícios que requerem uma cadeia de frio, pois, se houver falhas, isso pode representar derretimento, separação de fases e até crescimento microbiológico. Esse tema é tratado pelo requisito 8.5.4 da Norma ISO 9001:2015, transcrito no Quadro 3.16.

Rastreabilidade

O princípio geral de rastreabilidade pode ser a marca registrada de uma organização, pois proporciona segurança, permitindo saber de onde vêm as matérias-primas utilizadas, como e quando são processadas e para onde seguirão ou seguiram os produtos acabados, de forma a rastrear e sanar problemas ao longo da cadeia produtiva. Os itens das Normas ISO 9001:2015 e ISO 22000:2005 que tratam desse assunto são, respectivamente, o 8.5.2 e o 7.9, transcritos no Quadro 3.17.

QUADRO 3.16
REQUISITO 8.5.4 DA NORMA ISO 9001:2015

ISO 9001:2015

8.5.4 Preservação do produto
A organização deve preservar as saídas durante produção e provisão de serviço na extensão necessária para assegurar conformidade com requisitos.

Preservação pode incluir identificação, manuseio, controle de contaminação, embalagem, armazenamento, transmissão ou transporte e proteção.

Por exemplo, evitando que uma carga frigorífica descongele e gere contaminações microbiológicas; evitando que uma carga de biscoitos ou de farinha se contamine com carunchos no armazenamento ou no transporte; evitando que uma carga de sorvetes descongele e recongele, separando fases e perdendo cremosidade da textura, etc.

Fonte: ISO 9001:2015.

QUADRO 3.17
**REQUISITO 8.5.2 DA NORMA ISO 9001:2015 E REQUISITO 7.9
DA NORMA ISO 22000:2005**

ISO 9001:2015	ISO 22000:2005
8.5.2 Identificação e rastreabilidade A organização deve usar meios para identificar saídas quando isso for necessário para assegurar a conformidade de produtos e serviços. A organização deve identificar a situação das saídas com relação aos requisitos de monitoramento e medição ao longo da produção e provisão de serviço. A organização deve controlar a identificação única das saídas quando a rastreabilidade for um requisito, e deve reter a informação documentada necessária para possibilitar rastreabilidade.	**7.9 Sistema de rastreabilidade** A organização deve estabelecer e aplicar um sistema de rastreabilidade que permita a identificação de lotes de produtos e sua relação com lotes de matérias-primas, processamento e registros de liberação. O sistema de rastreabilidade deve ser capaz de identificar o material recebido de fornecedores diretos e a rota inicial de distribuição do produto final. Os registros de rastreabilidade devem ser mantidos por um período definido para a avaliação do sistema, de modo a permitir o tratamento adequado de produtos potencialmente inseguros e em caso de eventual recolhimento do produto; Os registros devem estar de acordo com os requisitos estatutários e regulamentares e os requisitos de clientes e podem, por exemplo, ser baseados na identificação do lote do produto final.

Fonte: ISO 9001:2015 e ISO 22000:2005.

Existem situações obrigatórias para identificação e rastreabilidade de produtos:

- origem de matérias-primas;
- identificação de produtos e matérias-primas, quando apropriado;
- controle dos processos efetuados, especialmente no que diz respeito aos PCCs;
- situação (aprovado/reprovado) após a inspeção de qualquer natureza;
- destino do produto, no mínimo até o primeiro elo da cadeia de alimentos.

Para atender ao requisito de rastreabilidade, a organização deve ter uma identificação de referência que permita a identificação do produto. Essa referência pode ser a data de fabricação, se possível com hora, com código do equipamento, com código do turno de produção e/ou do operador, ou um número de lote que permita resgatar essas informações, ou um código de barras, ou outro método qualquer que possibilite a identificação. Atualmente, já existem sistemas que permitem a rastreabilidade "por produto". Assim, é possível, a partir de um código numérico informado por um consumidor através do sistema de atendimento ao consumidor, por exemplo, para uma caixa de leite, que a organização consiga buscar todo o seu histórico.

Para matérias-primas, insumos ou embalagens recebidos, a organização deve seguir orientações epecíficas:

- Conservar arquivado o laudo de análise proveniente do fornecedor, de acordo com sua respectiva data de validade/fabricação e/ou número do lote.
- Produtos sem laudo de análise não devem ser liberados para uso, exceto em circunstâncias especiais acordadas entre o fornecedor e uma autoridade competente da organização, considerando-se que não devem ser feitas concessões e exceções quando se tratar de matérias-primas ou insumos potencialmente importantes quanto à segurança dos alimentos.
- Logicamente, matérias-primas, insumos ou embalagens analisados pela organização no ato do recebimento devem ter o registro dessa análise conservado para futuras consultas. Liberações sob desvio ou concessão devem ser justificadas e essa justificativa ser guardada.

Para o processo industrial:

- Seja um processo contínuo ou em bateladas, para efeito de rastreabilidade, deve ser registrada toda a formulação utilizada (matérias-primas, insumos, embalagens e quantidades), assim como a data de fabricação e/ou o número de lote de cada elemento que compõe o produto.
- Também devem ser registradas as quantidades de reprocesso que venham a ser utilizadas, considerando a rastreabilidade dos lotes que deram origem a esse reprocesso.
- Os controles operacionais devem ser rastreados, em especial aqueles que afetam direta ou indiretamente a qualidade e a segurança dos produtos em processo. Nesse caso, atenção especial deve ser dada aos registros de controles de PCCs.

- Também deve ser possível rastrear o *status* de calibração dos instrumentos de medição e o ensaio utilizado nos controles operacionais.
- Produtos analisados pela organização para liberação devem ter o registro dessa análise arquivado para futuras consultas. Liberações sob desvio ou concessão de produtos com problemas de qualidade devem ser justificadas, e essa justificativa deve ser conservada. A liberação sob desvio só pode ser realizada por pessoa com autoridade para tal ação, e nunca a concessão deve ser feita se o produto é potencialmente inseguro à saúde dos consumidores.

Rastreabilidade (externa) de produtos enviados para os clientes:

- No centro de distribuição (CD) ou expedição, deve ser registrada a data de fabricação ou o número do lote dos produtos enviados para cada cliente, possibilitando rastrear, no mínimo até o primeiro elo da cadeia, para onde foi enviada a produção de cada dia.

Emergências e *recall*

Apesar do controle operacional, nenhuma atividade pode ser realizada de maneira total e absolutamente segura. Assim, o que fazer em uma situação de emergência deve ser pensado, planejado, praticado e implementado na organização. O tema emergência tem conotações diferentes, mas, sob a perspectiva da segurança dos alimentos, é permitir que produtos contaminados cheguem aos consumidores e, dependendo do contaminante e de sua intensidade, na pior das hipóteses, até levar pessoas a óbito. Ter à disposição um atendimento útil a emergências e um planejamento adequado de preparação faz parte dos benefícios que um sistema de gestão da qualidade e da segurança dos alimentos traz para a organização.

Recall

Um primeiro passo para lidar com uma emergência é estar plenamente preparado para uma situação que requeira recolhimento. Para o rápido e efetivo recolhimento do produto, é necessário que a organização tenha dados que garantam a rastreabilidade externa do produto vendido e que esse ônus recaia sobre a organização produtora, mesmo que a venda final seja feita por um distribuidor.

A execução do processo de recolhimento de produto, obviamente, só é possível se existir rastreabilidade. Esse tema, como já visto, foi tratado pelos requisitos 8.5.2 e 7.9 das Normas ISO 9001:2015 e ISO 22000:2005, respectivamente. A rastreabilidade interna deverá ser considerada sempre que o problema for ocasionado por lote de matéria-prima que possa ter contaminado outros lotes do produto, e, nesse caso, o recolhimento desses lotes também deverá ser realizado.

Com essa visão, para uma organização que se compromete com conceitos de segurança dos alimentos, por mais controles que tenha para garantir a comercialização de produtos seguros, falhas podem acontecer, e a atitude correta e responsável é recolher o produto do mercado e, se necessário, indenizar os consumidores. Então, caso seja detectado um lote contaminado[37] ou potencialmente contaminado,[38] já distribuído no mercado, a situação será classificada conforme o Quadro 3.18, e deverá ser analisada a necessidade de *recall*.[39]

De acordo com a classe do *recall*, uma autoridade competente da organização, em geral um membro da alta direção, convoca um comitê com o propósito de articular todas as medidas necessárias para a mitigação do problema, incluindo, normalmente, a seguinte composição:

- *Recall* Classe 1: Qualidade, logística, comercial e *marketing*.
- *Recall* Classes 2 e 3: Qualidade, logística e comercial.

O comitê de *recall* é responsável por fazer a rastreabilidade interna e externa do produto não conforme, determinar a abrangência da não conformidade detectada, definir a forma de recolhimento do produto no mercado e as medidas para amenizar impactos negativos à imagem da organização, com responsabilidades distribuídas, como exemplifica o Quadro 3.19.

QUADRO 3.18
CLASSE DE *RECALL*

Classe 1	Classe 2	Classe 3
Quando a não conformidade identificada representar grave risco à saúde, podendo levar à morte.	Quando a não conformidade identificada apresentar risco médio à saúde e/ou risco à imagem da organização.	Quando a não conformidade identificada acarretar risco à saúde considerado moderado.

QUADRO 3.19
RESPONSABILIDADES DOS MEMBROS DO COMITÊ DE *RECALL*

Departamento	Responsabilidade
Qualidade	Realizar a rastreabilidade dos lotes não conformes que estão no mercado.
Comercial	Contatar os clientes do primeiro nível de distribuição, notificando o problema.
Logística	Retirar do mercado os produtos não conformes, recebê-los, segregá-los e destinar um fim (destruição).
Marketing	Coordenar campanha publicitária, através da mídia apropriada, durante uma semana, cujas informações a serem repassadas ao público encontram-se na Portaria Nº 789 (24/08/2001) do Ministério da Justiça (Brasil, 2001).

Uma reunião de *recall*, como boa prática, sempre deverá ser presidida por um membro da alta direção, ou, em sua ausência, pelo representante da direção ou pelo coordenador da equipe de segurança dos alimentos. As decisões e providências tomadas devem ser registradas em ata de reunião, até mesmo para atender questões legais. No mínimo a cada ano deve ser realizado um simulado de *recall*, para identificar falhas de rastreabilidade e o tempo gasto no processo. O item da Norma ISO 22000:2005 que aborda o tema recolhimento é o 7.10.4, transcrito no Quadro 3.20.

Recolhimento não é apenas uma exigência para o cumprimento de um requisito da Norma ISO 22000:2005, mas também uma questão legal, tratada pela Portaria Nº 789, de 24 de agosto de 2001, do Ministério da Justiça (Brasil, 2001), e de modo especial no segmento de alimentos pela RDC nº 24 da Anvisa de 8 de junho de 2015(Agência Nacional de Vigilância Sanitária, 2015). Tais legislações esclarecem e ditam ordens sobre a notificação das partes interessadas (incluindo Procon, Departamento de Proteção e Defesa do Consumidor da Secretaria de Direito Econômico do Ministério da Justiça e demais autoridade competentes) e o recolhimento do produto, também chamado de *recall*, dentre outras providências a serem tomadas.

QUADRO 3.20
REQUISITO 8.5.5 DA NORMA ISO 9001:2015 E
REQUITO 7.10.4 DA NORMA ISO 22000:2005

ISO 9001:2015	ISO 22000:2005

8.5.5 Atividades pós-entrega

A organização deve atender aos requisitos para atividades pós-entrega associados com os produtos e serviços.

Na determinação da extensão das atividades pós-entrega requeridas, a organização deve considerar:
a) os requisitos estatutários e regulamentares;
b) as consequências indesejáveis potenciais associadas com seus produtos ou serviços;
c) a natureza, uso e tempo de vida pretendido de seus produtos e serviços;
d) requisitos do cliente;
e) retroalimentação de clientes.

Atividades pós-entrega podem incluir ações de provisões de garantia, obrigações contratuais como serviços de manutenção e serviços suplementares como reciclagem e disposição final.

No segmento de alimentos, pensando em produtos não conformes liberados indevidamente, isso pode significar uma decisão se *recall*, sejam por problemas de qualidade percebida, ou inquestionavelmente quando o problema derivar de temas associados com segurança dos alimentos, como uma contaminação de cunho físico, químico ou microbiológico, que possa por em risco a saúde de consumidores.

7.10.4 Recolhimentos

Para permitir e facilitar o recolhimento completo e em tempo adequado de lotes de produtos finais identificados como inseguros:
a) a alta direção deve indicar pessoal que tenha autoridade para iniciar um recolhimento e pessoal responsável para executar o recolhimento;
b) a organização deve estabelecer e manter um procedimento documentado para:

1) notificar as partes interessadas relevantes (p. ex., autoridades estatutárias e regulamentares, clientes e consumidores);
2) tratamento de produtos recolhidos e de lotes de produtos afetados ainda em estoque; e
3) a sequência de ações a serem tomadas.

Os produtos recolhidos devem ser mantidos em segurança ou ser tratados sob supervisão até que sejam destruídos, usados para propósitos outros que não sejam aqueles pretendidos originalmente, determinados seguros para o mesmo (ou outro) uso pretendido ou reprocessados, de modo a assegurar que tenham se tornado seguros.

A causa, a extensão e o resultado do recolhimento devem ser registrados

▶ ▶ ▶

QUADRO 3.20
REQUISITOS 8.5.5 DA NORMA ISO 9001:2015 E DA NORMA ISO 22000:2005

ISO 9001:2015	ISO 22000:2005
	e relatados à alta direção como ponto de partida para a análise crítica por parte da direção.
	A organização deve verificar e registrar a eficácia do programa de recolhimento por meio do uso de técnicas apropriadas (p. ex., simulação de recolhimento ou recolhimento na prática).

Fonte: ISO 22000:2005.

A notificação deverá conter a descrição pormenorizada do defeito detectado, acompanhada de informações técnicas que esclareçam os fatos, e a descrição dos riscos que o produto apresenta, especificando todas as suas implicações. O consumidor também deverá ser informado sobre a periculosidade ou a nocividade do produto, mediante campanha publicitária, que deverá ser veiculada em todos os locais onde haja consumidores do produto, em paralelo ao seu recolhimento de pontos de venda, de clientes e de consumidores.

Gestão de crises

Além do *recall*, outro passo para lidar com uma emergência é ter um procedimento para gestão de crises. Pode-se afirmar que a eficácia da resposta durante as emergências em um sistema de gestão é uma função da qualidade e da quantidade de planejamento, de treinamentos e simulações realizados para esse fim. O item da Norma ISO 22000:2005 que trata o tema do recolhimento é o 5.7, transcrito no Quadro 3.21.

O fenômeno emergência é remoto, incerto e indesejável. Essa característica não favorece a força impulsionadora do comportamento seguro, que é preparar-se para conduzir a situação de volta ao controle. Assim, é necessário criar uma situação certa, imediata e desejável, por meio da realização de simulações, nas

QUADRO 3.21
REQUISITO 5.7 DA NORMA ISO 22000:2005

ISO 22000:2005

5.7 Prontidão e resposta a emergências
A alta direção deve estabelecer, implementar e manter procedimentos para administrar potenciais situações emergenciais e acidentes que possam causar impacto na segurança dos alimentos e que sejam relevantes ao papel da organização na cadeia produtiva de alimentos.

Fonte: ISO 22000:2005.

quais os recursos são dirigidos ao treinamento, mas o objetivo é desenvolver habilidades para enfrentar situações reais.

Para tanto, a organização deve desenvolver um procedimento cujo objetivo seja determinar ações para o atendimento e a mitigação de situações que caracterizem crises, entendidas como situações que acontecem sem previsão, mas com condições de provocar prejuízos de difíceis cálculos financeiros e danos à imagem da organização. De modo geral, para uma empresa alimentícia, crise é tudo aquilo que prejudica a produção, a distribuição, a venda e a relação com o consumidor, acarretando prejuízos financeiros, à imagem da empresa e, sobretudo, insegurança à saúde dos consumidores.

Um procedimento de gestão de crises precisa considerar que as ações devem partir de pessoas com autoridade e responsabilidade elevadas dentro da hierarquia da organização, com frequência membros da alta direção, além de advogados, assessores de imprensa e da equipe já mencionada quando tratado o tema *recall* no Quadro 3.19.

Planos e procedimentos devem ser simulados periodicamente, para garantir sua eficácia em um caso real e permitir sua análise, melhoria e validação com base em resultados práticos. São exemplos de resultados práticos que podem ser analisados: comportamento e competência das equipes, identificação de imprevistos, análise de tempo de reação e de abandono das instalações, falta de recursos, etc. Antecipar-se aos fatos é o grande segredo de um eficiente programa de administração de crises. Para tanto, é fundamental o estudo dos problemas mais comuns, mais recentes e até de alguns ocorridos em empresas de atividades afins. Isso permitirá planejamento prévio.

Existem armadilhas que podem aumentar os danos de uma crise:

- Incidentes se tornam crises quando os dirigentes não reconhecem ou demoram a admitir o problema, e insistem em tratá-lo pelos processos normais. Uma crise é uma crise, e nela não importa quem tem razão; se não for rapidamente contida, pode destruir uma marca.
- Se um consumidor acredita que um produto estava estragado, mesmo que não seja o caso, a empresa precisa lidar com uma questão de "produto estragado", rastreando e levantando evidências objetivas que demonstrem a verdadeira causa dos problemas.
- Um incidente local que envolva a empresa ou o produto pode tornar-se uma crise regional, nacional ou internacional se não for logo levado aos altos níveis da organização. A alta direção é que tem poder de tomar decisões em uma crise; quanto mais rapidamente estiver ciente do problema e agindo, mais rapidamente a crise estará sob controle.

Cuidado com a comunicação em uma crise:

- Ter na equipe de gestão de crises uma pessoa preparada para lidar com o público.
- Muitas crises são iniciadas não por eventos internos, mas por percepções e interpretações externas de ações internas; por isso, deve-se ter um bom canal de comunicação.
- É preciso considerar o "princípio dos vasos comunicantes", entendendo ser essencial que o material de comunicação para públicos internos e externos seja consistente e alinhado, já que as informações internas se tornarão externas, e vice-versa.
- Não se deve sair falando sem saber o que de fato aconteceu. Recomenda--se declarar à imprensa que irá se informar e voltará a falar, e, de fato, voltar.
- Tudo é uma questão de comunicação: será que os jornalistas e a opinião pública estão realmente entendendo e aceitando o que está sendo dito? É preciso ter cuidado com jargão, termos técnicos e evasivos. Não se deve especular, brincar ou subestimar.
- Deve-se ter certeza de estar sendo compreendido.
- Jamais dizer "sem comentários" ou "nada a declarar"; essas frases antipáticas dão a impressão de que há algo a esconder. Imagem e credibilidade, no momento de crise, são decisivas.

O ideal é ter um sistema de gestão da segurança dos alimentos estruturado para nunca precisar utilizar uma sistemática de gestão de crises, mas, se ela ocorrer, no pós-crise, uma das primeiras tarefas é a elaboração de uma pesquisa de imagem, com o objetivo de levantar dados acerca dos possíveis prejuízos à marca, e, se possível, uma auditoria de imagem perante a imprensa. Tudo isso para iniciar um trabalho de recuperação da imagem da empresa.

Comunicação

Diferentes atores envolvidos em um sistema de gestão requerem diferentes informações sobre ele. O requisito 7.4 da Norma ISO 9001:2015 e os requisitos 5.6, 5.6.2 e 5.6.1 da Norma ISO 22000:2005 tratam desse tema, conforme o Quadro 3.22.

Somente a comunicação interna possibilita que o sistema de gestão seja implantado em todos os níveis, na medida em que viabiliza que os empregados conheçam e percebam sua responsabilidade pessoal, enquanto a comunicação externa proporciona transparência e aumenta a credibilidade do sistema fora da organização, além de prover velocidade no momento de ser necessária a contenção de uma situação de emergência. Por isso, a organização deve implementar um sistema formal de comunicação, abrangendo tanto a parte interna, entre os vários níveis e funções, quanto a externa, com distribuidores, clientes,

---

QUADRO 3.22
REQUISITO 7.4 DA NORMA ISO 9001:2015 E REQUISITOS 5.6, 5.6.2 E 5.6.1 DA NORMA ISO 22000:2005

ISO 9001:2015	ISO 22000:2005
7.4 Comunicação A organização deve determinar as comunicações internas e externas pertinentes para o SGQ, incluindo: a) sobre o que comunicar; b) quando comunicar; c) com quem se comunicar; d) como comunicar; e) quem comunica.	**5.6 Comunicação** **5.6.2 Comunicação interna** A organização deve estabelecer, implementar e manter métodos eficazes para a comunicação com o pessoal sobre assuntos que tenham impacto na segurança dos alimentos. Para manter a eficácia do sistema de gestão de segurança dos alimentos, a

QUADRO 3.22
REQUISITO 7.4 DA NORMA ISO 9001:2015 E REQUISITOS 5.6, 5.6.2 E 5.6.1 DA NORMA ISO 22000:2005

ISO 9001:2015	ISO 22000:2005
	organização deve assegurar que a equipe de segurança dos alimentos seja informada em tempo apropriado das mudanças, incluindo, mas não se limitando ao seguinte:

a) produtos ou novos produtos;
b) matérias-primas, ingredientes e serviços;
c) sistemas de produção e equipamentos;
d) instalações de produção, localização dos equipamentos e circunvizinhanças;
e) programas de limpeza e higienização;
f) sistemas de embalagem, armazenagem e distribuição;
g) níveis de qualificação de pessoal e/ou designação de responsabilidade e autoridade;
h) requisitos estatutários e regulamentares;
i) conhecimento relacionado aos perigos à segurança dos alimentos e às medidas de controle;
j) requisitos de clientes e de setores e outros requisitos que a organização observa;
k) questões relevantes vindas de partes externas interessadas;
l) reclamações, indicando perigos de segurança dos alimentos associados ao produto;
m) outras condições que tenham impacto sobre a segurança dos alimentos.

▶ ▶ ▶

QUADRO 3.22
REQUISITO 7.4 DA NORMA ISO 9001:2015 E REQUISITOS 5.6, 5.6.2 E 5.6.1 DA NORMA ISO 22000:2005

ISO 9001:2015	ISO 22000:2005
	A equipe de segurança de alimentos deve garantir que essas informações sejam incluídas na atualização do sistema de gestão da segurança dos alimentos (ver 8.5.2). A alta direção deve assegurar que informações relevantes sejam incluídas como entradas para a análise crítica (ver 8.5.2). **5.6.1 Comunicação externa** Para assegurar que a informação adequada em assuntos relativos à segurança dos alimentos esteja disponível em toda a cadeia produtiva de alimentos, a organização deve estabelecer, implementar e manter métodos eficazes de comunicação com: a) fornecedores; b) clientes ou consumidores, em particular em relação a informações sobre o produto (incluindo instruções relativas ao uso pretendido, requisitos específicos de armazenagem e, quando apropriado, à vida de prateleira), solicitação de informações, contratos ou pedidos, incluindo emendas e *feedback* do cliente, até mesmo reclamações; c) autoridades estatutárias e regulamentares; d) outras organizações que tenham impacto ou devem ser afetadas pela eficácia ou pela atualização do sistema de gestão de segurança dos alimentos.

QUADRO 3.22
REQUISITO 7.4 DA NORMA ISO 9001:2015 E REQUISITOS 5.6, 5.6.2 E 5.6.1 DA NORMA ISO 22000:2005

ISO 9001:2015	ISO 22000:2005
	Tal comunicação deve prover informação sobre aspectos de segurança dos alimentos, referentes aos produtos da organização que podem ser relevantes para outras organizações na cadeia produtiva de alimentos.
	Isso se aplica especialmente aos perigos de segurança dos alimentos conhecidos que necessitem ser controlados por outras organizações na cadeia produtiva de alimentos.
	Registros das comunicações devem ser mantidos.
	Os requisitos de segurança dos alimentos de autoridades estatutárias e regulamentares e de clientes devem estar disponíveis.
	O pessoal designado deve ter responsabilidade e autoridade definidas para comunicar externamente qualquer informação relacionada à segurança dos alimentos.
	A informação obtida a partir da comunicação externa deve ser incluída como dado de entrada para atualização do sistema (ver 8.5.2) e análise crítica por parte da direção (ver 5.8.2).

consumidores, autoridades estatutárias e regulamentares, fornecedores e outras organizações.

Um processo efetivo de comunicação com o cliente contribui para o sucesso de qualquer sistema de gestão da qualidade de uma organização e para o próprio sucesso da organização. Inversamente, muitos problemas que uma organização experimenta com seus clientes podem, com frequência, ser devidos a uma comunicação deficiente.

Uma das formas de se comunicar com os clientes em prol da qualidade é via pesquisa de satisfação dos clientes, cujo objetivo é mensurar o que eles estão pensando, sentindo e fazendo sobre os processos, os produtos e os serviços da organização. O resultado da pesquisa deve expressar as informações necessárias para a identificação de oportunidades de melhoria e para a elaboração de um plano de ações, se necessário. Diferentes métodos podem ser utilizados para a coleta de informações em uma pesquisa de satisfação de clientes, tais como caixas para sugestões e reclamações em pontos de venda, pesquisa por correio, pesquisa por correio eletrônico, entrevista pessoal, visita ao cliente, entre outros. Tudo dependerá do público-alvo, do tipo de produto e do sistema de distribuição.

Uma pesquisa de satisfação pode informar para uma organização como ela é percebida pelo cliente, seja ele o consumidor final ou outra organização, no caso de fornecedores de insumos, embalagens e/ou matérias-primas para a indústria de alimentos em uma relação *business to business*. A pesquisa de satisfação indicará quatro situações potenciais (ver Figura 3.9):

- A organização pode ser percebida como estratégica e o cliente estar satisfeito com seu produto: nesse caso, há uma situação confortável. Porém, não se deve acreditar que o sucesso está garantido, pois anseios

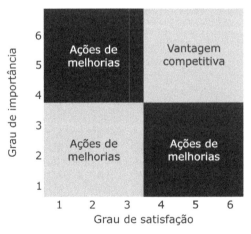

Figura 3.9 Resultados potenciais de uma pesquisa de satisfação.

e necessidades dos clientes são mutáveis, o que os satisfaz hoje pode não satisfazer amanhã. Então, é importante aproveitar essa posição privilegiada para se preparar para mantê-la no futuro.

- A organização pode ser percebida como estratégica e o cliente não estar satisfeito com seu produto: nesse caso, é preciso se mover rapidamente, pois, na primeira chance, o cliente tenderá a trocar o fornecimento dessa organização por outra que melhor o satisfaça. Possivelmente, ele só continua adquirindo o produto por falta de outros fornecedores.
- A organização pode ser percebida como pouco estratégica e o cliente estar satisfeito com seu produto: nesse caso, não existe uma grande vantagem, afinal, o produto é entendido como pouco importante e pode ser substituído por outros de maior importância, apesar da satisfação com o produto por parte do cliente.
- A organização pode ser percebida como pouco estratégica e o cliente não estar satisfeito com seu produto: nesse caso, há um *input* crítico. A organização deve mover-se rapidamente em direção àquilo que o cliente deseja, buscando uma posição em que seu produto seja considerado mais estratégico e que agrade mais aos desejos do cliente. Do contrário, corre o risco de extinção.

Importante também é ter um canal aberto de comunicação para reclamações, sugestões e, quem sabe, elogios. Em geral, as empresas fazem isso por meio do Serviço de Atendimento ao Consumidor (SAC). Cuidado! Ausência de reclamação não significa, necessariamente, satisfação. Clientes podem não estar satisfeitos com determinado produto e simplesmente trocar de marca sem ao menos reclamar. Além disso, o número de reclamações não indica o número exato de clientes insatisfeitos. No meio empresarial, para cada cliente que reclama formalmente para a organização, outros 26 se mantêm em silêncio. Um consumidor contrariado contará para 8 a 16 pessoas o seu problema, e mais de 10% contarão a mais 20 pessoas. Dos consumidores insatisfeitos, 91% nunca mais irão comprar os produtos que os desagradaram. Então, se 26 pessoas contam para outras 8, há 208 consumidores potencialmente perdidos, mas, se 26 pessoas contam para 16 pessoas, são 416 consumidores potencialmente perdidos. Considerando que o custo para atrair um novo consumidor é, em média, cinco vezes maior do que para manter um consumidor, é lógico acreditar que investir em qualidade e segurança dos alimentos é mais apropriado para garantir a recompra do que investir em *marketing* e publicidade. *Marketing* e publicidade garantem a primeira compra, mas qualidade e segurança dos alimentos garantem a recompra e a perpetuação do negócio.

É preciso também um canal aberto para troca de informações com fornecedores, principalmente em relação à segurança dos alimentos, buscando conhecer perigos provenientes de insumos, matérias-primas e embalagens. Assim, a busca de ações para controle desses perigos será otimizada. Pensando em segurança dos alimentos, o canal de comunicação deve estender-se a autoridades estatutárias (órgão de regulamentação e fiscalização), distribuidores e outras organizações que tenham impacto ou possam ser afetadas pela eficácia do sistema de gestão da segurança dos alimentos.

Aquisição

Quando se trata de um SGQ + SA, o processo de aquisição deve contemplar três atividades-chave:

- Especificação do produto a ser adquirido, considerando critérios de qualidade e de segurança dos alimentos.
- Conformidade dos produtos adquiridos com as especificações de compra (que devem ter sido previamente definidas). As normas ou os contratos de aquisição devem estabelecer a forma e a extensão de controle das especificações definidas.
- Avaliação e seleção de fornecedores capazes de atender às necessidades de suprimento. Essa avaliação deve ser contínua e documentada, de preferência definindo objetivos, tipo de pontuação e mérito.

Os documentos de aquisição devem ser claros e completos para passar ao fornecedor todas as informações necessárias ao fornecimento eficiente e eficaz. A verificação das especificações de aquisição, seja no fornecedor, seja na organização, deve ser prevista e realizada por algum método inquestionável, tal como controle de qualidade, inspeção final, controle de processo, auditoria de produto, ou por uma combinação destes.

Para obter alimentos com qualidade e seguros, é importante adquirir matérias-primas com qualidade e seguras. Por isso, esse tema é tratado pelos requisitos 8.4.1, 8.4.2 e 8.4.3 da Norma ISO 9001:2015 e 7.3.3 e 7.3.3.1 da Norma ISO 22000:2005, transcritos no Quadro 3.23.

Tratando-se de um sistema de gestão que objetiva a produção de alimentos seguros, é de se supor que critérios de segurança dos alimentos sejam considerados no processo de aquisição, tais como garantia de limites aceitáveis para contaminantes químicos, físicos e/ou microbiológicos para matérias-primas, insumos e embalagens e a qualificação daqueles que os fornecerão.

QUADRO 3.23
REQUISITOS 8.4.1, 8.4.2 E 8.4.3 DA NORMA ISO 9001:2015 E REQUISITOS 7.3.3 E 7.3.3.1 DA NORMA ISO 22000:2005

ISO 9001:2015	ISO 22000:2005
8.4 Controle de processos, produtos e serviços providos externamente	**7.3.3 Características dos produtos**
8.4.1 Generalidade A organização deve assegurar que processos, produtos e serviços providos externamente estejam conformes com requisitos.	**7.3.3.1 Matérias-primas, ingredientes e materiais que entram em contato com os produtos** Todas as matérias-primas, os ingredientes e os materiais que entram em contato com o produto devem ser descritos em documentos na extensão necessária à condução da análise de perigos (ver 7.4), incluindo o seguinte, quando apropriado:
A organização deve determinar os controles a serem aplicados para os processos, produtos e serviços providos externamente quando: a) forem destinados à incorporação nos produtos e serviços da própria organização; b) forem providos diretamente para os clientes por provedores externos em nome da organização; c) um processo, ou parte de um processo, for provido por um provedor externo como um resultado de uma decisão da organização.	a) características biológicas, químicas e físicas; b) composição de ingredientes formulados, incluindo aditivos e coadjuvantes de tecnologia; c) origem; d) método de produção; e) métodos de acondicionamento e entrega; f) condições de armazenagem e vida de prateleira; g) preparação e/ou manipulação antes do uso ou processamento;
A organização deve determinar e aplicar critérios para avaliação, seleção, monitoramento de desempenho e reavaliação de provedores externos, baseados na sua capacidade de prover processos ou	

▶ ▶ ▶

QUADRO 3.23
REQUISITOS 8.4.1, 8.4.2 E 8.4.3 DA NORMA ISO 9001:2015 E REQUISITOS 7.3.3 E 7.3.3.1 DA NORMA ISO 22000:2005

ISO 9001:2015	ISO 22000:2005

produtos e serviços de acordo com requisitos. A organização deve reter informação documentada dessas atividades e de quaisquer ações necessárias decorrentes das avaliações.

8.4.2 Tipo e extensão do controle
A organização deve assegurar que processos, produtos e serviços providos externamente não afetem adversamente a capacidade da organização de entregar consistentemente produtos e serviços conformes para seus clientes. Para isso deve:

a) assegurar que processos providos externamente permaneçam sob o controle de seu sistema de seu SGQ;

b) definir tanto os controles que ela pretende aplicar a um provedor externo como aqueles que ela pretende aplicar às saídas resultantes;

c) levar em consideração:

　1) o impacto potencial dos processos e serviços providos externamente sobre a capacidade da organização de atender consistentemente aos requisitos do cliente, estatutários e/ou regulamentares;

　2) a eficácia dos controles aplicados pelo provedor externo.

▶ ▶ ▶

QUADRO 3.23
REQUISITOS 8.4.1, 8.4.2 E 8.4.3 DA NORMA ISO 9001:2015 E REQUISITOS 7.3.3 E 7.3.3.1 DA NORMA ISO 22000:2005

ISO 9001:2015	ISO 22000:2005
d) determinar a verificação, ou outra atividade, necessária para assegurar que os processos, produtos e serviços providos externamente atendam a requisitos. **8.4.3 Informação para provedores externos** A organização deve assegurar a suficiência de requisitos antes de sua comunicação para o provedor externo. A organização deve comunicar para provedores externos seus requisitos para: a) os processos, produtos e serviços a serem providos; b) a aprovação de: 1) produtos e serviços; 2) métodos, processos e equipamentos; 3) liberação de produtos e serviços; c) competência, incluindo qualquer qualificação de pessoas requerida; d) as interações do provedor externo com a organização; e) controle e monitoramento do desempenho do provedor externo a ser aplicado pela organização; f) atividades de verificação ou validação que a organização, ou seus clientes, pretendam desempenhar nas instalações do provedor externo.	

Fonte: ISO 9001:2015 e ISO 22000:2005.

Qualificação dos fornecedores

O tipo e a extensão do controle aplicado ao fornecedor e ao produto adquirido irão depender do efeito do produto adquirido no processo ou no produto final, dependendo: da importância estratégica do insumo e/ou fornecedor; do volume em termos de quantidade do insumo adquirido, número de itens adquiridos do mesmo fornecedor ou valor da compra; do valor do insumo na composição do produto; da importância estratégica do insumo do produto final, pelo fato de caracterizar a marca (embalagens) ou dar perfil sensorial (aromas); e da inexistência de outros fornecedores desenvolvidos ou aptos a atender as especificações necessárias.

Além disso, especialmente no caso das matérias-primas e dos insumos, é preciso considerar sua criticidade com base na probabilidade de ocorrência[39] e gravidade[40] de perigos associados, conforme exemplifica a Figura 3.10. Matérias-primas e insumos que se enquadrem no campo crítico da matriz de criticidade ou que tenham sido considerados PCCs durante a análise de perigos e pontos críticos de controle (APPCC) deverão ter seu fornecedor auditado prioritariamente (auditoria de segunda parte), seguidos dos campos altos. Os fornecedores cujos insumos se enquadrem nos campos médios e baixos poderão ser avaliados via questionário de autoavaliação e outros documentos complementares.

Fornecedores com APPCC implantada e certificada por meio da Norma ISO 22000:2005, mesmo que forneçam insumos classificados no nível crítico da matriz de criticidade ou que tenham sido considerados PCCs durante a análise

	Risco de vida	Efeitos graves	Efeitos moderados
Baixa probabilidade de ocorrer	Médio	Médio	Baixo
Média probabilidade de ocorrer	Alto	Alto	Médio
Alta probabilidade de ocorrer	Crítico	Alto	Médio

Figura 3.10 Matriz de criticidade.

de perigos, poderão ser dispensados da auditoria de segunda parte, sendo avaliados via questionário de autoavaliação. Todos os fornecedores de matérias-primas, insumos e embalagens, de uma forma ou de outra, devem ser avaliados, seja por questionário de autoavaliação e documentos complementares ou por auditorias de segunda parte. Uma prática comum é que se utilize um *check-list* cujas respostas possam ser convertidas em valores numéricos que representam o grau de atendimento aos requisitos de qualidade e segurança dos alimentos, conforme exemplo exposto no Quadro 3.24.

Quanto maior a confiança do fornecedor, menos se precisa analisar o material proveniente dele no recebimento. Com isso, é possível economizar tempo e dinheiro com análises. Fornecedores classificados como "Não qualificados ou

QUADRO 3.24
CRITÉRIOS DE CLASSIFICAÇÃO DOS FORNECEDORES

Pontuação	Resultado	Recomendações
70-100	Qualificado	Capacidade de fornecer sem restrições.
		O primeiro lote adquirido deverá ser impreterivelmente analisado.
		Para insumos cujo fornecedor foi considerado qualificado, obtendo uma nota acima de 95, a partir de um histórico de 50 lotes recebidos sem gerar não conformidades, o produto adquirido poderá ser analisado apenas a cada dois lotes, mantendo-se arquivado o laudo de análises do fornecedor.
		Essa regra terá como exceção materiais que, na avaliação de perigos de APPCC, forem caracterizados como PCCs, os quais precisam ser analisados a cada lote.
50-69,9	Qualificado com restrições	O fornecedor deverá apresentar um plano de melhorias para alcançar, no mínimo, pontuação 70.
		Todo lote deverá ser analisado.
0-49,9	Não qualificado ou desqualificado	Fornecedor não apto a fornecer.

desqualificados" poderão ser mantidos no quadro de fornecedores caso essa decisão seja estrategicamente necessária aos objetivos globais da organização, desde que isso não comprometa a segurança dos alimentos. Para tanto, tal decisão deve ser formalmente justificada.

Reavaliação, manutenção ou desqualificação dos fornecedores

Os fornecedores precisarão ser reavaliados periodicamente, como boa prática, no máximo uma vez por ano. Essas reavaliações podem ser realizadas a partir da análise do histórico de fornecimento e devem ser registradas. O Quadro 3.25 apresenta um exemplo de pontuação a ser subtraída ou acrescida na nota obtida no processo de classificação do fornecedor, de acordo com o número e grau de não conformidades detectadas no histórico de recebimento de insumos de cada fornecedor.

O resultado da avaliação deverá ser interpretado segundo critérios estabelecidos no Quadro 3.25, sendo que o fornecedor poderá ser mantido na situação atual, ter sua nota aumentada em virtude do bom desempenho no fornecimento ou ter sua nota diminuída em virtude do mau desempenho, inclusive podendo ser desqualificado. Poderá haver a necessidade de nova auditoria em fornecedores considerados estratégicos que foram desqualificados.

Pesquisa e desenvolvimento

As empresas estão constantemente desenvolvendo novos produtos para manter sua competitividade, uma vez que apresentam ciclos de vida. Estes podem ser extremamente curtos ou durarem muitos anos. No entanto, a tendência é, em um dado momento do produto, as vendas entrarem em declive, até sua produção não ser mais viável economicamente. Os requisitos da Norma ISO 9001:2015 que têm ligação com o tema pesquisa e desenvolvimento são transcritos no Quadro 3.26.

Na indústria de alimentos, é sempre muito importante em um novo projeto a clara definição do *briefing* do projeto (sabor, marca, gramatura, público-alvo, tipo de embalagem, etc.) junto ao departamento de *marketing* e/ou diretor operacional. Durante o desenvolvimento da formulação de um novo produto, obviamente é preciso considerar requisitos regulamentares/aditivos e insumos aprovados pela Anvisa.

QUADRO 3.25
CRITÉRIOS DE AVALIAÇÃO PERIÓDICA DOS FORNECEDORES

Tipo de não conformidade	Demérito ou acréscimo
Problema de segurança de alimentos que ocasiona necessidade de recolhimento do produto no mercado. Nesse caso, o fornecedor poderá também ser acionado judicialmente para arcar com os danos causados à organização.	- 40
Problema de qualidade percebida que ocasiona necessidade de recolhimento do produto no mercado.	- 20
Problema de segurança dos alimentos (presença de contaminante químico, físico ou microbiológico) detectado internamente.	- 10
Problema de qualidade percebido, como não atendimento a parâmetros preestabelecidos, que gerou prejuízo econômico (detectado após o lote já ter sido processado).	- 5
Problemas de qualidade em embalagens detectados ao longo do processo.	- 3
Problemas que ocasionam atraso na produção (atraso no fornecimento do insumo).	- 3
Problema de qualidade percebido, como não atendimento a parâmetros preestabelecidos.	- 2
Nenhuma não conformidade detectada no período.	+ 2

Ciclo de vida do produto

O modelo de ciclo de vida pode auxiliar na análise do estágio de maturidade de um produto (ou de uma indústria). Ele também é utilizado para a avaliação de uma forma de produto ou até mesmo da marca de uma empresa em conjunto com a matriz BCG. O ciclo de vida de um produto vai além das fronteiras da empresa, não se preocupando, necessariamente, com as competências da empresa avaliada.

QUADRO 3.26
**REQUISITOS 8.3.1, 8.3.2, 8.3.3, 8.3.4, 8.3.5 E 8.3.6
DA NORMA ISO 9001:2015**

ISO 9001:2015

8.3 Projeto e desenvolvimento de produtos e serviços
8.3.1 Generalidade
A organização deve estabelecer, implementar e manter um processo de projeto e desenvolvimento que seja apropriado para assegurar a subsequente provisão de produtos e serviços.

8.3.2 Planejamento de projeto e desenvolvimento
Na determinação dos estágios e controles para projeto e desenvolvimento, a organização deve considerar:
a) a natureza, duração e complexidade das atividades;
b) os estágios de processo requeridos, incluindo análises críticas aplicáveis;
c) as atividades de verificação e validação requeridas;
d) as responsabilidades e autoridades envolvidas;
e) os recursos internos e externos necessários;
f) a necessidade de controlar *interfaces* entre pessoas;
g) a necessidade de envolvimento de clientes e usuários;
h) os requisitos para a provisão subsequente de produtos e serviços;
i) o nível de controle esperado para o processo de projeto e desenvolvimento por clientes e outras partes interessadas pertinentes;
j) a informação documentada necessária para demonstrar que os requisitos foram atendidos.

8.3.3 Entradas de projeto e desenvolvimento
A organização deve determinar os requisitos essenciais para os tipos específicos de produtos e serviços a serem projetados e desenvolvidos. A organização deve considerar:
a) requisitos funcionais e de desempenho;
b) informação derivada de atividades similares de projeto e desenvolvimento anteriores;
c) requisitos estatutários e regulamentares;
d) normas ou códigos de prática que a organização tenha se comprometido a implementar;
e) consequências potenciais de falhas devidas à natureza de produtos e serviços.

QUADRO 3.26
**REQUISITOS 8.3.1, 8.3.2, 8.3.3, 8.3.4, 8.3.5 E 8.3.6
DA NORMA ISO 9001:2015**

ISO 9001:2015

Entradas devem ser adequadas aos propósitos de projeto e desenvolvimento, completas e sem ambiguidades. Entradas conflitantes devem ser resolvidas.

A organização deve reter informação documentada de entradas de projeto e desenvolvimento.

8.3.4 Controles de projeto e desenvolvimento

A organização deve aplicar controles para o processo de projeto e desenvolvimento para assegurar que:

a) os resultados a serem alcançados estejam definidos;

b) análises críticas sejam conduzidas para avaliar a capacidade de os resultados atenderem a requisitos;

c) atividades de verificação sejam conduzidas para assegurar que as saídas atendam aos requisitos de entrada;

d) atividades de validação sejam conduzidas para assegurar que os produtos e serviços resultantes atendam aos requisitos para a aplicação especificada ou uso pretendido;

e) quaisquer ações necessárias sejam tomadas sobre os problemas determinados durante as análises críticas ou atividades de verificação e validação;

f) informação documentada sobre essas atividades seja retida.

8.3.5 Saídas de projetos e desenvolvimento

A organização deve assegurar que saídas de projetos e desenvolvimento:

a) atendam aos requisitos de entrada;

b) sejam adequadas para os processos subsequentes para a provisão de produtos e serviços;

c) incluam ou referenciem requisitos de monitoramento e medição, como apropriado, e critérios de aceitação;

d) especifiquem as características dos produtos e serviços que sejam essenciais para o propósito de aceitação;

d) especifiquem as características dos produtos e serviços que sejam essenciais para o propósito pretendido e sua provisão segura e apropriada.

A organização deve reter informação documentada sobre as saídas de projeto e desenvolvimento.

▶ ▶ ▶

QUADRO 3.26
**REQUISITOS 8.3.1, 8.3.2, 8.3.3, 8.3.4, 8.3.5 E 8.3.6
DA NORMA ISO 9001:2015**

ISO 9001:2015

8.3.6 Mudanças de projeto e desenvolvimento
A organização deve identificar, analisar criticamente e controlar mudanças feitas durante, ou subsequentemente ao projeto e desenvolvimento, de produtos e serviços, na extensão necessária para assegurar que não haja impacto adverso sobre a conformidade com requisitos.
A organização deve reter informação documentada sobre:
a) as mudanças de projeto e desenvolvimento;
b) os resultados de análises críticas;
c) a autorização das mudanças;
d) as ações tomadas para prevenir impactos adversos.

Fonte: ISO 9001:2015.

Todo negócio busca modos de aumentar suas receitas futuras, maximizando o lucro das vendas de produtos e serviços. O fluxo de caixa[41] permite à empresa manter-se viável, investir em desenvolvimento de novos produtos e aumentar sua equipe de colaboradores. Tudo para adquirir participação de mercado adicional e tornar-se líder em sua área.

Um fluxo de caixa (receita) consistente e sustentável proveniente das vendas dos produtos é crucial para qualquer investimento de longo prazo. A melhor forma de obter um fluxo de caixa contínuo e estável é com um produto "vaca leiteira" (ver Matriz BCG), um produto líder que tenha uma grande participação em mercados maduros. Os produtos têm ciclos de vida cada vez mais curtos, e muitos produtos em indústrias maduras são revitalizados por meio da diferenciação e da segmentação do mercado. Por vezes, não é fácil identificar com precisão quando cada estágio começa e termina. Por esse motivo, a prática é caracterizar os estágios quando as taxas de crescimento ou declínio se tornam bastante pronunciadas. Ainda assim, as empresas devem avaliar a sequência normal do ciclo de vida e a duração média de cada estágio (Figura 3.11).

Um conhecimento profundo de cada um desses estágios é essencial para os profissionais de *marketing*,[42] pois cada oferta de *marketing* requer estratégias diferentes para suas finanças, produção, logística e promoção em cada um de seus ciclos de vida:

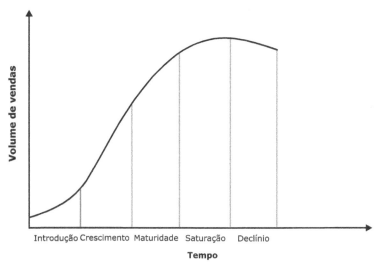

Figura 3.11 Ciclo de vida do produto.

- **Introdução do produto** – O produto é apresentado ao mercado a partir de um esforço de *marketing* intenso e focado em estabelecer uma identidade clara e promover ao máximo o conhecimento do produto. Muitas compras de teste ou por impulso acontecerão nessa fase. É o período de crescimento lento das vendas. É preciso visão a longo prazo, pois o lucro é ainda inexistente nesse estágio, no qual grandes despesas de lançamento são necessárias.
- **Crescimento** – Nesse estágio, há uma rápida aceitação de mercado e melhoria significativa no lucro. O mercado apresenta uma abertura à expansão que deve ser explorada. Caracterizado por vendas crescentes, esse estágio também traz concorrentes. As ações de *marketing* buscam a sustentação e as repetições de compra do consumidor. Estratégias para a fase de crescimento: 1) melhorar a qualidade e adicionar novas características; 2) acrescentar novos modelos e produtos de flanco; 3) entrar em novos segmentos de mercado; 4) aumentar a cobertura de mercado e entrar em novos canais de distribuição; 5) mudar o apelo de propaganda de conscientização sobre o produto para garantir sua preferência; 6) reduzir preços para atrair novos consumidores; e 7) estabelecer segmentação demográfica.

- **Maturidade e saturação** – É o momento de redução no crescimento das vendas, porque o produto já foi aceito pela maioria dos consumidores potenciais. Esse estágio fica evidente quando alguns concorrentes começam a deixar o mercado, a velocidade das vendas é drasticamente reduzida e o volume de vendas se estabiliza. O lucro se estabiliza até entrar em declínio graças ao aumento das despesas de *marketing* em defendê-lo da concorrência. Nessa fase, os consumidores fiéis repetem suas compras. Estratégias para a fase de maturidade: 1) modificação do mercado (expansão dos consumidores e da taxa de consumo); 2) modificação do produto (melhoria da qualidade, das características e do estilo – *design*); e 3) modificação do composto de *marketing* (preço, distribuição, propaganda, promoção de vendas, venda pessoal, *marketing* direto e serviços).
- **Declínio** – Período de forte queda nas vendas e no lucro. Esse estágio pode ser causado por competição feroz, condições econômicas desfavorecidas, mudanças nas tendências ou outros fatores. É o momento de desaceleração, eliminação ou revitalização, com a introdução de um novo produto e seu próprio ciclo de vida. Estratégias para a fase de declínio: 1) identificar os produtos fracos (manter, modificar e abandonar); 2) manter o nível de investimento; 3) aumentar o investimento; e 4) reduzir o investimento (retrair de forma seletiva, recuperar ao máximo e desacelerar rapidamente). Para a permanência da empresa no mercado, quando um produto entra em declínio, é necessário existir produtos em outras etapas do ciclo de vida, inclusive em desenvolvimento, para o processo manter-se ao logo do tempo.

Matriz BCG

A matriz BCG (Boston Consulting Group) é um modelo utilizado para análise de portfólio de produtos ou de unidades de negócio com base no conceito de ciclo de vida do produto. Para garantir a criação de valor a longo prazo, a empresa deve ter um portfólio de produtos que contenha tanto produtos com altas taxas de crescimento no mercado e que precisam de investimentos quanto produtos com baixo crescimento, mas que geram receita (ver Figura 3.12). A matriz tem duas dimensões: crescimento do mercado e participação relativa de mercado, que é a participação da empresa em relação à participação de seu maior concorrente. Quanto maior a participação de mercado de um produto ou quanto mais rápido o mercado de um produto cresce, melhor para a empresa.

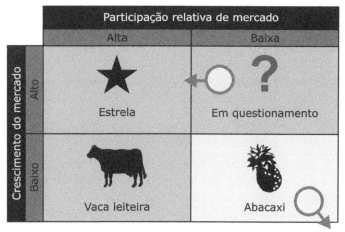

Figura 3.12 Matriz BCG.

Os produtos devem ser posicionados na matriz e classificados de acordo com cada quadrante:

- Em questionamento (também conhecido como "ponto de interrogação" ou "criança-problemática"): tem a pior característica quanto ao fluxo de caixa, pois exige altos investimentos, apresenta baixo retorno e tem baixa participação de mercado. Se nada é feito para mudar a participação de mercado, pode absorver um grande investimento e depois se tornar um "abacaxi". No entanto, por estar em um mercado de alto crescimento, pode tornar-se um produto "estrela".
- Estrela: exige grandes investimentos e é líder no mercado, gerando receitas. Fica frequentemente em equilíbrio quanto ao fluxo de caixa. Entretanto, a participação de mercado deve ser mantida, pois pode tornar-se "vaca leiteira" se não houver perda de mercado.
- Vaca leiteira: os lucros e a geração de caixa são altos. Como o crescimento do mercado é baixo, não são necessários grandes investimentos. Pode ser a base de uma empresa.
- Abacaxi (também conhecido como "cão", "vira-lata" ou "animal de estimação", expressões que não traduzem bem o conceito em português): os "abacaxis" devem ser evitados e minimizados em uma empresa. É preciso ter cuidado com os caros planos de recuperação, investir, se possível, na recuperação, ou desistir do produto.

A matriz BCG tem a vantagem de não apresentar uma só estratégia para todos os produtos. Tem a função de equilibrar a carteira de negócios e produtos em geradores e tomadores de caixa. Algumas desvantagens desse modelo são:

- alta participação de mercado não é o único fator de sucesso;
- crescimento de mercado não é o único indicador de atratividade de um mercado;
- às vezes, um "abacaxi" pode gerar mais caixa do que uma "vaca leiteira".

Uma empresa com portfólio sadio busca ter produtos com diferentes taxas de crescimento e diferentes participações no mercado. A composição do portfólio é uma função do equilíbrio entre fluxos de caixa. O equilíbrio consiste em manter simultaneamente produtos de alto crescimento que exigem injeções de dinheiro para crescer junto a produtos de baixo crescimento que devem gerar excesso de caixa.

Modelo de Fuller

Para as empresas da indústria de produto, investir no processo de desenvolvimento de produtos ganhou importância para sua sobrevivência no mercado. Por um lado, este apresenta melhores condições tecnológicas para a produção, com possibilidade de especificações de matérias-primas, aquisições de equipamentos importados de produção com taxas alfandegárias menores e grande avanço no setor de produção de embalagens, permitindo a flexibilização da produção a custo baixo. Por outro, com o mercado mais competitivo, os consumidores estão mais acostumados com novos produtos em todos os setores da economia e não aceitam consumir um mesmo produto por muito tempo, encurtando bastante o ciclo de vida dos produtos dessa indústria.

As empresas alimentícias podem ser divididas em grupos, sendo possível criar uma relação entre as estratégias competitivas e os ciclos de vida dos produtos:

- **Empresas inovadoras**: lançam produtos constantemente para atender cada vez mais nichos e clientes específicos. Podem ser relacionadas à estratégia de enfoque, e seus produtos têm ciclos de vida curtos.
- **Empresas tradicionais**: os lançamentos de produtos ocorrem, porém com uma frequência menor. Apresentam características semelhantes às descritas na estratégia de diferenciação, e o ciclo de vida do produto é maior.
- **Empresas de produção de baixo custo**: suas características são as mesmas das empresas que utilizam a estratégia de liderança no custo total. Nesse caso, o ciclo de vida dos produtos tende a ser longo.

Entre as diversas metodologias que podem ser utilizadas como referência para gerenciar o processo de desenvolvimento de produtos, pode-se destacar o modelo de Fuller. Fuller estabelece um passo a passo de seis etapas para o desenvolvimento de produtos alimentícios, que são apresentados na Figura 3.13. Essa metodologia é bastante difundida na indústria de alimentos, pela especificidade de sua elaboração para este setor.

- **Concepção de ideias** – Nessa etapa, trabalha-se com ideias surgidas das mais diversas fontes, sejam elas opiniões e sugestões obtidas nos serviços de atendimento ao consumidor ou diretamente nos pontos de venda e, até mesmo, opiniões pessoais de gerentes e proprietários da empresa. Porém, as necessidades do consumidor sempre deverão ser conciliadas com os objetivos e as estratégias da empresa.
- **Conceituação** – As ideias que se mostram interessantes passam por um processo de conceituação, no qual boa parte dos processos de desenvolvimento de novos produtos é finalizada, devido a alguma inviabilidade do projeto, seja ela mercadológica ou técnica. São realizadas, nessa etapa, pesquisas de mercado, estudos de viabilidade financeira e de manufatura do produto.
- **Desenvolvimento** – A fase de desenvolvimento requer maior quantidade de recursos e tempo, em todo o processo, pois nela se projeta o processo e criam-se as especificações do produto. Uma fase de desenvolvimento mal conduzida pode gerar custos acima do previsto nas fases subsequentes e, até mesmo, o fracasso do produto antes ou após o lançamento. Estima-se que mais da metade dos processos de desenvolvimento implicam mudanças nos processos de fabricação ou

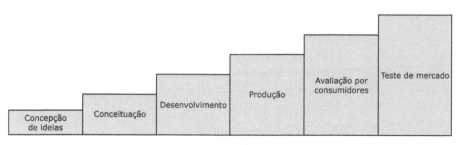

Figura 3.13 Estágios do desenvolvimento de produtos na indústria alimentícia.

aquisição de novos equipamentos ou tecnologias, e mais de 80% dos casos envolvem o desenvolvimento de novos fornecedores ou ampliação do *mix* de produtos fornecidos.

- **Produção** – Inicia-se a produção em escala-piloto, porém, com as mesmas especificações de uma futura produção industrial, para não ocorrer alterações organolépticas no produto planejado. Nessa etapa, podem surgir necessidades de adaptação do processo produtivo, devido a falhas no projeto ou no desenvolvimento. Quanto menor a atenção nas fases anteriores, maiores devem ser os gastos com tais mudanças.
- **Avaliação por consumidores** – Na indústria de alimentos, o teste com consumidores é feito por meio de avaliações sensoriais, com uma amostragem estatística de prováveis consumidores do produto.
- **Teste de mercado** – Por fim, é realizado um teste de mercado. Em geral utiliza-se uma cidade ou região como referência e, em caso de sucesso, o produto passa a ter sua distribuição planejada inicialmente para ela. Caso contrário, volta-se às etapas anteriores do processo para corrigir eventuais erros e, em casos mais extremos, o produto fracassa.

Em geral, entre cada fase do processo de desenvolvimento de produtos, existe um momento de avaliação e decisão sobre a continuidade do projeto. Isso pode ocorrer de forma mais ou menos informal; no entanto, é importante estabelecer etapas bem formalizadas, chamando-as de *stage gates*. Ou seja, paradas formais para a decisão sobre a continuação ou não do projeto são fatores decisivos para o sucesso do processo de desenvolvimento.

Notas

1. Para controlar processos, é necessário determinar os itens de controle. Itens de controle representam características do resultado do processo que precisam ser monitoradas para garantir a satisfação dos clientes por obterem produtos com qualidade e seguros. Esses itens de controle são índices numéricos estabelecidos sobre os efeitos de cada processo para medir sua qualidade e segurança. Identificar um indicador correto é uma atividade difícil e requer um equilíbrio de interesses, o atendimento dos clientes (internos e externos) e de suas necessidades. Na definição dos itens de controle, devem estar bem claras para a organização as dimensões da qualidade que os clientes esperam do produto e sua importância relativa (sabor, odor, textura, cor, crocância, embalagem, informações nutricionais e, logicamente, ausência de contaminantes químicos,

físicos e microbiológicos, além de outros defeitos, peso adequado, etc.). É evidente que requisitos legais sobre ingredientes e a produção segura dos produtos também devem ser considerados.

2. A ação corretiva é aquela a fim de eliminar a causa de uma não conformidade encontrada. Uma ação corretiva não pode ser tomada sem, antes, se determinar a causa da não conformidade. Existem muitos métodos e ferramentas disponíveis para que uma organização identifique a causa de uma não conformidade. Isso vai desde um simples *brainstorming* até técnicas mais complexas de solução sistemática de problemas (p. ex., análise de causa raiz, diagramas espinha de peixe, cinco *whys*, etc.). A extensão e a efetividade das ações corretivas dependem da identificação da causa real.

3. Ação preventiva é a ação tomada para evitar um problema potencial.

4. Média é o valor médio de uma distribuição, determinado segundo uma regra estabelecida *a priori* e utilizado para representar todos os valores da distribuição.

5. Desvio padrão é a medida mais comum da dispersão estatística. Define-se como a raiz quadrada da variância.

6. A distribuição normal é uma das mais importantes distribuições da estatística, conhecida também como distribuição de Gauss ou gaussiana. Além de descrever uma série de fenômenos físicos e financeiros, possui grande uso na estatística inferencial. É inteiramente descrita por seus parâmetros de média e desvio padrão, ou seja, conhecendo-se estes, consegue-se determinar qualquer probabilidade em uma normal. Outro uso interessante da distribuição normal é que ela serve de aproximação para o cálculo de outras distribuições quando o número de observações fica grande. Essa importante propriedade provem do teorema central do limite, que diz que "toda soma de variáveis aleatórias independentes é aproximadamente normal, desde que o número de termos da soma seja suficientemente grande".

7. Água potável é a que pode ser consumida por pessoas sem risco de adquirirem doenças por contaminação.

8. A ETA poderá envolver apenas uma operação unitária de cloração ou incluir uma etapa prévia de filtragem, de acordo com as características da fonte de água de cada unidade. No caso de água de abastecimento público que já se encontra dentro dos limites de cloro requeridos, a ETA se tornará desnecessária.

9. Hemograma é um exame de auxílio diagnóstico para doenças hematológicas e sistêmicas. Rotineiramente indicado para avaliação de anemias, neoplasias hematológicas, reações infecciosas e inflamatórias, acompanhamento de terapias medicamentosas e avaliação de distúrbios plaquetários. Orienta na diferenciação entre infecções virais e bacterianas, parasitoses, inflamações, intoxicações e neoplasias por meio de contagens global e diferencial de leucócitos e avaliação morfológica.

10. O aparecimento de leucócitos (piócitos) nas fezes indica um processo inflamatório na luz intestinal. Para confirmar a presença de processo infeccioso, há necessidade de demonstração do agente infeccioso por meio de exame bacterioscópico ou de técnicas de isolamento e cultura.

11. Utilizado para a identificação das diversas infestações parasitárias (ovos, larvas de helmintos e cistos de protozoários) e na triagem das infecções intestinais.

12. Estima-se que, de cerca de 80 milhões de toneladas de grãos produzidas anualmente no Brasil, 20% são desperdiçadas no processo de colheita, no transporte e no armazenamento e que metade dessas perdas deve-se ao ataque de pragas durante o armazenamento. As pragas são as maiores causadoras de perdas físicas, além de serem responsáveis pela perda na qualidade dos grãos e dos subprodutos, no momento que são destinados à comercialização e ao consumo.

13. O manejo de pragas urbanas pode ser definido como um sistema que inclui medidas preventivas e corretivas, de modo a que as espécies que causam as pragas sejam mantidas em níveis que não conduzam à ocorrência de problemas significativos. Os programas de controle de pragas devem, assim, incluir diversos níveis de intervenção, abordagem designada, como controle ou manejo integrado de pragas. Pretende-se, com essa abordagem, otimizar as técnicas de controle de pragas, considerando critérios ecológicos, econômicos e toxicológicos. Assim, o controle ou manejo integrado de pragas inclui a inspeção dos locais afetados, a identificação e o conhecimento detalhado da praga, a determinação da necessidade do controle e o planejamento das atividades a desenvolver, a implementação de medidas de controle e, finalmente, a supervisão das medidas implementadas e a avaliação dos resultados obtidos.

14. Os feromônios, ou feromonas, são substâncias químicas que, captadas por animais de uma mesma espécie (intraespecífica), permitem o reconhecimento mútuo e sexual dos indivíduos. Os feromônios excretados são capazes de suscitar reações específicas de tipo fisiológico e/ou comportamental em outros membros que estejam em determinado raio

do espaço físico ocupado pelo excretor. Existem vários tipos de feromônio, como os feromônios sexuais, de agregação, de alarme. Nesse caso, os feromônios sexuais são utilizados para atrair as pragas de grãos para as armadilhas de captura, que normalmente utilizam cola.

15. Para a intervenção química, são admitidos rodenticidas do tipo pós de contato e iscas simples (parafinadas ou resinadas) alocados em porta-iscas lacrados, identificados e posicionados em pontos pré-definidos, indicados em "mapa de posicionamento de iscas", formando um anel sanitário. Não são admitidas formulações líquidas, pós solúveis, pós molháveis ou iscas em pó. Apenas serão admitidos rodenticidas cujas substâncias ativas tenham trabalhos publicados pelo Ministério da Saúde. Para demais praguicidas, também será exigido que tenham aval do Ministério da Saúde.

16. Podem ser utilizadas armadilhas de cola (placas adesivas atóxicas) e de alçapão. Não são admitidas ratoeiras de mola dentro de áreas de produção, pois elas esmagam o animal, que, antes de morrer, pode evacuar e soltar outros fluidos corporais (sangue, urina) que irão contaminar o ambiente de manipulação dos alimentos.

17. A fosfina, também conhecida como hidreto de fósforo, fosfeto de alumínio e difosfeto de trimagnésio, é um gás altamente tóxico, liberado na presença de umidade, sendo vendido na forma de pastilhas, pastas, comprimidos e placas/tabletes. Atualmente, a fosfina é utilizada apenas na área agrícola para aplicação em expurgo de grãos armazenados de arroz, aveia, cacau, cevada, milho, sorgo e trigo. É recomendada também para aplicação, sob a forma de pasta, em coleobrocas dos ramos e troncos de plantas cítricas. Já sob a forma de comprimidos e pastilhas fumigantes, também é aplicada para o controle de cochonilha da raiz de cafeeiros, expurgo de grãos e plumas de algodão e para o controle de cupim de montículo.

18. Desinfestadores são equipamentos que usam a força centrífuga para lançar o trigo ou a farinha contra uma parede sólida, inviabilizando tanto insetos (pragas de cereais) quanto seus ovos.

19. Pragas primárias são aquelas que atacam grãos inteiros e sadios e, dependendo da parte do grão que atacam, podem ser denominadas pragas primárias internas ou externas. As primárias internas perfuram os grãos e neles penetram para completar seu desenvolvimento. Alimentam-se de todo o interior do grão e possibilitam o desenvolvimento de outros agentes de deterioração. Exemplos são as espécies *Rhyzopertha dominica*, *Sitophilus oryzae* e *S. zeamais*. As pragas primárias externas destroem a parte exterior do grão (casca)

e, posteriormente, alimentam-se da parte interna, sem, no entanto, se desenvolverem no interior do grão. Há destruição do grão apenas para fins de alimentação. Um exemplo é a traça *Plodia interpunctella*.

20. Pragas secundárias são aquelas que não conseguem atacar grãos inteiros, pois requerem que os grãos estejam danificados ou quebrados para deles se alimentarem. Essas pragas ocorrem na massa de grãos quando estes estão trincados, quebrados ou mesmo danificados por pragas primárias. Multiplicam-se rapidamente e causam prejuízos elevados. Como exemplo, citam-se as espécies *Cryptolestes ferrugineus*, *Oryzaephilus surinamensis* e *Tribolium castaneum*.

21. Limpeza é o procedimento para remoção de sujidades das superfícies. Uma boa limpeza é responsável por 99,9% da remoção de partículas indesejáveis. Entre os procedimentos mais utilizados estão aqueles que envolvem agentes químicos, que são mais conhecidos como detergentes.

22. Desinfecção é o procedimento para remoção de contaminações microbiológicas que podem deteriorar o alimento ou causar intoxicações ao consumidor final. Embora corresponda a somente 0,1% do processo de sanitização, ela é considerada a etapa mais crítica do processo. Dependendo das características do produto, pode ser necessário limpar, mas não desinfectar.

23. A validação de limpeza e sanitização deve ser direcionada para situações ou etapas do processo em que a contaminação e/ou a exposição de materiais colocam em risco a qualidade do produto fabricado quanto a sua inocuidade.

24. Os produtos sanitizantes utilizados devem ser registrados pelas empresas fornecedoras, de acordo com a Portaria N° 15, da Divisão Nacional da Vigilância Sanitária de Produtos Saneantes Domissanitários (Brasil, 1988), e pela alteração prevista na Portaria N° 211 da Anvisa (Brasil, 2004a).

25. O lubrificante deve ser aprovado para uso em indústrias alimentícias e deve haver laudo que evidencie esta característica.

26. O processo de soldagem TIG, ou *gas tungsten arc welding* (GTAW), como é mais conhecido atualmente, é uma soldagem a arco elétrico que utiliza um arco entre um eletrodo não consumível de tungstênio e a poça de soldagem.

27. Risco é a possibilidade de um evento indesejável acontecer.

28. Na interpretação do *Codex Alimentarius*, alimento seguro é aquele inócuo à saúde humana, ou seja, livre de perigos, que, nesse contexto, pode ser um agente biológico, químico ou físico, ou condição do alimento com um potencial de causar efeito adverso à saúde.

29. Ponto crítico de controle (PCC) é qualquer etapa do processo em que um controle deve ser aplicado, é essencial para prevenir, eliminar ou reduzir a um nível aceitável um perigo à segurança dos alimentos (NBR 14.900:2002).

30. Princípios são regras fundamentais e gerais, o que pode ser aplicado no contexto do sistema APPCC. Contudo, os sete princípios do sistema APPCC são utilizados pelas indústrias alimentícias como requisitos normativos, apesar de o *Codex Alimentarius* (Hazard..., 2001) não ser uma norma e os princípios não serem requisitos.

31. Calibração é o conjunto de operações que estabelecem, sob condições especificadas, a relação entre os valores indicados por um instrumento (calibrador) ou sistema de medição e os valores representados por uma medida materializada ou um material de referência, ou os correspondentes das grandezas estabelecidas por padrões.

32. Verificação é um conjunto de operações que estabelecem se os valores medidos por um instrumento correspondem aos valores medidos por esse instrumento quando se usam padrões.

33. Incerteza de medição é um parâmetro associado ao resultado de uma medição que caracteriza a dispersão dos valores que podem ser fundamentadamente atribuídos àquilo que foi mensurado.

34. Erro de medição é o resultado de uma medição menos o valor verdadeiro do que foi mensurado.

35. Resolução é a menor diferença entre indicações de um dispositivo mostrador que pode ser significativamente percebida.

36. O erro máximo admissível da análise é a diferença admissível no resultado, o qual não irá afetar a avaliação do processo/produto.

37. A contaminação pode ser química (produtos químicos como tintas, graxas, detergentes, etc.), física (corpos estranhos como pelos, vidro, madeira, pedra, ferramentas, metal, etc.) ou microbiológica (microrganismos como bactérias, fungos, etc.).

38. Contaminação potencial é aquela que tem probabilidade de ocorrer, apesar de ainda não ter ocorrido.

39. Probabilidade de ocorrência: Alta = pH > 4,5 e Aw > 0,85, e que não tenham sofrido ou venham a sofrer processo tecnológico que leve à redução ou à eliminação de contaminantes; insumos provenientes de processos cujo histórico está associado a presença de contaminantes físicos ou químicos; alimento envolvido em surtos de doenças veiculadas por alimentos (DVAs). Média = Alimentos entre alta e baixa probabilidade. Baixa = pH < 4,5 e/ou Aw < 0,85; insumos provenientes de processos cujo histórico não está associado a presença de contaminantes físicos ou químicos; alimento não envolvido em surtos de DVAs.

40. Gravidade: Risco de vida = Possibilidade de presença de *Clostridium botulinum*, *Salmonella typhi*, *Listeria monocytogenes* (caso o público-alvo seja composto por gestantes, crianças ou imunossuprimidos), *Vibrio cholerae e Escherichia coli* O 157:H7. Efeitos graves = Possibilidade de presença de *Salmonella* spp., *Shigella*, *Streptococcus* tipo A, *Vibrio parahemolyticus*, *Yersinia enterocolitica* e vírus da hepatite A. Efeitos moderados = *Campylobacter* spp., *Bacillus* spp., *Clostridium perfringes*, *Lysteria monocytogenes* (caso o público-alvo seja composto por adultos sadios), *Staphylococcus aureus*, parasitas em geral; metais pesados; resíduos de solventes em filmes de embalagens primárias.

41. Fluxo de caixa (*cash flow*) é um registro ou uma projeção de uma sequência de movimentações financeiras ao longo do tempo. Pode ser apresentado em forma de tabela ou gráfico, como uma previsão de entradas e saídas de uma empresa, família ou um empréstimo isolado. Para análise de um fluxo de caixa, é fundamental uma taxa de juros e períodos bem definidos. O principal objetivo do fluxo de caixa é fornecer informações para as tomadas de decisão a partir de uma visão futura dos recursos financeiros que integram suas contas.

42. *Marketing* engloba todo o conjunto de atividades de planejamento, concepção e concretização, que visam a satisfação das necessidades presentes e futuras dos clientes, por meio de produtos/serviços existentes ou novos. Trata-se de uma função organizacional e um conjunto de processos que envolvem a criação, a comunicação e a

entrega de valor para os clientes, bem como a administração do relacionamento com eles, de modo a beneficiar a organização e seu público interessado (American Marketing Association, nova definição de 2005).

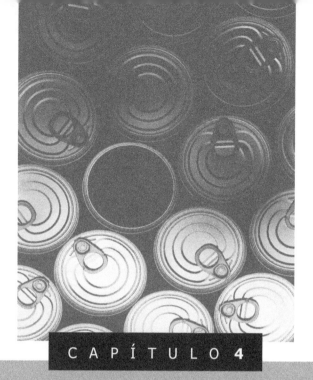

CAPÍTULO **4**

Verificação (C – *check*)

Monitoramento e medição

O monitoramento do desempenho dos processos é um elemento vital em qualquer sistema de gestão, visto que é impossível gerenciá-lo de maneira eficaz sem um processo de medição, pois só é possível gerenciar aquilo que se pode medir. Existem três razões básicas para medir e monitorar o desempenho do sistema de gestão:

- demonstrar resultados de desempenho;
- criar um mecanismo de retroalimentação;
- manter os processos sob controle.

Os requisitos que tratam desse assunto na Norma ISO 9001:2015 e na Norma ISO 22000:2005 são transcritos no Quadro 4.1, e incluem as considerações sobre medições a serem realizadas de modo que se observem:

- os processos para que estes garantam produtos dentro das devidas especificações;
- os produtos para que atendam às especificações acordadas com os clientes ou projetadas para atendê-los;
- a satisfação dos clientes propriamente dita para se ter certeza que aquilo que a organização está produzindo, de fato, tem atendido às expectativas e anseios do cliente.

Somente por meio de um controle transparente e sistemático a direção da organização pode saber se os objetivos e as disposições são alcançados. Esse controle sistemático só é possível com monitoramento e medição das características principais das operações que possam ter impacto sobre a qualidade ou a segurança dos produtos que estão sendo processados. É importante ressaltar que todas as medições e os monitoramentos devem ser estabelecidos sobre elementos controláveis ou gerenciáveis, isto é, aqueles em relação aos quais as pessoas envolvidas têm responsabilidades e sobre os quais podem atuar a fim de corrigir desvios para a melhoria dos resultados. Caso isso não ocorra, haverá desperdício e burocracia no sistema de gestão, pois se cria um mecanismo que demanda recursos (tempo, *software*, etc.), sem fornecer qualquer tipo de retorno.

Auditoria interna

Com o propósito de garantir a implementação de um sistema de gestão, sua manutenção e melhoria contínuas, as organizações devem ter uma sistemática para a realização de auditorias internas. Os requisitos que tratam desse tema nas Normas ISO 9001:2015 e ISO 22000:2005 são, respectivamente, o requisito 9.2 e o requisito 8.4.1, apresentados no Quadro 4.2.

> **QUADRO 4.1**
> **REQUISITOS 9.1.1 E 9.1.2 DA NORMA ISO 9001:2015**
> **E REQUISITO 8.4.2 DA NORMA ISO 22000:2005**

ISO 9001:2008	ISO 22000:2005
9.1 Monitoramento, medição, análise e avaliação **9.1.1 Generalidade** A organização deve determinar: a) o que precisa ser monitorado e medido; b) os métodos para monitoramento, medição, análise e avaliação necessários para assegurar resultados válidos; c) quando o monitoramento e a medição devem ser realizados; d) quando os resultados de monitoramento e medição devem ser analisados e avaliados. A organização deve avaliar o desempenho e a eficácia do SGQ. A organização deve reter informação documentada apropriada como evidência dos resultados. **9.1.2 Satisfação do cliente** A organização deve monitorar a percepção de clientes do grau em que suas necessidades e expectativas foram atendidas. A organização deve determinar os métodos para obter, monitorar e analisar criticamente essa informação.	**8.4.2 Avaliação dos resultados de verificação** A equipe de segurança dos alimentos deve avaliar sistematicamente cada resultado da verificação planejada (ver 7.8). Quando a verificação não demonstra conformidade com as disposições planejadas, a organização deve adotar ações para alcançar a conformidade requerida. Tais ações devem incluir, mas não são limitadas à análise crítica: a) de procedimentos existentes e canais de comunicação (ver 5.6 e 7.7); b) das conclusões da análise de perigos (ver 7.4), dos PPRs operacionais estabelecidos (ver 7.5) e do plano APPCC (ver 7.6.1); c) dos PPRs (ver 7.2); d) da eficácia de recursos humanos e das atividades de treinamento (ver 6.2).

Fonte: ISO 9001:2015 e ISO 22000:2005.

Esses requisitos estabelecem a exigência de auditorias internas, também chamadas de auditorias de primeira parte, ou seja, realizadas pela própria organização ou em seu nome para propósitos internos. As auditorias externas, de segunda e terceira partes, são conduzidas, respectivamente: 1) pelas partes que têm interesse pela organização, tais como clientes, ou por outras pessoas em seu nome; 2) pelas organizações externas que fornecem certificados ou registros de conformidade, e não são exigidas pelos requisitos citados no Quadro 4.2.

QUADRO 4.2
REQUISITO 9.2 DA NORMA ISO 9001:2015E REQUISITO 8.4.1 DA NORMA ISO 22000:2005

ISO 9001:2015	ISO 22000:2005
9.2 Auditoria interna	**8.4.1 Auditoria interna**

9.2.1 A organização deve conduzir auditorias internas a intervalos planejados para prover informação se o SGQ:
 a) está conforme com:
   1) os requisitos da própria organização para o seu SGQ;
   2) os requisitos da Norma ISO 9001:2015;
 b) está implementado e mantido eficazmente.
	A organização deve conduzir auditorias internas a intervalos planejados, para determinar se o sistema de gestão de segurança dos alimentos:
	 a) está conforme com as disposições planejadas, com os requisitos do sistema de gestão de segurança dos alimentos estabelecidos pela organização e com os requisitos desta norma;
	 b) é implementado e atualizado de maneira eficaz.

9.2.2 A organização deve: a) planejar, estabelecer, implementar e manter um programa de auditoria, incluindo a frequência, métodos, responsabilidades, requisitos para planejar e para relatar, o que deve levar em consideração a importância dos processos concernentes, mudanças que afetam a organização e os resultados de auditorias anteriores;	Um programa de auditoria deve ser planejado levando em consideração a importância dos processos e as áreas a serem auditadas, assim como quaisquer ações de atualização resultantes de auditorias anteriores (ver 8.5.2 e 5.8.2). Os critérios de auditoria, escopo, frequência e métodos devem ser definidos. A seleção de auditores e a condução da auditoria devem assegurar a objetividade e a imparcialidade do processo.

▶ ▶ ▶

> **QUADRO 4.2**
> **REQUISITO 9.2 DA NORMA ISO 9001:2015 E REQUISITO 8.4.1**
> **DA NORMA ISO 22000:2005**

ISO 9001:2015	ISO 22000:2005
b) definir os critérios e o escopo para cada auditoria; c) selecionar auditores e conduzir auditorias para assegurar a objetividade e a imparcialidade do processo de auditoria; d) assegurar que os resultados das auditorias sejam relatados para a gerência pertinente; e) executar correção e ações corretivas apropriadas sem demora indevida; f) reter informação documentada como evidência da implementação do programa de auditoria e dos resultados de auditoria.	Os auditores não devem auditar o próprio trabalho. As responsabilidades e os requisitos para planejar, conduzir auditores, relatar resultados e manter os registros devem ser definidos em um procedimento documentado. O responsável pela área a ser auditada deve assegurar que as ações são executadas, sem demora indevida, para eliminar não conformidades detectadas e suas causas. As atividades de acompanhamento devem incluir a verificação das ações executadas e o relato dos resultados da verificação.

Fonte: ISO 9001:2015 e ISO 22000:2005.

Os resultados das auditorias permitem à administração analisar a aptidão e a eficácia do sistema de gestão, resultando em um impulso ao levantamento dos pontos fracos e propiciando o desenvolvimento e a melhoria contínuos. Existem diversos objetivos para os quais se destina uma auditoria interna em um sistema de gestão:

- Obter informações sobre o estágio atual de desempenho do sistema de gestão e tendências ou evoluções desses resultados ao longo do tempo.
- Julgar a funcionalidade e a eficácia do sistema de gestão a fim de identificar oportunidades de melhoria.
- Obter informações para retroação, visando melhoria contínua.
- Obter informações adicionais para justificar a priorização das inovações e melhorias necessárias diante das circunstâncias existentes.

- Fornecer informações aos tomadores de decisão sobre as necessidades de introduzir novas tecnologias, a fim de consolidar o processo de melhoria contínua.
- Compreender como essas melhorias podem ser alcançadas apesar das restrições de recursos existentes.
- Dar transparência às partes interessadas.
- Justificar o desempenho do sistema de gestão ao longo do tempo ante os objetivos estabelecidos.
- Proporcionar elementos para análise crítica do sistema de gestão por parte da alta direção.
- Auxiliar gerentes e empregados a compreender como e quais alternativas existem para solucionar os problemas identificados.
- Construir bases para o aprendizado organizacional.
- Preparar a organização para processos de certificação ou prêmios de excelência.

Todavia, os objetivos da auditoria interna são, principalmente, retroagir sobre o sistema, de forma a melhorar seu desempenho, bem como subsidiar a gerência, fornecendo um diagnóstico sistematizado, no qual são ressaltados não só os aspectos negativos, mas também os positivos. A auditoria não deve ter como objetivo punir culpados, mas desencadear ações corretivas que melhorem o sistema.

Realização da auditoria interna

O primeiro passo para a realização de uma auditoria interna em um SGQ + SA é definir o escopo das auditorias,[1] que poderá abranger requisitos referentes à segurança dos alimentos, contemplando BPFs e APPCC, com base no *Codex Alimentarius* e na Norma ISO 22000:2005; requisitos de um sistema de gestão da qualidade, com base na Norma ISO 9001:2005; e/ou outros requisitos prescritos pela própria organização. Em termos de abrangência, cada auditoria poderá contemplar mais de uma unidade fabril, uma única unidade fabril, algumas áreas e linhas industriais ou apenas uma área ou linha industrial, de acordo com as necessidades para atender ao escopo determinado.

Aconselha-se que esse formato de auditoria ocorra com periodicidade mínima anual, podendo ser intercalado com auditorias pontuais motivadas por problemas de devolução, reclamações de consumidores ou outros motivos que afetem o SGQ + SA. É uma boa prática que as auditorias anuais sejam informadas à alta direção e à equipe gerencial das áreas que serão auditadas com antecedência mínima de 15 dias. O objetivo não é surpreender a fim de detectar não conformidades, mas avaliar a adesão dos processos ao SGQ + SA. Por sua vez, no caso de problemas específicos que requerem auditorias pontuais, é questionável a necessidade de aviso prévio.

Espera-se que os auditores selecionados sejam íntegros, objetivos, imparciais, tenham boa habilidade de comunicação escrita e oral, tenham senso de julgamento, sejam firmes, mas não chatos, saibam ser flexíveis quando o auditado estiver correto e consigam administrar conflitos. Uma característica importante é que tenham uma visão sistêmica, ou seja, capacidade de analisar partes de processos e operações, mas inseridas no contexto global da organização.

O foco do auditor é buscar "conformidades"; as "não conformidades" que venham a ser detectadas são consequências desse foco. Um auditor busca evidências do quanto uma organização atende requisitos normativos da norma referência, ou da própria organização, e, nessa tarefa, podem ser evidenciadas não conformidades.

O processo de auditoria interna deve ser planejado por um auditor líder[2] e conduzido por um grupo auditor,[3] composto por membros das unidades fabris onde a auditoria ocorrerá. A metodologia utilizada na realização das auditorias internas, como boa prática, deve ser baseada nos requisitos da Norma ISO 19011:2002 – Diretrizes para auditorias do sistema de gestão da qualidade. Os auditores não devem auditar as próprias áreas de trabalho ou atividades, afinal, se já tivessem detectado não conformidades, deveriam tê-las tratado próativamente.

Após a auditoria, deve ser realizada uma reunião entre os auditores e o auditor líder, para o fechamento do processo de auditoria, discussão, consensos e abertura das não conformidades identificadas. As não conformidades identificadas devem ser encaminhadas para os gerentes das áreas nas quais tiveram origem, para que sejam tratadas conforme previsto em ações corretivas e preventivas. Deve ser exigido desses gerentes um plano de ação que contemple ações corretivas, análise de causas, prazos e responsáveis para cada não conformidade detectada. Logicamente, as não conformidades podem ser contestadas, junto ao auditor líder, pelos gerentes que as receberem.

Aconselha-se que, eventualmente, sejam contratados organismos certificadores para a execução de auditorias de primeira parte independentes, objetivando um olhar externo e sem vícios que ajude no *upgrade* do SGQ + SA, ou de terceira parte, objetivando a certificação do sistema de gestão. No planejamento e na condução de uma auditoria interna, deve-se:

- Determinar o que (qual requisito) será auditado e em que área.
- Determinar quanto tempo espera-se que a auditoria fique em cada área.

- Ter como uma boa prática pré-agendar com cada área em que momento será auditada; surpresas não ajudam em nada o processo de auditoria, e corre-se o risco de o auditor não poder ser atendido pelo auditado.
- Cuidar para que uma auditoria interna não seja ferramenta de "disputas internas de interesse".
- Garantir que os auditores internos tenham autonomia para auditar as áreas para as quais foram designados.
- Preparar pessoas do alto escalão hierárquico para receber os auditores internos, explicando do que se trata o processo.
- Lembrar de que a auditoria deve ser um processo "tranquilo" e não "tenso".
- Buscar não anotar nomes como evidências de não conformidades, mas cargos/funções.
- Ser objetivo e basear-se em fatos e dados, e nunca em "achismos", pois o auditor não deve "achar" nada, "achar" é uma inferência.
- Observar que o auditor se baseie em normas de referência, em normas e regras da própria organização e em requisitos legais e estatutários, e constatar se os processos estão de acordo ou não com tais requisitos.
- Ao detectar uma não conformidade, relatar imediatamente ao auditado. Surpresas no final da auditoria são malvistas, não possibilitam ao auditado contestar e mostrar mais evidências e geram discussão.
- Relatar não conformidades com tom de descumprimento de requisitos normativos, regras da própria organização ou questões legais, nunca com tom de acusação aos culpados.
- Relatar e especificar uma conformidade e uma não conformidade no mesmo tom.
- Não discutir com o auditado, caso haja fatos e dados que evidenciem uma não conformidade e este não as aceitar, poderá levar esses argumentos ao auditor líder.
- Caso o auditado tenha razão e possa convencê-lo de que um fato dito não conforme é conforme, voltar atrás sem problema e considerá-lo conforme; o que manda são os argumentos, os fatos e os dados.
- Tentar realizar as auditorias nos horários normais de cada empregado, e não forçá-lo a ficar depois do horário por causa de um mau planejamento da auditoria.
- Não ser irônico ou prepotente e evitar piadas com evidências de não conformidades, bem como evitar "caras e bocas";
- Ser pontual, gentil, cortês, profissional e impessoal.
- Não apenas ser honesto, mas, no caso do auditor, parecer honesto.
- Fazer da auditoria algo agradável.

Notas

1. O escopo de cada auditoria poderá abranger diferentes elementos de segurança dos alimentos e gestão da qualidade, ou ambos, pela visão integrada, de acordo com o cronograma de implementação e a maturidade desses sistemas, buscando analisar a efetividade e o desempenho dos procedimentos e das sistemáticas implantadas. As auditorias de boas práticas de fabricação podem ser baseadas na RDC Nº 275 (Brasil, 2002e), as auditorias de APPCC podem ser baseadas na Norma ISO 22000:2005 ou na APPCC com base no *Codex Alimentarius* (Hazard..., 2001), e as auditorias do sistema de gestão da qualidade podem ser baseadas na Norma ISO 9001:2015. O auditor líder irá determinar o foco de cada auditoria e planejar os requisitos a serem auditados.

2. O ideal é que quem planeja a auditoria interna tenha uma formação em *Lead Assessor* e experiência como auditor líder.

3. Para executar as auditorias do sistema de gestão integrado (SGI), é necessário treinamento com base na Norma 19011:2002, além das competências específicas necessárias ao escopo de cada auditoria.

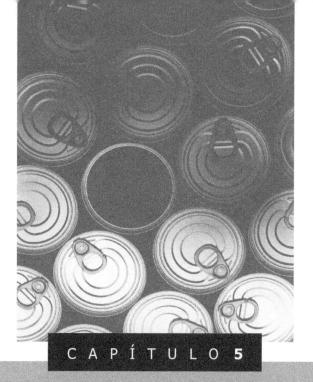

CAPÍTULO 5

Ação
(A – act)

Análise de dados

Logicamente, a avaliação do SGQ + SA deve ser baseada em dados, como mostra o Quadro 5.1. A análise de dados deve focar o que realmente afeta a gestão da qualidade, a segurança dos alimentos e o desempenho dos processos da organização. Uma boa análise de dados permite descobrir onde existe maior risco de falhas na qualidade ou na segurança do produto, ou tendências que estejam sinalizando isso.

Informações para análise de dados em geral saem de algumas fontes comuns a todo tipo de organização: relatórios e planilhas de controle diários, semanais, periódicos, conforme a prática mais adequada a cada processo e/ou organização, alguns obrigatórios para garantir a conformidade com a ISO 9001:2015 e a ISO 22000:2005. Contudo, não se deve ficar preso aos registros que a ISO considera obrigatórios, este é um erro comum. É preciso criar registros de atividades que sejam importantes por afetar a qualidade e a segurança dos alimentos, considerando, por exemplo, informações provenientes do SAC, desempenho dos fornecedores, resultados de auditorias internas e de clientes, situações de desvio nos PCCs a ações que foram tomadas, etc.

Os registros tendem a fornecer material para a criação de indicadores, que são uma valiosa ferramenta, pois ajudam a visualizar rapidamente o desempenho dos processos envolvidos no SGQ + SA. É uma boa prática, nos casos de processos que requerem maior controle, que se alimente diariamente uma planilha (ou banco de dados) que permita a geração de gráficos (indicadores) flexíveis, de cada ângulo necessário para analisar os processos.

Quando uma organização mantém um bom sistema de indicadores atualizado, ao precisar de respostas sobre o desempenho dos processos, elas demorarão apenas alguns "cliques" para serem obtidas. Isso possibilita que ações sejam tomadas rapidamente, viabilizando o controle de problemas maiores. Assim, não bastam os dados, eles precisam ser analisados por pessoas preparadas para tanto: é importante que as causas de resultados fora do planejado e as alternativas para solucionar esses casos sejam demonstrados. Indicadores podem mostrar, sobretudo, tendências dos dados analisados, do rumo dos processos, o que possibilita ações antecipadas quando os rumos indicados não são favoráveis.

Ações corretivas e preventivas

Sempre que, na organização, for criado um espaço facilitador para tratar dos problemas existentes, em suas dimensões de efeitos e causas, será possível melho-

QUADRO 5.1
REQUISITOS 9.1.3 DA NORMA ISO 9001:2015 E 8.4.3 DA NORMA ISO 22000:2005

ISO 9001:2015	ISO 22000:2005

9.1.3 Análise e avaliação

A organização deve analisar e avaliar dados e informações apropriadas provenientes de monitoramento e medição.

Os resultados de análises devem ser usados para avaliar:
a) conformidade de produtos e serviços;
b) o grau de satisfação de clientes;
c) o desempenho e a eficácia do SGQ;
d) se o planejamento foi implementado eficazmente;
e) a eficácia das ações tomadas para abordar riscos e oportunidades;
f) o desempenho de provedores externos;
g) a necessidade de melhorias no SGQ.

Indica-se nestas análises o uso de técnicas estatísticas.

8.4.3 Análise dos resultados das atividades de verificação

A equipe de segurança dos alimentos deve analisar os resultados das atividades de verificação, incluindo os resultados das auditorias internas (ver 8.4.1) e externas. A análise deve ser realizada para:

a) confirmar que o desempenho geral do sistema está conforme com as disposições planejadas e com os requisitos do sistema de gestão da segurança dos alimentos estabelecidos pela organização;
b) identificar a necessidade de atualização ou melhoria do sistema de gestão de segurança dos alimentos;
c) identificar tendências que indiquem uma maior incidência de produtos potencialmente inseguros;
d) estabelecer informações para o planejamento do programa de auditorias internas, considerando a situação e a importância das áreas a serem auditadas;
e) fornecer evidências de que quaisquer correções e ações corretivas que foram tomadas são eficazes.

Os resultados das análises e as atividades resultantes devem ser registrados e relatados de modo adequado à alta direção como entradas para a análise crítica por parte desta (ver 5.8.2).

Isso deve também ser utilizado como uma entrada para a atualização do sistema de segurança dos alimentos (ver 8.5.2).

Fonte: ISO 9001:2015 e ISO 22000:2005.

rar, de forma considerável, a visão dos problemas em sua verdadeira essência e dar-lhes a solução adequada. Basicamente, é para criar esse espaço que a Norma ISO 9001:2015 possui os requisitos 10.2 e a Norma ISO 22000:2005, o requisito 7.10.2, transcritos no Quadro 5.2.

É natural que os sistemas possam falhar, que objetivos não sejam alcançados, e que processos e operações de caráter técnico se desviem dos procedimentos normais. Por isso, devem ser organizados procedimentos que permitam detectar rapidamente esses desvios, para que ações corretivas sejam acionadas de imediato. Tal requisito tem ligação direta com o conceito de retroalimentação apresentado na Figura 1.4, pois objetiva garantir ao sistema de gestão uma característica dinâmica, que propicie o aprendizado organizacional,[1] buscando a melhoria do desempenho com base nos problemas detectados, sejam eles reais ou potenciais.

QUADRO 5.2
REQUISITO 10.2 DA NORMA ISO 9001:2015 E REQUISITO 7.10.2 DA NORMA ISO 22000:2005

ISO 9001:2015	ISO 22000:2005
10.2 Não conformidade e ação corretiva	**7.10.2 Ações corretivas**
10.2.1 Ao ocorrer uma não conformidade, incluindo as provenientes de reclamações, a organização deve:	Dados derivados do monitoramento dos PPRs operacionais e dos PCCs devem ser avaliados por pessoas designadas, com conhecimento suficiente (ver 6.2) e autoridade (ver 5.4) para iniciar as ações corretivas.
a) reagir à não conformidade e, como aplicável:	
1) implementar ação para controlá-la e corrigi-la;	As ações corretivas devem ser iniciadas quando limites críticos forem excedidos (ver 7.6.5) ou quando houver uma não conformidade relativa aos PPRs operacionais.
2) lidar com as consequência;	
b) avaliar a necessidade de ação para eliminar as causas da não conformidade a fim de que ela não se repita ou ocorra em outro lugar:	A organização deve estabelecer e manter procedimentos documentados que especifiquem ações apropriadas para

▶ ▶ ▶

QUADRO 5.2
REQUISITOS 10.2 DA NORMA ISO 9001:2015 E REQUISITO 7.10.2 DA NORMA ISO 22000:2005

ISO 9001:2015	ISO 22000:2005
1) analisando criticamente a não conformidade; 2) determinando as causas da não conformidade; 3) determinando se não conformidades similares existem, ou poderiam potencialmente ocorrer; c) implementar qualquer ação necessária; d) analisar criticamente a eficácia de qualquer ação corretiva tomada; e) atualizar riscos e oportunidades determinados durante o planejamento, se necessário; f) realizar mudanças no SGQ, se necessário. Ações corretivas devem ser apropriadas aos efeitos das não conformidades encontradas. **10.2.2** A organização deve reter informação documentada como evidência: a) da natureza das não conformidades e quaisquer ações subsequentes tomadas; b) dos resultados de qualquer ação corretiva.	identificar e eliminar a causa das não conformidades detectadas, para prevenir a recorrência e para conduzir o processo ou o sistema de volta ao controle depois da detecção da não conformidade. Essas ações incluem: a) analisar criticamente as não conformidades (incluindo reclamações de clientes); b) analisar criticamente as tendências dos resultados do monitoramento que possam indicar a possibilidade de perda do controle; c) determinar as causas das não conformidades; d) avaliar a necessidade de uma ação que impeça a recorrência das não conformidades; e) determinar e implementar as ações necessárias; f) registrar os resultados das ações corretivas tomadas, para garantir que estas sejam eficazes; g) analisar criticamente as ações corretivas tomadas, para garantir que sejam eficazes. As ações corretivas devem ser registradas.

Fonte: ISO 9001:2015 e ISO 22000:2005.

Na ação corretiva, aprende-se com os erros, mas deve-se ter a esperteza de agir antes de errar, por meio de ações preventivas. Ou seja, a ação preventiva é executada para prevenir a ocorrência, enquanto a ação corretiva é executada para prevenir a repetição. Tanto para as ações corretivas quanto para as preventivas, deve-se primeiramente realizar um processo de investigação de causas, pois somente conhecendo-as é possível impedir a ocorrência ou a reincidência de não conformidades e/ou a contaminação de produtos. O Anexo 8 apresenta um modelo de formulário para abertura de não conformidade interna e registro de ações corretivas e preventivas. A Figura 5.1 esquematiza quando se deve implementar uma correção, uma ação preventiva e uma ação corretiva.

Ações corretivas são abertas para tratar não conformidades, e pode-se convencionar que não conformidades abertas para problemas da própria organização sejam denominadas de não conformidades internas, enquanto aquelas abertas para fornecedores sejam denominadas não conformidades externas. As não conformidades internas podem ter origens diversas:

- **Auditorias de primeira parte** – São auditorias de boas práticas de fabricação, análise de perigos e pontos críticos de controle, sistema de gestão da qualidade/ISO 9001 e/ou sistema de gestão de segurança dos alimentos (ISO 22000) executadas pela própria organização.
- **Auditorias de segunda parte** – São executadas por clientes ou terceiros representando clientes.
- **Auditoria de terceira parte** – São executadas por organismos certificadores creditados (OCCs).

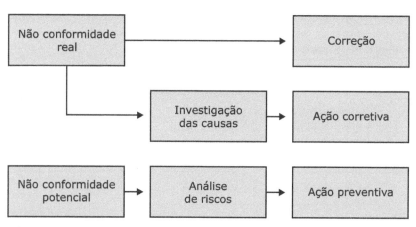

Figura 5.1 Ações para tratar não conformidades.

- **Inspeções CIP** – Inspeções realizadas pela empresa terceirizada que realiza o controle integrado de pragas (CIP).
- **Reclamações de clientes (SAC)** – Reclamações de clientes provenientes do Serviço de Atendimento ao Consumidor devido a problemas de qualidade e contaminações, analisadas mensalmente pela garantia da qualidade.
- **Devoluções** – Devoluções de clientes e/ou representantes devido a problemas de qualidade e contaminações, analisadas mensalmente pela garantia da qualidade.
- **Fiscalizações de órgãos públicos** – Inspeções da Vigilância Sanitária, da Anvisa, de órgãos ambientais, etc.

As não conformidades internas abertas, principalmente aquelas que requerem investimentos para efetivar as tratativas, poderão ter um critério de prioridade baseado em uma escala chamada de matriz SETFI (escala de 1 a 5), conforme mostra o Quadro 5.3. O tratamento das não conformidades internas deve ser preferencialmente realizado pelos próprios empregados das áreas onde a não conformidade se originou, com conhecimento do respectivo gerente, se necessário, e com o auxílio do departamento de garantia da qualidade.

O resultado do tratamento de uma não conformidade será um plano de ação para sanar suas causas e evitar sua reincidência, ou a argumentação baseada em fatos e dados de que ela não procede. Na tratativa das não conformidades, elas poderão ser agrupadas, independentemente de suas origens, quando os proble-

QUADRO 5.3
MATRIZ DE PRIORIZAÇÃO SETFI

	Matriz SETFI para determinação de prioridades
S	Quanto maior o risco à qualidade e à segurança alimentar.
E	Quanto mais emergencial para a imagem da empresa ou ao risco à saúde do consumidor.
T	Quanto maior a tendência de o problema se tornar mais grave.
F	Quanto mais fácil de solucionar.
I	Quanto menor o investimento.

mas apresentarem causas comuns. As ações para tratamento das não conformidades devem ser proporcionais à magnitude dessas não conformidades, conforme apresentado no Quadro 5.4.

A garantia da qualidade deve analisar criticamente as ações tomadas para sanar as não conformidades, objetivando o não aparecimento de reincidências. Havendo reincidência, a não conformidade deve ser reaberta e reenviada para o departamento que elaborou o tratamento, para uma nova análise e determinação de uma solução eficaz. Também devem ser abertas não conformidades para

QUADRO 5.4
AÇÕES PARA TRATAMENTO DE NÃO CONFORMIDADES

	Ações para tratamento de não conformidades
Disposição do problema	Para não conformidades em que uma ação imediata para sanar o problema é satisfatória, por tratar-se de questão pontual, com baixa probabilidade de reincidência.
Disposição do problema e ação corretiva	Para não conformidades que, além de uma ação imediata para sanar o problema, requerem a investigação[a] para determinar a causa raiz do problema e sua eliminação, a fim de evitar reincidência.
Disposição do problema, ação corretiva e ação preventiva	Para não conformidades que, além de uma ação imediata para sanar o problema, requerem a investigação para determinar a causa raiz deste e sua eliminação, a fim de evitar reincidência, assim como estender a investigação para situações semelhantes com potencial de ocorrência da mesma não conformidade.
Ação preventiva	Para não conformidades potenciais identificadas a partir de análise de riscos e outras situações indesejáveis, ou seja, identificadas como tendo probabilidade de ocorrer gerando não conformidades, mas que ainda não ocorreram.

[a] A investigação da causa das não conformidades poderá utilizar métodos estatísticos, ferramentas de qualidade como gráfico de espinha de peixe, gráfico de Pareto, árvore de falhas, gráfico de dispersão ou qualquer outra metodologia que permita encontrar a causa raiz do problema detectado.

fornecedores (de insumos e embalagens) e prestadores de serviço, denominadas não conformidades externas, quando o produto adquirido não atender às especificações pré-acordadas ou possuir algum tipo de contaminante, assim como para prestadores de serviço que não atenderem plenamente ao serviço contratado esperado. O Anexo 9 apresenta um modelo de formulário para abertura de não conformidade externa e registro de ações corretivas e preventivas.

As não conformidades externas devem ser remetidas para fornecedores e prestadores de serviço, acordando-se com eles um prazo para a determinação das ações corretivas e/ou preventivas. Assim como as não conformidades internas, as externas também devem ser controladas e ter sua eficácia avaliada.

Solução de problemas

A solução de problemas e sua resolução é iniciada pela identificação de suas causas. A prática da maioria das organizações com uma gama de problemas aguardando soluções é fazer uma escolha aleatória ou com critérios restritos, como, por exemplo, a simplicidade do problema em questão ou a grande soma de dinheiro envolvida. Esses critérios de seleção, no entanto, em geral não levam em consideração os clientes envolvidos ou o risco à segurança do produto, que devem ser os critérios prioritários.

Os problemas da organização devem ser listados com base nas informações dos clientes, no mercado, no risco associado aos perigos à segurança dos alimentos identificados e nas diretrizes da alta administração, compondo-se um *ranking* de prioridades. A análise e as soluções desses problemas seguem, então, a ordem de importância estabelecida, definindo-se metas a serem alcançadas e um cronograma a ser cumprido. A Figura 5.2 apresenta um roteiro para a investigação e a solução de problemas denominado metodologia de análise e solução de problemas (MASP).

Recomenda-se cuidado, pois, ainda hoje, existem administradores que acreditam ter um conhecimento ilimitado sobre quase todas as coisas, que podem se dar ao luxo de resolver todos os seus problemas apenas sabendo de sua existência, uma simples olhada e a solução já está lá na ponta da língua. Acontece que, normalmente, isso não funciona, e os problemas voltam a ocorrer. Erroneamente, o "achismo" continua a ser um método usado no auxílio às tomadas de decisão. Gerentes, supervisores e funcionários em geral que possuem algum processo sob sua autoridade devem habituar-se a trabalhar sempre com base em fatos e dados.

Muitas organizações, cientes dessa necessidade, acostumaram-se a medir tudo e a anotar uma quantidade enorme de dados. Isso também não é desejável, a geração de dados por si só não resolve os problemas e deve ser feita de maneira planejada, ou seja, é imprescindível que seja feita uma correta identificação de quais são os dados realmente necessários, bem como quais são os métodos e

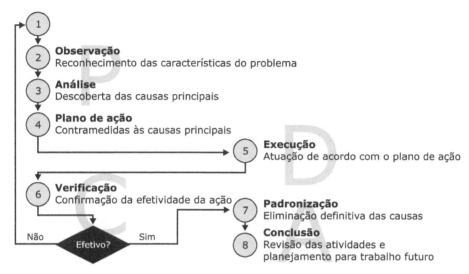

Figura 5.2 Metodologia de análise e solução de problemas (MASP).

a frequência adequada de coleta. A partir desses dados, uma análise com base em técnicas estatísticas é que levará a resultados satisfatórios.

Assim, todas as decisões devem ser tomadas com base em análise de fatos e dados. Para conseguir um melhor aproveitamento desses dados, são utilizadas algumas técnicas e ferramentas adequadas. O objetivo principal é identificar os maiores problemas e, a partir de uma análise adequada, buscar a melhor solução. O objetivo deste livro não é capacitar o leitor no uso dessas ferramentas, mas inseri-las no contexto da qualidade total. Com esse propósito, devem ser apresentadas as ferramentas, que são divididas em dois grupos: 1) as sete ferramentas da qualidade e 2) as novas sete ferramentas.

As sete ferramentas da qualidade

São um conjunto de ferramentas estatísticas de uso consagrado para a melhoria da qualidade de produtos, serviços e processos. A estatística desempenha um papel fundamental no gerenciamento da qualidade e da produtividade por uma razão muito simples: não existem dois produtos exatamente iguais ou dois serviços prestados da mesma maneira, com as mesmas características. Tudo nesse mundo varia e obedece a uma distribuição estatística. É necessário, então, ter domínio sobre tais variações. A estatística oferece o suporte necessário para coletar, tabular, analisar e apresentar os dados de tais variações.

As sete ferramentas da qualidade fazem parte de um grupo de métodos estatísticos elementares. É indicado que esses métodos sejam de conhecimento de todas as pessoas, do presidente aos trabalhadores, e que façam parte do programa básico de treinamento da qualidade. Dentro do contexto de um SGQ + SA, essas sete ferramentas encontram uma utilização sistemática na MASP, que será discutida posteriormente. As sete ferramentas clássicas da qualidade são:

- **Folha de coleta de dados** – O objetivo dessa ferramenta é gerar um quadro claro dos dados, que facilite sua análise e tratamento posterior. Para tanto, é necessário que os dados obtidos correspondam à necessidade da empresa. Três pontos são importantes na coleta de dados: ter um objetivo bem definido, obter contabilidade nas medições; e registrar os dados de forma clara e organizada. As folhas de coleta de dados não seguem nenhum padrão preestabelecido, o importante é que cada empresa desenvolva o seu formulário de registro de dados, que permita que, além dos dados, seja registrado o responsável pelas medições e registros, bem como quando e como essas medições ocorreram. Outro fator imprescindível é que os responsáveis tenham o treinamento necessário para a correta utilização dessa ferramenta.
- **Gráfico de Pareto** – Esse método é utilizado para dividir um problema grande em vários problemas menores. Ele parte do princípio de Pareto, que defende que há problemas causados por muitas causas triviais, ou seja, que contribuem pouco para a existência dos problemas, e os pouco vitais, que são os grandes responsáveis pelos problemas. Dessa forma, separando-se os problemas em vitais e triviais, pode-se priorizar a ação corretiva.
- **Diagrama de causa e efeito** – Também chamado de diagrama de Ishikawa, ou espinha de peixe, é utilizado para mostrar a relação entre causa e efeito ou uma característica de qualidade e fatores. As causas principais podem ainda ser ramificadas em causas secundárias e/ou terciárias.
- **Fluxograma** – É uma técnica utilizada para representar sequencialmente as etapas de um processo de produção, sendo uma fonte de oportunidades de melhoria para o processo, pois fornece um detalhamento das atividades, concedendo um entendimento global do fluxo produtivo, de suas falhas e de seus gargalos. Os diagramas de fluxo são elaborados com uma série de símbolos com significados padronizados. É importante que os trabalhadores que elaboram ou manipulam esse tipo de diagrama conheçam a simbologia utilizada pela empresa.
- **Histograma** – É um instrumento que possibilita ao analista uma visualização global de um grande número de dados, a partir da organização desses dados em um gráfico de barras separado por classes.
- **Diagrama de dispersão** – É uma técnica gráfica utilizada para descobrir e mostrar relações entre dois conjuntos de dados associados que ocorrem

aos pares. As relações entre os conjuntos de dados são inferidas pelo formato das nuvens de pontos. Os diagramas podem apresentar diversas formas, de acordo com a relação existente entre os dados.

- **Gráfico de controle** – É uma ferramenta utilizada para avaliar a estabilidade do processo, distinguindo as variações devidas às causas assinaláveis ou especiais das variações casuais inerentes ao processo. As variações casuais repetem-se aleatoriamente dentro de limites previsíveis. As variações decorrentes de causas especiais necessitam de tratamento especial. É necessário, então, identificar, investigar e colocar sob controle alguns fatores que afetam o processo. Existe uma grande variedade de gráficos de controle, estendendo sua aplicação a todos os tipos de características mensuráveis de um processo.

As sete novas ferramentas

Também chamadas de ferramentas da administração, esse conjunto de técnicas é utilizado para a organização do pensamento e o planejamento da qualidade. São voltadas para o tratamento de dados não numéricos, preenchendo, assim, uma lacuna deixada pelas sete ferramentas da qualidade. Como descrito anteriormente, o conceito de SGQ + SA aborda todas as áreas da organização. Essas ferramentas visam, então, fornecer às áreas administrativas subsídios para o gerenciamento da qualidade. Nesse sentido, esse grupo é de interesse especial para os setores administrativos e gerenciais, transformando os problemas em dados qualitativos mais compreensíveis, possibilitando uma análise mais eficiente. As sete novas ferramentas são:

- **Diagrama de afinidade** – É o agrupamento de um grande número de ideias, opiniões e informações, conforme a afinidade que possuem entre si. Essa ferramenta parte dos dados (ideias, opiniões e outras preocupações relativas a determinado problema), organizando-os em grupos, com base em uma relação natural que exista entre eles. A técnica é utilizada em trabalhos de grupos e estimula a criatividade, facilitando o surgimento de novas ideias, novos enfoques ou maior compreensão da situação, além da participação dos membros.
- **Diagrama de relação** – Visa mostrar os diversos fatores ou itens relevantes em uma situação ou problema complexo, indicando as relações lógicas entre eles através de setas, de modo a facilitar o entendimento amplo, a identificação de fatores e a busca de soluções adequadas.
- **Diagrama de setas** – Também chamado de diagrama de atividades, detalha o encadeamento das atividades de um plano, além de permitir o acompanhamento deste por meio da representação do andamento do

processo de realização do programa em forma de rede, possibilitando elaborar o programa diário mais adequado e esclarecer os passos críticos no controle do desenvolvimento de projetos.

- **Diagrama de árvore** – A partir de um objetivo principal, faz-se o desmembramento deste em objetivos menores, e assim sucessivamente, respondendo sempre às questões "o quê?" e "como?". Esse diagrama é complementado pelo método de planejamento 5W1H. Assim, quando se chega ao menor nível de objetivo ou atividades, estes são considerados como sendo o primeiro W, "o que", e para cada um deles responde-se às perguntas: "por quê?", "quando?", "quem?", "onde?" e "como?".

- **Matriz de priorização** – Visa estabelecer um *ranking* de prioridades para os dados da matriz segundo critérios preestabelecidos.

- **Matriz de relacionamento** – Conhecida também como diagrama de matrizes, é utilizada para analisar a existência e o grau de relacionamento entre dois ou mais grupos de dados. Existem vários tipos de diagramas de matriz, conforme a quantidade de grupos de dados a serem analisados. A matriz mais utilizada é a bidimensional, que analisa apenas dois grupos de dados dispostos em uma linha e uma coluna. A matriz gerada por esse método descrito é bastante simples. Na maioria das vezes, são feitas várias análises com relação aos dados, como, por exemplo, utilizar uma única matriz para fazer uma análise de prioridades e de relacionamento, unindo, assim, as duas ferramentas em uma só utilização.

- **Carta programa de processo de decisão (CPPD)** – É um método que visa prever as ocorrências durante um processo a partir de planejamento de possíveis caminhos em diferentes situações, escolhendo, então, a situação mais desejável ou prevenindo-se e agindo antes que ocorram. A carta CPPD não possui uma aparência-padrão, depende da complexidade do objetivo e das ideias que surgirem para descrever possíveis caminhos.

Todas as ferramentas apresentadas têm sua utilidade, mas a eficiência e a eficácia de sua utilização ficam comprometidas se não estiverem associadas a uma abordagem sistemática e a um contexto mais amplo focado na qualidade do produto e na garantia de sua segurança.

Gestão de riscos e oportunidades

A revisão 2015 da ISO 9001 trouxe uma novidade, a introdução de forma consistente do tema **gestão de risco** que suprime ações preventivas na tratativa de não conformidades.

Para a ISO 9001, risco é o efeito da incerteza que pode causar um desvio daquilo que se espera que ocorra quando se planeja algo, onde esta incerteza, ainda que parcial, provenha de deficiência de informação, de compreensão ou de conhecimento relacionado a um evento, sua consequência ou sua probabilidade.

O tema está muito claro nesta nova versão da ISO 9001 e aparece em diferentes requisitos ao longo da Norma, mas não estava totalmente ignorado nas versões anteriores, pois estava associado às ações preventivas, uma vez que essas são ações implementadas para problemas potenciais, isto é, aqueles que ainda não aconteceram, mas tem "risco" de acontecer.

Ou seja, ações preventivas saíram do requisito de tratamento de não conformidades e foram introduzidas em vários pontos da Norma onde elas se fazem necessárias, justamente para que preventivamente se evite que não conformidades ocorram pela devida e correta prática do olhar da gestão de riscos, objetivando que se implementem ações para quaisquer problemas previamente identificados que tenham uma razoável probabilidade de ocorrer.

Identificando claramente o que pode causar esta insatisfação, cabe então identificar suas causas raízes, planejar (P) contramedidas preventivas para evitar que ocorram, colocar em prática (D), verificar se tudo deu certo e foi efetivo na contenção do risco (C), analisar e implementar ações para melhorar as ações caso o risco ainda se manifeste ou buscando patamares mais elevados de segurança (A). Como pode-se ver, aí está o PDCA sendo aplicado ao conceito de ação preventiva. Então, na verdade, a nova versão da ISO 9001 não "eliminou" a ação preventiva, só a colocou como elemento de ação que decorre da gestão de riscos.

Obviamente, as ações implementadas para enfrentar os riscos devem ser proporcionais ao impacto potencial sobre a conformidade dos produtos e serviços, e entre as opções para enfrentar riscos e oportunidades podem incluir: evitar riscos, assumir risco a fim de buscar uma oportunidade, eliminar a fonte de risco alterando a probabilidade ou consequências, compartilhar o risco ou reter o risco por decisão informada.

Como exemplo, alguns segmentos já trazem em seu DNA da qualidade ferramentas de gestão bastante contundentes para a gestão de riscos, como é o caso da HACCP (Análise de Perigos em Pontos Críticos de Controle) na indústria de alimentos apresentada em tópicos anteriores, e que deriva da FMEA (Análise do Modo e Efeito das Falhas) continuamente e usualmente usadas pelo setor eletromecânico.

Lembrando que a HACCP busca prevenir riscos de contaminantes químicos, físicos e microbiológicos que possam acarretar algum dano à saúde de consumidores, ou seja, riscos de qualidade intrínseca. Mas a gestão de riscos pode ser muito útil no plano mais amplo, prevenindo riscos quanto a atendimento de especificações pré--acordadas (qualidade percebida) como associadas a características de sabor, textura, volume, aparência, composição nutricional, etc., além de riscos contratuais relacionados a entregas em prazos acordados nos volumes corretos.

Melhoria contínua

Um sistema de gestão agrega valor para uma organização quando provê resultados positivos, reduz custos de não qualidade e aumenta a satisfação dos clientes. Portanto, comprovar a melhoria contínua de um sistema de gestão significa que o sistema atende aos seus objetivos globais.

A estrutura de um sistema de gestão baseada no ciclo PDCA conduz, em sua lógica gerencial, a um processo de melhoria contínua por meio da retroalimentação proveniente dos processos de monitoramento e medição, auditoria interna e análise crítica da administração. Existem requisitos específicos que são fundamentais ao tema melhoria contínua; são eles o 10.3 da ISO 9001:2015 e o 8.5, 8.5.1 e 8.5.2 da ISO 22000:2005. Esses requisitos são transcritos no Quadro 5.5.

QUADRO 5.5
REQUISITO 10.3 DA NORMA ISO 9001:2015 E 8.5, 8.5.1 E 8.5.2 DA NORMA ISO 22000:2005

ISO 9001:2015	ISO 22000:2005
10.3 Melhoria contínua A organização deve melhorar continuamente a adequação, suficiência e eficácia do SGQ. A organização deve considerar os resultados de análise e avaliação e as saídas de análise crítica pela direção para determinar se existem necessidades ou oportunidades que devem ser acordadas como parte de melhoria contínua.	**8.5 Melhoria** **8.5.1 Melhoria contínua** A alta direção deve assegurar que a organização melhore continuamente a eficácia do sistema de gestão da segurança de alimentos, através do uso de comunicação (ver 5.6), análise crítica por parte da direção (ver 5.8), auditoria interna (ver 8.4.1), avaliação dos resultados de verificação (ver 8.4.2), análise dos resultados das atividades de verificação (ver 8.4.3), validação das combinações de medidas de controle (ver 8.2), ações corretivas (ver 7.10.2) e atualização do sistema de gestão de segurança dos alimentos (ver 8.5.2).

QUADRO 5.5
REQUISITO 10.3 DA NORMA ISO 9001:2015 E 8.5, 8.5.1 E 8.5.2 DA NORMA ISO 22000:2005

ISO 9001:2015	ISO 22000:2005
	8.5.2 Atualização do sistema de gestão de segurança dos alimentos A alta direção deve assegurar que o sistema de gestão de segurança dos alimentos seja continuamente atualizado. Para isso, a equipe de segurança dos alimentos deve avaliar o sistema de gestão de segurança dos alimentos a intervalos planejados. A equipe deve, então, considerar se é necessário analisar criticamente os perigos (ver 7.4), os PPRs operacionais estabelecidos (ver 7.5) e o plano APPCC (ver 7.6.1). A avaliação e as atividades de atualização devem ser baseadas em: a) entradas de comunicação, externa e interna, como indicado em 5.6; b) entradas de outras informações a respeito da pertinência, da adequação e da eficácia do sistema de gestão de segurança dos alimentos; c) saídas da análise crítica dos resultados de atividades de verificação (ver 8.4.3); d) saídas da análise crítica por parte da direção (ver 5.8.3). As atividades de atualização do sistema devem ser registradas e relatadas, de modo adequado, como entradas para a análise crítica por parte da direção (ver 5.8.2).

Fonte: ISO 9001:2015 e ISO 22000:2005.

Análise crítica por parte da administração

Um requisito primordial para qualquer sistema de gestão bem-sucedido é não deixar dúvidas para qualquer um dos empregados ou partes interessadas de que a diretoria está engajada. Para isso, a diretoria deve sustentar seu compromisso de forma contínua, e não apenas temporária, durante o estabelecimento da política do sistema de gestão. Nesse sentido, a intervalos predeterminados, deve fazer uma análise crítica do sistema de gestão. Seu foco é o desempenho global do sistema de gestão, e não a análise de detalhes específicos, visto que estes podem ser tratados pelos demais elementos do sistema, como: monitoramento e medição, ação corretiva e preventiva, etc. Os requisitos que tratam desse tema nas Normas ISO 9001:2015 e ISO 22000:2005 são transcritos no Quadro 5.6.

A alta administração é responsável pelo alcance permanente não só dos objetivos econômicos da organização, mas também dos objetivos de qualidade e

---

QUADRO 5.6
REQUISITOS 9.3.1, 9.3.2 E 9.3.3 DA NORMA ISO 9001:2015
E REQUISITOS 5.8, 5.8.1, 5.8.2 E 5.8.3 DA NORMA ISO 22000:2005

ISO 9001:2015	ISO 22000:2005
9.3 Análise crítica pela direção	**5.8 Análise crítica por parte da direção**
9.3.1 Generalidades A alta direção deve analisar criticamente o SGQ da organização, a intervalos planejados, para assegurar sua continua adequação, suficiência, eficácia e alinhamento com o direcionamento estratégico da organização.	**5.8.1 Generalidades** A alta direção deve analisar criticamente o sistema de segurança dos alimentos, a intervalos planejados, para assegurar sua contínua pertinência, adequação e eficácia. Essa análise deve incluir a avaliação das oportunidades para melhoria e a necessidade de mudanças no sistema de gestão de segurança dos alimentos, incluindo a política de segurança dos alimentos.
9.3.2 Entradas de análise crítica pela direção A análise crítica pela direção deve ser planejada e realizada levando em consideração:	Registros das análises críticas por parte da direção devem ser mantidos (ver 4.2.3).

QUADRO 5.6
**REQUISITOS 9.3.1, 9.3.2 E 9.3.3 DA NORMA ISO 9001:2015
E REQUISITOS 5.8, 5.8.1, 5.8.2 E 5.8.3 DA NORMA ISO 22000:2005**

ISO 9001:2015	ISO 22000:2005

a) a situação de ações provenientes de análises críticas anteriores pela direção;
b) mudanças em questões externas e internas que sejam pertinentes para o SGQ;
c) informações sobre o desempenho e a eficácia do SGQ, incluindo tendências relativas à:
  1) satisfação do cliente e retroalimentação de partes interessadas pertinentes;
  2) extensão na qual os objetivos da qualidade foram alcançados;
  3) desempenho de processo e conformidade de produtos e serviços;
  4) não conformidades e ações corretivas;
  5) resultados de monitoramento e medição;
  6) resultados de auditoria;
  7) desempenho de provedores externos;
d) suficiência de recursos;
e) a eficácia de ações tomadas para abordar riscos e oportunidades;
f) oportunidades para melhoria.
	5.8.2 Entradas para análise crítica
	As entradas para análise crítica por parte da direção devem incluir, mas não estão limitadas a, informações sobre:
	a) acompanhamento das ações oriundas das análises críticas anteriores feitas pela direção;
	b) análise dos resultados de atividades de verificação (ver 8.4.3);
	c) circunstâncias de mudanças que possam afetar a segurança de alimentos (ver 5.6.2);
	d) situações emergenciais, acidentes (ver 5.7) e recolhimento[a] (ver 7.10.4);
	e) resultados de análise crítica das atividades de atualização do sistema (ver 8.5.2);
	f) análise crítica das atividades de comunicação, incluindo a retroalimentação por parte de clientes (ver 5.6.1);
	g) inspeção ou auditorias externas.
	
	Os dados devem ser apresentados de modo que permitam à alta direção relacionar as informações aos objetivos estabelecidos no sistema de gestão de segurança dos alimentos.

9.3.3 Saídas de análise crítica pela direção As saídas da análise crítica pela direção devem incluir decisões e ações relacionadas com:	**5.8.3 Saídas da análise crítica** As saídas da análise crítica por parte da direção devem incluir decisões e ações relacionadas a:

▶ ▶ ▶

QUADRO 5.6
**REQUISITOS 9.3.1, 9.3.2 E 9.3.3 DA NORMA ISO 9001:2015
E REQUISITOS 5.8, 5.8.1, 5.8.2 E 5.8.3 DA NORMA ISO 22000:2005**

ISO 9001:2015	ISO 22000:2005
a) oportunidades para melhoria; b) qualquer necessidade de mudanças no SGQ; c) necessidade de recursos. A organização deve reter informação documentada como evidência dos resultados de análise crítica pela direção.	a) garantia de segurança dos alimentos (ver 4.1); b) melhoria da eficácia do sistema de gestão de segurança dos alimentos (ver 8.5); c) necessidade de recursos (ver 6.1); d) revisões da política de segurança dos alimentos da organização e de objetivos relacionados (ver 5.2).

[a] O termo recolhimento aqui inclui *recall*, ou seja, chamada pública.

Fonte: ISO 9001:2015 e ISO 22000:2005.

segurança dos alimentos. Por isso, precisa fazer, em revisões periódicas regulares, uma avaliação de todos os fatos levantados sobre a situação da organização em relação a esses temas, por meio de auditorias e relatórios.

É necessário comparar a situação atual com a situação almejada pela política da qualidade e segurança dos alimentos, com os objetivos e com as metas. A partir dessa avaliação, a alta administração deve assegurar a eficiência permanente do sistema de gestão, mas também sua adequação às Normas ISO 9001:2015 e ISO 22000:2005 e a melhoria contínua.

A análise crítica feita pela alta administração baseia-se em como as lideranças percebem, pensam e sentem a importância do sistema de gestão, bem como qual a visão holística assumida para definir os objetivos, caracterizar os problemas, identificar as oportunidades de melhoria, definir estratégias e implementar planos de ação. Assim, a análise crítica é o centro nervoso e inteligente de um sistema de gestão, com capacidade para tornar a organização mais competitiva, como resultado do adequado gerenciamento do capital humano e material disponível. A Figura 5.3 propõe uma forma de resumir esquematicamente o processo de análise crítica de um sistema de gestão por meio de três atividades.

A análise crítica, em geral, é realizada por meio de reuniões periódicas da diretoria. Apesar disso, seja qual for a periodicidade definida, podem ser realizadas novas reuniões, no caso de inserção de novas tecnologias, resulta-

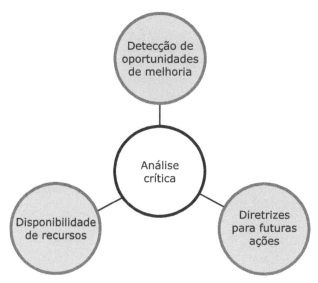

Figura 5.3 Esquema do processo de gestão crítica.

dos inadequados de indicadores, resultados deficientes em auditorias, mudanças de corpo técnico da organização, reclamação das partes interessadas, emergências, aumento de custos de manutenção do sistema de gestão ou outra necessidade. A diretoria deve receber todas as informações relevantes para efetuar essa análise de maneira objetiva e factual. Tais informações podem ser disponibilizadas por meio de relatórios específicos, ou pela efetiva participação dos membros do corpo técnico do sistema de gestão, dos gerentes de setores ou outros.

A participação da diretoria na análise crítica do SGQ + SA é extremamente importante, pois é responsável por:

- Estabelecer o sistema de gestão.
- Deliberar sobre recursos a serem alocados.
- Designar responsabilidades.
- Servir de exemplo para os empregados.

Os resultados da análise crítica devem gerar adequações e ações corretivas sobre o SGQ + SA, garantindo sua contínua adequação à realidade da organização e buscando a melhoria contínua do desempenho.

Nota

1. Aprendizado organizacional é uma metáfora empregada para se referir ao processo pelo qual os membros da organização detectam anomalias e as corrigem ao reestruturar a teoria em uso na organização. É a aquisição de competências coletivas que permite promover melhorias no desempenho organizacional com base em experiências adquiridas.

Termos importantes nas áreas de gerenciamento da qualidade e segurança dos alimentos

AÇÃO CORRETIVA

Ação implementada para eliminar as causas de uma não conformidade, de um defeito ou de outra situação indesejável existente, a fim de prevenir sua repetição.

AÇÃO PREVENTIVA

Ação implementada para eliminar as causas de uma possível não conformidade, um defeito ou outra situação indesejável, a fim de prevenir sua ocorrência.

ACREDITAÇÃO

Procedimento de avaliação periódico e confidencial realizado por terceiros (via auditoria de terceira parte), com o objetivo de garantir a implantação e a manutenção do sistema de gestão por meio da observação de padrões previamente aceitos (como as Normas ISO 9001:2015, ISO 22000:2005, ISO 14001:2004 e OHSAS 18001:200-). Pode-se dizer que uma instituição é acreditada quando a organização dos processos e as atividades condizem com padrões preestabelecidos.

ADITIVO ALIMENTAR

É qualquer ingrediente adicionado intencionalmente aos alimentos, sem propósito de nutrir, com o objetivo de modificar características físicas, químicas, biológicas ou acondicionamento, amazenagem, transporte ou, ainda, manipulação dos alimentos. Ao agregar-se, poderá ocorrer que o próprio aditivo ou seus derivados se convertam em um componente de tal alimento. Essa definição não inclui contaminantes ou substâncias nutritivas que sejam incorporadas ao alimento para manter ou melhorar suas propriedades nutricionais.

ADITIVO INCIDENTAL

Toda substância residual ou migrada presente no alimento em decorrência dos tratamentos prévios a que a matéria-prima e o alimento *in natura* tenham sido submetidos e do contato do alimento com os artigos e os utensílios empregados em suas diversas fases de fabricação, manipulação, embalagem, transporte ou venda.

ADITIVO INTENCIONAL

Toda substância ou mistura de substâncias, dotadas, ou não, de valor nutritivo, adicionada ao alimento com a finalidade de impedir alterações, manter, conferir ou intensificar seu aroma, cor e sabor, modificar ou manter seu estado físico geral, ou exercer qualquer ação exigida para uma boa tecnologia de fabricação do alimento.

ALIMENTO

Toda substância ou mistura de substâncias, no estado sólido, líquido, pastoso ou qualquer outra forma adequada, destinada a fornecer ao organismo humano os elementos normais a sua formação, manutenção e desenvolvimento.

ALIMENTO DE FANTASIA OU ARTIFICIAL

Todo alimento preparado com o objetivo de imitar alimento natural e cuja composição contenha, preponderantemente, substância não encontrada no alimento a ser imitado.

ALIMENTO *DIET*

É aquele produzido industrialmente e que apresenta ausência ou quantidades bem reduzidas de determinados nutrientes (carboidrato, açúcar, sal, lactose, gordura). Nem sempre os alimentos *diet* apresentam baixas calorias. São criados para indivíduos que devem seguir uma dieta baseada na restrição ou na redução de determinado nutriente. Exemplo: uma pessoa com problema de taxas altas de triglicérides deve consumir alimentos com pouca quantidade de carboidratos.

ALIMENTO ENRIQUECIDO

Todo alimento ao qual tenha sido adicionada substância nutriente com a finalidade de reforçar seu valor nutritivo.

ALIMENTO *IN NATURA*

Todo alimento de origem vegetal ou animal, cujo consumo imediato exija apenas a remoção da parte não comestível e os tratamentos indicados para sua perfeita higienização e conservação.

ALIMENTO IRRADIADO

Todo alimento que tenha sido intencionalmente submetido à ação de radiações ionizantes, para preservá-lo ou para outros fins lícitos, obedecendo às normas elaboradas pelo órgão competente do Ministério da Saúde.

ALIMENTO *LIGHT*

É aquele produzido com redução de, no mínimo, 25% do valor calórico em comparação ao produto tradicional. São também considerados *light* aqueles alimentos que reduzem, no mínimo, 25% de determinados nutrientes (gordura saturada, gordura total, açúcar, colesterol, sódio). Exemplo: uma pessoa obesa, que precisa perder peso, deve optar por produtos *light* com baixos teores de gorduras e açúcares.

ALIMENTOS COMERCIALMENTE ESTÉREIS

Alimentos processados em embalagens herméticas, estáveis à temperatura ambiente.

ANÁLISE CRÍTICA

Avaliação de um projeto, produto, serviço, processo ou informação com relação a requisitos, objetivando a identificação de problemas e a proposição de soluções.

ANÁLISE DE PERIGOS E PONTOS CRÍTICOS DE CONTROLE (APPCC)

É um sistema de gestão de segurança alimentar. O sistema baseia-se em analisar as diversas etapas da produção de alimentos, identificando os perigos potenciais à saúde dos consumidores e determinando medidas preventivas para controlar esses perigos a partir de pontos críticos de controle. A APPCC, em inglês *hazard analysis and critical points* (HACCP), consiste em uma abordagem sistematizada e estruturada de identificação de perigos e da probabilidade de sua ocorrência em todas as etapas da produção, por meio da definição de medidas de controle.

ASSEGURAR A QUALIDADE

Adoção de uma estratégia de trabalho que assegura que o produto ou serviço apresente o nível de qualidade pretendido pela organização.

ATUALIZAÇÃO

Atividade planejada e/ou imediata que garante a aplicação das informações mais recentes.

AUDITOR

Pessoa com competência para realizar uma auditoria.

AUDITORIA

Exame sistemático para determinar se as atividades e os resultados correlatos estão de acordo com as disposições planejadas e se estas foram efetivamente implementadas e são adequadas para atingir a política do sistema de gestão integrado, seus objetivos e metas.

AUDITORIA DA QUALIDADE

Exame sistemático e independente para determinar se as atividades da qualidade e seus resultados estão de acordo com as disposições planejadas, se estas foram implementadas com eficácia e se são adequadas à consecução dos objetivos. 1) A auditoria da qualidade se aplica, essencialmente, mas não está limitada, a um sistema da qualidade ou aos elementos deste, processos, produtos ou serviços. Tais auditorias são chamadas frequentemente de "auditoria do sistema da qualidade", "auditoria da qualidade do processo", "auditoria da qualidade do produto" e "auditoria da qualidade do serviço". 2) As auditorias da qualidade são executadas por pessoas que não têm responsabilidade direta pelas áreas a serem auditadas, mas que, de preferência, trabalham em cooperação com o pessoal dessas áreas. 3) Um dos objetivos de uma auditoria da qualidade é avaliar a necessidade de melhoria ou de ação corretiva. Não se deve confundir a auditoria com atividades de supervisão da qualidade ou inspeção, executadas com o propósito de controle do processo e do produto. 4) As auditorias da qualidade podem ser realizadas com propósitos de controle do processo ou de aceitação do produto.

AVALIAÇÃO DO RISCO

Todo processo de estimação da magnitude dos riscos e de decisão a respeito da capacidade de se tolerar ou não tais riscos, sejam eles associados à qualidade do produto, do serviço, da segurança dos alimentos produzidos, ao meio ambiente e/ou à segurança e à saúde ocupacional.

BENCHMARK

Líder reconhecido mundialmente, no país, na região e/ou no setor; termo utilizado para efeito de comparação de desempenho. Também pode ser utilizado para designar uma prática ou um resultado que seja considerado o melhor da classe.

BENCHMARKING

Atividade de comparar produtos, serviços, estratégias, processos, operações e procedimentos com líderes reconhecidos para a identificação de oportunidades de melhoria da gestão. O termo indica os "melhores resultados do mundo" dentre as organizações do setor, em determinados itens de controle. Observa-se atualmente a tendência de ir além da análise do setor e procurar apresentar um desempenho ainda melhor como referencial. O objetivo do *benchmarking* é conhecer e, se possível, incorporar o que outras organizações estão fazendo de melhor.

CADEIA PRODUTIVA DE ALIMENTOS

Sequência de etapas e operações envolvidas na produção, no processo, na distribuição, na estocagem e no manuseio do alimento e de seus ingredientes, desde as matérias-primas até o consumidor final. Isso inclui a produção de animais e de alimentos para animais que devem ser destinados à produção de alimentos para humanos. Também está inclusa a produção de materiais destinados a entrar em contato com alimentos para humanos ou suas matérias-primas.

CALIBRAÇÃO

Conjunto de operações que estabelece a relação entre os valores indicados por um instrumento de medição. Ajusta a exatidão do aparelho, medida por seu erro, reduzindo-o a valores aceitáveis.

CAPACITAÇÃO DE PESSOAL

Procedimento de educação e treinamento que visa conferir um conjunto de conhecimentos e habilidades a um indivíduo, de modo que ele possa exercer determinada função.

CLIENTE

Beneficiário ou usuário de um produto ou serviço provido por uma organização, que para este beneficiário ou usuário é entendida como fornecedor. Algumas organizações fabricantes de alimentos distinguem o termo cliente do termo consumidor.

Cliente é o primeiro elo da cadeia que fará a distribuição do produto, como, por exemplo, um supermercado, atacadista, etc. Já o consumidor é o último elo da cadeia, ou seja, aquele que de fato consumirá (fará uso) do produto.

COADJUVANTE DE TECNOLOGIA DE FABRICAÇÃO

É toda substância, excluindo os equipamentos e os utensílios utilizados na elaboração e/ou conservação de um produto, que não se consome por si só como ingrediente alimentar e que se emprega intencionalmente na elaboração de matérias-primas, alimentos ou seus ingredientes para obter uma finalidade tecnológica durante o tratamento ou a elaboração. Deverá ser eliminado do alimento ou inativado, podendo admitir-se no produto final a presença de traços da substância ou de seus derivados.

CONFIABILIDADE

Capacidade de um produto ou serviço desempenhar, sem falhas, uma função requerida, sob determinadas condições, por um dado período de tempo. Termo também utilizado como característica de confiabilidade, significando uma probabilidade ou taxa de sucesso.

CONSUMIDORES

São pessoas físicas que compram ou recebem alimentos com o objetivo de satisfazer suas necessidades alimentares e nutricionais. Aqueles que compram bens ou serviços para si ou para presentear a outros.

CONTROLE

Processo que compreende técnicas de monitoramento da execução das atividades operacionais, de forma a eliminar as causas de variações não aleatórias e do desempenho insatisfatório.

CONTROLE DA QUALIDADE

Técnicas e atividades operacionais usadas para atender aos requisitos para a qualidade, avaliar insumos, matérias-primas e embalagens, executar controle do produto em processo e avaliar requisitos e atendimento de especificação no produto final. Caracterizam atividades de controle da qualidade análises físico-químicas, sensoriais e microbiológicas.

CONTROLE DO PROCESSO

Aplicação da filosofia PDCA nas atividades requeridas para satisfazer as necessidades e as expectativas do cliente.

CORREÇÃO

Ação imediata para eliminar uma não conformidade. A correção é aplicada durante o monitoramento de um PCC a fim de trazer o processo de volta ao controle, ou seja, para dentro dos parâmetros estabelecidos como aceitáveis por meio do limite crítico (LC), assim como o tratamento do produto potencialmente inseguro que foi produzido quando estava fora do LC.

DADOS

São as medidas de alguma variável ou característica de interesse. Representam a base para as tomadas de decisão confiáveis durante a observação e a análise de qualquer problema.

DECLARAÇÃO DE PROPRIEDADES NUTRICIONAIS
(Informação nutricional complementar)

É qualquer representação que afirme, sugira ou implique que um produto possui propriedades nutricionais particulares, especialmente, mas não apenas, em relação ao seu valor energético e conteúdo de proteínas, gorduras, carboidratos e fibra alimentar, assim como ao seu conteúdo de vitaminas e minerais.

DESEMPENHO GLOBAL

Refere-se à síntese dos resultados relevantes para a organização como um todo, levando-se em consideração todas as partes interessadas. É o desempenho planejado pela estratégia da organização. Capacidade de um indivíduo, grupo ou organização para executar processos que aumentam a probabilidade de obter os resultados desejados. Conjunto de resultados, definidos numericamente, obtidos pela execução de processos, que permite a avaliação comparativa com as metas estabelecidas por meio do exame de métodos, padrões e requisitos adotados para o alcance desses resultados. Os cinco tipos de desempenho mais relevantes a serem verificados são: 1) desempenho relativo à satisfação dos clientes; 2) desempenho financeiro; 3) desempenho relativo às pessoas; 4) desempenho relativo a fornecedores e parceiros; 5) desempenho relativo ao produto e aos processos.

DESVIO PADRÃO

Unidade estatística de medida de dispersão em torno da média aritmética de um conjunto de dados. Pontos situados a mais de três desvios da média são, em geral, considerados pontos distantes; pontos dentro dessa variação são considerados aceitáveis.

DISPOSIÇÃO (CORREÇÃO) DE UMA NÃO CONFORMIDADE

Ação a ser implementada no produto não conforme, de modo a corrigir sua não conformidade (atuação no efeito). *Ver* Correção.

DOENÇA VEICULADA POR ALIMENTO (DVA)

Causada pela ingestão de um alimento contaminado por um agente infeccioso específico, ou pela toxina por ele produzida.

EFETIVIDADE

Conceito mais amplo que busca avaliar os resultados das ações implementadas, verificando os reais benefícios que elas trarão, seu impacto. É também a qualidade do que atinge seu objetivo. O EFETIVO está realmente disponível, é incontestável, verificável, executável, tem, igualmente, o sentido de positivo, eficaz.

EFICÁCIA

Alcançar, cumprir, executar, operar, levar a cabo os objetivos; é o poder de causar determinado efeito. EFICAZ, então, é o que realiza perfeitamente determinada tarefa ou função, que produz o resultado pretendido.

EFICIÊNCIA

Relação custo-benefício é a capacidade de se obter a maior produção de bens com o menor custo possível. É a qualidade de fazer com excelência, sem perdas ou desperdícios de tempo, dinheiro ou energia. EFICIENTE é aquilo ou aquele que chega ao resultado, que produz o seu efeito específico, mas com qualidade, com competência, com nenhum ou com o mínimo de erros. O eficiente vai além do eficaz. A eficiência tem uma gradação: uma pessoa, máquina ou organização pode ser mais ou menos eficiente do que outra. Já a eficácia implica sim ou não: uma medicação, por exemplo, é ou não eficaz.

EMBALAGEM

Qualquer forma pela qual o alimento tenha sido acondicionado, guardado, empacotado ou envasado.

ESPECIFICAÇÃO

Documento que define requisitos. Um qualificativo deve ser usado para indicar o tipo de especificação, tal como especificação de produto e especificação de ensaio. Uma especificação deve incluir desenhos, modelos ou outros documentos apropriados e indicar os meios e critérios segundo os quais a conformidade pode ser verificada.

EXCELÊNCIA

Capacidade de produzir padrões de qualidade e de desempenho superiores àqueles já reconhecidos como ideais pelos usuários.

FALHA

Diminuição total ou parcial da capacidade de desempenho de um componente, equipamento ou sistema para atender a certa função durante um período determinado.

FLUXOGRAMA

Representação sistemática e esquemática da sequência e da interação dos processos.

FORNECEDOR

Indivíduo(s) ou organização(ões) que fornece(m) insumos para o cliente. Entidade, interna ou externa à organização, provedora de um produto ou de um serviço ao cliente, que também pode ser interno ou externo. Em uma situação contratual, o fornecedor pode ser chamado de contratado. O fornecedor pode ser, por exemplo, o produtor, o distribuidor, o importador, o montador ou a organização prestadora de serviço.

GARANTIA DA QUALIDADE

Função da empresa que tem como finalidade assegurar que todas as atividades da qualidade estão sendo conduzidas da forma requerida (planejada). É um estágio avançado de uma organização que praticou, de maneira correta, o controle da qualidade em cada projeto e em cada processo. É conseguida por meio do gerenciamento correto, via PDCA. Atividade de prover às partes interessadas a evidência necessária para estabelecer a confiança de que a função qualidade está sendo conduzida adequadamente.

GESTÃO DA QUALIDADE

Todas as atividades da função gerencial que determinam a política da qualidade, os objetivos e as responsabilidades, cuja implementação ocorre por meio de planejamento, controle, garantia e melhoria da qualidade dentro do sistema da qualidade.

IDENTIFICAÇÃO DO PERIGO

Processo de reconhecimento da existência do perigo e identificação de suas características e sua causa. *Ver* Perigo.

LIMITE CRÍTICO (LC)

Critério que, no contexto da segurança dos alimentos, separa a aceitação da rejeição. São estabelecidos para determinar se um PCC permanece ou não sob controle. Se um limite crítico for excedido ou violado, os produtos afetados são considerados como potencialmente inseguros.

LOTE

Quantidade definida de itens de um só tipo e de mesmas características, proveniente de uma única origem.

MANUAL DO SISTEMA DE GESTÃO INTEGRADO (SGI)

Documento que declara a política da qualidade e/ou de segurança dos alimentos e/ou ambiental e/ou de saúde e segurança ocupacional e descreve o sistema de gestão de uma organização. Um manual do SGI pode referir-se à totalidade das atividades de uma organização ou apenas a uma parte delas. O título e o escopo do manual definem o campo de aplicação. Em geral, deve conter ou fazer referência no mínimo a: a) política do SGI; b) responsabilidades, autoridades e inter-relações das pessoas que gerenciam, executam, verificam ou analisam os trabalhos que afetam a qualidade, a segurança dos alimentos, o meio ambiente e a saúde e segurança ocupacional; c) procedimentos e instruções do sistema de gestão integrado; d) disposições relativas a revisão, atualização e controle do manual. Um manual do SGI, para adaptar-se às necessidades de uma organização, pode variar o grau de detalhes e formato, podendo compreender mais de um documento. Dependendo de seu escopo, um qualificativo pode ser usado, como, por exemplo, manual de garantia da qualidade, manual de gestão da qualidade, manual de gestão ambiental, manual de saúde e segurança ocupacional, manual do sistema de segurança dos alimentos, porém a integração reduz a burocracia e evita redundâncias.

MANUTENÇÃO

Operações cuja execução implica intervenção no equipamento, com ou sem desmontagem de componentes, ou simplesmente regulagens e ajustes de partes.

MANUTENÇÃO CORRETIVA OU NÃO PROGRAMADA

Consiste na intervenção no equipamento, com ou sem perda de tempo de produção, sem programação prévia, para eliminação de uma avaria e na reposição das condições de funcionamento normal.

MANUTENÇÃO PREDITIVA

Consiste na manutenção e monitoramento do equipamento sem que haja perda de tempo de produção, visando prevenir as falhas nos equipamentos ou nos sistemas e permitir a operação contínua pelo maior tempo possível. Ou seja, a manutenção preditiva privilegia a disponibilidade, na medida em que não promove intervenções nos equipamentos em operação. A intervenção só é decidida quando o monitoramento indica sua real necessidade, ao contrário da manutenção preventiva que pressupõe a retirada de operação do equipamento com base em seu tempo de uso.

MANUTENÇÃO PREVENTIVA OU PROGRAMADA

Consiste na intervenção no equipamento sem perda de tempo de produção, seguindo um plano de periodicidade baseado nas informações do fabricante ou em dados informativos históricos sobre tempo de quebra ou vida útil de componentes do equipamento.

MARCA

Um nome, sinal, *design*, símbolo ou quaisquer outras características que sirvam para diferenciar o produto dos demais concorrentes.

MEDIDA DE CONTROLE

No contexto do SGQ + SA, é uma ação ou atividade que pode ser usada para prevenir ou eliminar um perigo à segurança dos alimentos ou para reduzi-lo a níveis aceitáveis.

MELHORIA CONTÍNUA

Processo de avanço do sistema de gestão integrado com o propósito de aprimorar a qualidade ambiental, a segurança dos alimentos, a saúde e a segurança ocupacional geral, coerente com a política do sistema de gestão integrado da organização. Não é necessário que o processo de melhoria contínua seja aplicado simultaneamente a todas as áreas de atividade.

META

Requisitos de desempenho detalhados, quantificados sempre que exequível, aplicáveis à organização ou a partes dela, resultantes dos objetivos e que necessitam ser estabelecido para que estes sejam atingidos. A meta é o objetivo em uma linguagem quantitativa.

MONITORAMENTO

Condução de uma sequência planejada de observações ou medições para avaliar se as medidas de controle estão operando conforme planejado.

NÃO CONFORMIDADE

Não atendimento de um requisito ou quaisquer desvios de padrões de trabalho, práticas, procedimentos, regulamentos ou desempenho do sistema de gestão integrado que possam levar, direta ou indiretamente, a produtos não conformes, doenças ou perdas, a danos à propriedade, ao ambiente de trabalho ou ao meio ambiente (impactos ambientais), ou a combinação destes.

NORMAS

É um conjunto de regras ou instruções para fixar os procedimentos, a organização, os métodos e as técnicas que serão utilizados no desenvolvimento das atividades.

OBJETIVO

Direção à qual uma organização aplicará seus esforços a fim de atender sua política de gestão. O termo objetivo tende a ser específico. É muito parecido com o termo meta, ainda que este tenha uma conotação mais quantitativa e, de certa forma, mais próxima do termo missão. Os objetivos podem ser subdivididos em objetivos específicos relativos às diversas áreas ou funções de uma organização.

ORGANIZAÇÃO

Empresa, corporação, firma, empreendimento, autoridade ou instituição, ou parte de uma combinação destes, incorporada ou não, pública ou privada, que tenha funções e administração próprias. Para organizações com mais de uma unidade operacional, cada unidade isolada pode ser definida como uma organização.

ÓRGÃO COMPETENTE

O órgão técnico específico do Ministério da Saúde, bem como os órgãos federais, estaduais, municipais e congêneres, devidamente credenciados.

PADRÃO

Medida adotada como referência para a comparação, com o objetivo de unificar e simplificar um objetivo, desempenho, estado, movimento, método, procedimento, conceito ou meta a serem alcançados.

PADRÃO DE IDENTIDADE E QUALIDADE

O estabelecido pelo órgão competente do Ministério da Saúde que dispõe sobre denominação, definição e composição de alimentos, matérias-primas alimentares, alimentos *in natura* e aditivos intencionais, fixando requisitos de higiene medidos de amostragem e análise e normas de envasamento e rotulagem.

PADRONIZAÇÃO

Ato ou efeito de padronizar, de estabelecer padrões. É considerada a mais fundamental das ferramentas gerenciais nas organizações modernas.

PARÂMETRO

É algo aceito ou estabelecido com autoridade, como um índice para medir quantidade, qualidade, peso e valor.

PARTE(S) INTERESSADA(S)

Um indivíduo ou grupo relacionado ou impactado pelo desempenho da organização. O termo é utilizado especialmente em relação ao sistema de gestão ambiental e de saúde e segurança ocupacional.

PERIGO

Fonte ou situação capaz de causar perdas em termos de danos à saúde, prejuízos econômicos, prejuízos ao ambiente ou uma combinação destes.

PERIGO À SEGURANÇA DE ALIMENTOS

Agente de natureza física (como pedaço de metal ou vidro), biológica (como microrganismos ou suas toxinas) ou química (como agrotóxicos ou resíduos de sanitizantes), ou, ainda, condição do alimento com o potencial de causar um efeito adverso à saúde do consumidor. No contexto de animais de produção e abate, além de suas possíveis doenças, sua alimentação ou os ingredientes desta podem oferecer danos à saúde humana. No contexto das operações, os perigos são aqueles que podem ser transferidos, direta ou indiretamente, durante uma linha de produção, no armazenamento ou no transporte para o alimento e deste para os humanos, podendo causar um efeito adverso a sua saúde.

PERMISSÃO DE DESVIO PRÉ-PRODUÇÃO

Autorização escrita que permite o desvio dos requisitos especificados originalmente para um produto antes de sua produção. Uma permissão de desvio pré-produção restringe-se a uma quantidade, a um período de tempo limitado ou a um uso especificado.

PLANEJAMENTO DA QUALIDADE

Atividades que determinam os objetivos e os requisitos para a qualidade, assim como os requisitos para a aplicação dos elementos que compõem o sistema da qualidade. O planejamento da qualidade inclui: a) planejamento do produto – identificação, classificação e ponderação das características relativas a qualidade, bem como a definição dos objetivos, dos requisitos para a qualidade e das restrições; b) planejamento gerencial e operacional – preparação da aplicação do sistema da qualidade, incluindo a organização e a programação; e c) preparação de planos da qualidade e identificação de ações para a melhoria da qualidade.

PLANO DA QUALIDADE

Documento que estabelece as práticas, os recursos e a sequência de atividades em relação à qualidade de determinado produto, projeto ou contrato. Um plano da qualidade geralmente faz referência às partes do manual da qualidade aplicáveis ao caso específico. Dependendo do escopo do plano, um qualificativo pode ser usado, como, por exemplo, plano da garantia da qualidade ou plano de gestão da qualidade.

PLANO DE AÇÃO

Quando se quer atingir metas, é importante planejar algumas ações, como os meios e os caminhos para se chegar até a meta. Esse conjunto de ações é chamado plano de ação. Se for bem elaborado, a meta será atingida. Cada plano deve ter um responsável (quem), um prazo (quando), um local (onde), uma justificativa (porque) e um procedimento (como).

PLANO DE INSPEÇÃO

Documento que relaciona sequencialmente atividades de inspeção, inclusive pontos de parada, organizações envolvidas, procedimentos, normas e demais documentos a serem utilizados.

POLÍTICA DO SISTEMA DE GESTÃO INTEGRADO (SGI)

Intenções, diretrizes e princípios gerais de uma organização em relação ao seu desempenho da qualidade, de segurança dos alimentos, ambiental, de saúde e de segurança ocupacional, conforme expresso pela alta administração. A política do SGI deve prever uma estrutura para ação e definição de seus objetivos e metas.

PONTO CRÍTICO DE CONTROLE (PCC)

Etapa na qual o controle pode ser aplicado; essencial para prevenir ou eliminar um perigo à segurança dos alimentos ou reduzi-lo a níveis aceitáveis.

PORÇÃO

É a quantidade média do alimento que deveria ser consumida por pessoas sadias, com mais de 36 meses de idade, em cada ocasião de consumo, com a finalidade de promover uma alimentação saudável.

PROCEDIMENTO

Forma especificada de executar uma atividade ou um processo. Os procedimentos podem ser documentados ou não.

PROCESSO

Conjunto de tarefas distintas, interligadas, visando cumprir uma missão. Conjunto de causas que produzem um ou mais efeitos (produto). Define-se um processo agrupando em sequência todas as tarefas dirigidas à obtenção de um resultado, bem ou serviço. Isso equivale a dizer que um processo é constituído de pessoas, equipamentos, materiais ou insumos, métodos ou procedimentos, informações do processo ou medidas e condições ambientais, combinados de modo a gerar um produto (bem ou serviço). Uma série de tarefas correlatas pode ser chamada de processo, e um grupo de processos correlatos pode ser visto como um sistema. Qualquer organização ou empresa é um processo e, dentro dela, é possível encontrar diversos processos de manufatura ou serviços. Um processo é controlado por meio dos seus efeitos.

PRODUTO

Resultado de atividades ou processos. O termo produto pode incluir serviço, materiais e equipamentos, materiais processados, informações, ou uma combinação destes. Um produto pode ser tangível (p. ex., montagens ou materiais processados) ou intangível (p. ex., conhecimento ou conceitos), ou uma combinação dos dois. Pode ser intencional (oferta aos clientes) ou não intencional (um poluente ou efeitos indesejáveis).

PRODUTO ALIMENTÍCIO

Todo alimento derivado de matéria-prima alimentar, de alimento *in natura* ou não, e de outras substâncias permitidas, obtido por processo tecnológico adequado.

PRODUTO CONFORME

Aquele que atende às especificações das análises realizadas no laboratório de controle de qualidade (produto em processo/produto acabado) e aos resultados obtidos no controle de processo.

PRODUTO FINAL

Produto que não será submetido a qualquer processo ou transformação pela organização. Um produto que sofre processamento ou transformação posterior por outra organização é um produto final no contexto da primeira organização e uma matéria-prima ou um ingrediente no contexto da segunda.

PRODUTO NÃO CONFORME

Aquele que não atende às especificações das análises realizadas no laboratório de controle de qualidade (produto em processo/produto acabado) e aos resultados obtidos no controle de processo.

PROGRAMA DE PRÉ-REQUISITOS (PPR)

Condições básicas e atividades necessárias para manter um ambiente higiênico ao longo da cadeia produtiva de alimentos, adequadas para produção, manuseio e provisão de produtos finais seguros para o consumo humano. Os PPRs, dependem do segmento da cadeia produtiva de alimentos em que a organização opera e do tipo de organização. Exemplos de termos equivalentes são: boas práticas de fabricação (BPFs), boas práticas pecuárias (BPPs), boas práticas de higiene (BPHs), boas práticas de manipulação (BPMs), boas práticas de distribuição (BPDs) e boas práticas de comercialização (BPCs).

PROGRAMA DE PRÉ-REQUISITOS OPERACIONAL (PPRO)

São operações identificadas como essenciais para controlar a probabilidade de introdução, contaminação ou proliferação de perigos à segurança dos alimentos nos produtos ou no ambiente de processo. Pode incluir procedimentos de limpeza e higienização, controle da saúde de manipuladores, manejo de resíduos, controle integrado de pragas, manutenção preventiva ou corretiva programada, entre outros.

QUALIDADE

Qualidade deve ser definida como o cumprimento de requisitos. No que se refere ao desempenho, a qualidade aponta para características indicadoras da satisfação do cliente em relação a produtos ou serviços. Relacionada à satisfação do cliente, a palavra qualidade também se vincula a "ausência de defeitos ou falhas". Todavia, deve-se ter em vista que o fato de um produto ou serviço não ter deficiências não significa, necessariamente, que satisfaça o cliente, pois algum produto ou serviço concorrente pode apresentar um desempenho melhor, atraindo o cliente. Qualidade também significa adequação ao uso. Produto ou serviço de qualidade é aquele que atende perfeitamente, de forma confiável, acessível, segura e no tempo certo, as necessidades do cliente.

QUALIDADE HIGIÊNICA

A qualidade higiênica, ou a inocuidade do alimento, é uma exigência absoluta. O alimento não deve conter nenhum elemento (perigo) em quantidade suficiente para causar dano ao consumidor a curto, médio ou longo prazo. É preciso ter atenção, não só à existência de substâncias (incluindo microrganismos) que possam causar dano imediato, mas também à possibilidade de ocorrerem efeitos cumulativos.

QUALIDADE INTRÍNSECA

No contexto da qualidade total, são as características técnicas asseguradas ao produto ou ao serviço que conferem sua habilidade de satisfazer as necessidades do cliente.

QUALIDADE TOTAL

Abrange as cinco dimensões da qualidade dos produtos e das pessoas que afetam a satisfação das necessidades dos clientes: 1) qualidade intrínseca do produto (bem ou serviço); 2) custo; 3) entrega/atendimento; 4) moral: nível médio de satisfação de um grupo de pessoas que trabalham na organização; 5) segurança do usuário do produto e das pessoas da organização.

RASTREABILIDADE

Capacidade de investigar o histórico, a aplicação ou a localização de um item ou de uma atividade (ou itens ou atividades semelhantes) por meio de informações devidamente registradas.

REGISTRO EM DOCUMENTO

Apresenta resultados obtidos ou fornece evidências de atividades realizadas.

REQUISITOS

Necessidades básicas dos clientes ou das demais partes interessadas, explicitadas por eles, de maneira formal ou informal. Exemplos de requisitos incluem prazo de entrega, tempo de garantia, especificação técnica, tempo de atendimento, qualificação de pessoal, preço e condições de pagamento.

REQUISITOS DA QUALIDADE

Expressão das condições experimentalmente verificáveis, qualitativas ou quantitativas, que devem ser atendidas por um produto ou serviço para que ele satisfaça as necessidades dos clientes.

REQUISITOS LEGAIS

Requisitos estipulados por legislações.

RESPOSTA

Evento de um sistema que origina ações em outro elemento do sistema.

RESULTADOS

Os métodos e as práticas adotados pela organização podem ter sua eficácia avaliada por meio dos resultados que ela consegue alcançar. Os indicadores de desempenho são um importante instrumento na avaliação desses resultados institucionais. Os resultados são os efeitos que as práticas adotadas produziram, em diversas áreas de atuação, tais como os que se referem à satisfação dos clientes, à aplicação dos recursos, ao desenvolvimento das pessoas, aos produtos e serviços dos fornecedores e à qualidade do produto oferecido.

RISCO

Combinação da frequência, ou probabilidade, e da(s) consequência(s) da ocorrência de uma situação de perigo específica.

RISCO TOLERÁVEL

Risco que foi reduzido a níveis que podem ser suportados pela organização, considerado-se suas obrigações legais e sua política do sistema de gestão integrado. É tolerável o risco na perpectiva da segurança dos alimentos quando não existe risco à saúde do consumidor.

ROTULAGEM NUTRICIONAL

É toda descrição destinada a informar o consumidor sobre as propriedades nutricionais de um alimento.

RÓTULO

Qualquer identificação impressa ou litografada, bem como os dizeres pintados ou gravados a fogo, por pressão ou decalcação, aplicados sobre o recipiente, vasilhame envoltório, cartucho ou qualquer outro tipo de embalagem do alimento ou sobre o que acompanha o continente.

SATISFAÇÃO DO CLIENTE

Percepção do cliente quanto ao grau em que os seus requisitos foram atendidos.

SEGURANÇA

Ausência de riscos e de perdas não aceitáveis.

SEGURANÇA DOS ALIMENTOS

É um conjunto de normas de produção, transporte e armazenamento de alimentos visando determinadas características físico-químicas, microbiológicas e sensoriais padronizadas, segundo as quais os alimentos são adequados ao consumo. Essas regras são, até certo ponto, internacionalizadas, de modo que as relações entre os povos possam atender às necessidades comerciais e sanitárias. Segurança dos alimentos significa a garantia de que o produto não contém perigos de natureza biológica, física ou química capazes de causar um dano à saúde do consumidor ao ser preparado ou consumido.

SISTEMA

É um conjunto de elementos inter-relacionados, de modo que a modificação de um elemento provoca alterações em todos os outros. Nas organizações, os sistemas são totalidades integradas que visam o desempenho de funções globais, cujas propriedades não podem ser reduzidas a unidades menores.

SISTEMA DE GESTÃO AMBIENTAL (SGA)

Parte de um sistema de gestão de uma organização utilizada para desenvolver e implementar sua política ambiental e para gerenciar aspectos ambientais.

SISTEMA DE GESTÃO DA SEGURANÇA E SAÚDE OCUPACIONAL (SGSSO)

Parte do sistema global de gestão que permite o gerenciamento dos riscos a saúde e segurança ocupacional associados aos negócios da organização. Isso inclui estrutura organizacional, atividades de planejamento, responsabilidades, práticas, procedimentos, processos e recursos para desenvolver, implantar, atingir, analisar criticamente e manter uma política voltada à saúde e à segurança ocupacional.

SISTEMA DE QUALIDADE

Estrutura organizacional, procedimentos, responsabilidades, processos e recursos necessários para implementar a gestão da qualidade.

TÉCNICAS ESTATÍSTICAS

Na utilização do ciclo PDCA, poderá ser necessário empregar ferramentas para a coleta, o processamento e a disposição das informações necessárias à condução das várias etapas do ciclo. Essas ferramentas são denominadas ferramentas de qualidade, entre as quais são de especial importância as técnicas estatísticas. Algumas dessas técnicas são: sete ferramentas do controle da qualidade, amostragem, análise de variância, análise de regressão, planejamento de experimentos, otimização de processos, análise multivariada e confiabilidade e controle estatístico de processo (CEP).

TENDÊNCIA

Comportamento do conjunto de resultados ao longo do tempo. Não se especifica nenhum prazo mínimo para se estabelecer uma tendência. Entretanto, para os critérios de excelência, será considerada a variação consecutiva (melhoria dos resultados), de forma sustentada, por, no mínimo, três períodos de tempo. A frequência de medição deve ser coerente com o ciclo da prática de gestão medida, adequada para apoiar as análises críticas e a tomada de ações corretivas e de melhoria.

VALIDAÇÃO

Confirmação, por exame e/ou fornecimento de evidência objetiva, de que os requisitos específicos para o uso pretendido ou resultado de um processo poderão ser atendidos quando se seguir determinado método ou procedimento. Informações cuja veracidade pode ser comprovada com base em fatos obtidos por meio de observação, medição, ensaios ou outros meios constituem evidência objetiva. Na perspectiva da segurança dos alimentos, validação é a obtenção de evidências de que as medidas de controle gerenciadas pelo plano APPCC e pelos PPRs operacionais são capazes de ser eficazes.

VERIFICAÇÃO

Na perspectiva da segurança dos alimentos, é a confirmação, por meio de evidências objetivas, de que os requisitos especificados foram cumpridos.

VISÃO ESTRATÉGICA DE QUALIDADE

A qualidade entendida como caminho para assegurar à organização uma vantagem competitiva de mercado. O foco aqui é o mercado. Ser o melhor em seu segmento, apurado em ações de *benchmark,* é o propósito dessa dimensão da qualidade.

ZERO DEFEITO

No sentido literal, significa um produto livre de defeitos. Essa expressão, criada por Crosby, é também utilizada como *slogan* em campanhas pela melhoria da qualidade. Seu uso tem sido criticado com base em argumentos diversos, um dos quais é o de que não basta um *slogan* sugestivo, é indispensável um método. Da mesma maneira, um produto não ter defeito não significa, necessariamente, que ele atende às expectativas do cliente.

Anexos

Anexo 1

Logotipo	MATRIZ DE CONTROLE DE DOCUMENTOS								
	Sistema da qualidade e segurança dos alimentos								
Nº do documento	Título	Tipo	Interno ou externo	Data da elaboração	Nº da revisão	Previsão da próxima revisão	Responsável pela aprovação	Nº de cópias físicas	Locais de guarda

Anexo 2

Logotipo			MATRIZ DE CONTROLE DE REGISTROS					
			Sistema da qualidade e segurança dos alimentos					
Identificação			Sistema de gestão da qualidade e segurança dos alimentos					
			Durante uso		Arquivo morto			
Nº	Título	Revisão	Local	Responsável	Local	Tempo mínimo de retenção	Responsável	Forma de descarte

Anexo 3

Logotipo	**ANÁLISE DE PERIGOS E PONTOS CRÍTICOS DE CONTROLE**

PLANO DE APPCC Nº

Elaboração:	Data da revisão:	Nº da revisão:	DOC:

IDENTIFICAÇÃO DA UNIDADE FABRIL

Empresa:		CNPJ:	
Endereço:			
Telefone:		Fax:	
Contato:			
E-mail:			
Linha industrial:			

PRODUTOS ABRANGIDOS POR ESTE PLANO DE APPCC

Produto:	Especificação:	Código:

INFORMAÇÕES COMPLEMENTARES

CARACTERÍSTICAS GERAIS DOS PRODUTOS ABRANGIDOS:

pH:		Alergênicos:	
Aw:		Umidade:	

USO PRETENDIDO

CARACTERÍSTICAS NUTRICIONAIS

Valor calórico:		Fibra alimentar:	
Carboidratos:		Proteínas:	
Gorduras totais:		Sódio:	
Gorduras saturadas:		Cálcio:	
Gorduras *trans*:		Ferro:	
Colesterol:		Vitaminas:	

PÚBLICO-ALVO PRETENDIDO (sim ou não)

Adultos:		Imunossuprimidos:	
Crianças:		Celíacos:	
Idosos:		Hipertensos:	
Lactantes:		Diabéticos:	

DIZERES ESPECIAIS DE ROTULAGEM

Rico:		Fonte:	
Zero *trans*:		Glúten:	

INFORMAÇÕES ADICIONAIS PARA ROTULAGEM

Conservação:	
Alergênicos:	

INFORMAÇÕES PARA TRANSPORTE E ESTOCAGEM

Transporte:	
Estocagem:	

SHELF LIFE

Validade:	

CANAL DE COMUNICAÇÃO COM A EMPRESA

SAC:	

EMBALAGEM

Geral:	

Anexo 4

ANÁLISE DE PERIGOS E DETERMINAÇÃO DE PCCs NAS ETAPAS DO PROCESSO																	
ANÁLISE DE PERIGOS:						SITUAÇÃO:	☐Elaborado ☐Validado ☐Equipes treinadas ☐Em operação ☐Plenamente implantado										
Nº	Etapa do processo	Perigos potenciais	Gravi-dade	Proba-bilidade	Signi-ficância	Justificativa	Medida de controle		Árvore decisória						Etapa na qual o perigo é reduzido ou eliminado	Nº PCC	Nº MOD
							Descrição	Imple-mentada?	P0	P1	P2	P3	P4	P5			

Anexo 5

ÁRVORE DECISÓRIA

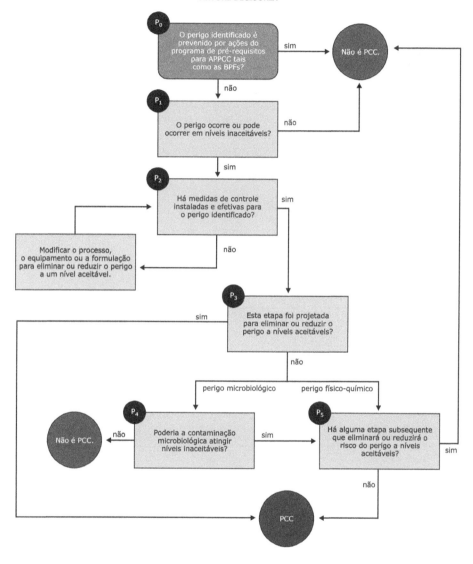

Anexo 6

PLANO DE MONITORAMENTO DE PONTOS CRÍTICOS DE CONTROLE (PCCs)												
Ponto(s) crítico(s) de controle (PCCs)			Controle de PCCs							Medidas para casos de desvio		
Nº do PCC/PC	Etapa do processo	Perigo significativo a ser controlado	Variável ou atributo	Responsável	Método	Amostragem	Frequência	Limite crítico	Limite de segurança	Correção no processo	Correção no produto	Registro

Anexo 7

PLANO DE VERIFICAÇÃO DE PONTOS CRÍTICOS DE CONTROLE (PCCs)

Nº do PCC	Etapa do processo	Variável ou atributo de verificação	Responsável	Frequência	Método	Limites de controle	Correção	Registro

Anexo 8

NÃO CONFORMIDADE INTERNA

Origem:	☐ Vigilância Sanitária MAPA	☐ Anvisa	**Nº:**
☐ Cliente (*business to business*)	☐ Auditoria 1ª parte	☐ Órgão Ambiental	
☐ Consumidor (SAC)	☐ Auditoria 2ª parte	☐ Meio Ambiente	**Responsável:**
☐ Manejo Integrado de Pragas	☐ Auditoria 3ª parte	☐ Desvio no ponto	
☐ Controle de Qualidade		crítico de controle	**Data:** ___ / ___ / ___
		☐ Outros	

TIPO DE NÃO CONFORMIDADE:	☐ REAL ☐ POTENCIAL

Informações de Identificação:

Produto:	Código:	Lote:
Cliente:	Data de Validade:	Data de Fabricação:
Contato:		
Devolução: ☐ SIM ☐ NÃO	Quantidade	Nº de Reclamação SAC:
Unidade Fabril	Linha de Produção:	

Ocorrência/Situação Potencial (descrição do problema):   **Reincidente ☐ SIM / ☐ NÃO**

Causa(s) mais Provável(is):

Disposição (ação imediata):   ☐ Descartar / ☐ Retrabalho / ☐ Outro

Ações e Recursos Necessários: ☐ Ação Corretiva / ☐ Ação Preventiva

DESCRIÇÃO DA AÇÃO	PRAZO	RESPONSÁVEL	CUSTO

AÇÕES DECORRENTES:	Alterar procedimentos? ☐ SIM ☐ NÃO

Avaliação da Eficácia (campo de preenchimento da garantia da qualidade):

☐ Eficaz / ☐ Parcialmente Eficaz/ ☐ Não Eficaz (reabrir não conformidade)

Responsável: **Data:** ___/___/___

Anexo 9

NÃO CONFORMIDADE EXTERNA

| Empresa: | Nº |
| | Data: __/__/__ |

□ Matéria-prima   □ Insumo   □ Embalagem   □ Serviço

Descrição do Produto ou Serviço:	Reincidente: □ SIM □ NÃO
Lote:	Data de Recebimento:	Quantidade Recebida:
Nota Fiscal:	Data de Fabricação:	Quantidade em Evidência:

Ação interna:	Prezado fornecedor:
□ Devolução do lote □ Descarte do lote □ Liberado sob desvio	Por favor, preencha e nos envie, no prazo de 10 dias, o formulário com plano de ação, objetivando a NÃO ocorrência de reincidência deste problema.

Detecção do Problema (campo de preenchimento da empresa):
□ No recebimento de materiais / □ Na produção / □ No mercado sem *recall* / □ No mercado com *recall*

Se problema foi detectado na produção, quando?___/___/___

Ocorrência/descrição do problema (campo de preenchimento pela empresa):

Causa(s) mais provável(is) (campo de preenchimento do fornecedor):

Ações e recursos necessários: □ Ação corretiva/ □ Ação preventiva
(campo de preenchimento do fornecedor):

DESCRIÇÃO DA AÇÃO	PRAZO	RESPONSÁVEL	SITUAÇÃO

Responsável pelo preenchimento:	Cargo:
Telefone:	*e-mail:*

Avaliação da Eficácia (campo de preenchimento da empresa):
□ Eficaz / □ Parcialmente Eficaz / □ Não Eficaz (reabrir não conformidade)

Referências

ASSOCIAÇÃO BRASILEIRA DE NORMAS TÉCNICAS. *NBR 14900:2002:* sistemas de gestão de análise de perigos e pontos críticos de controle: segurança de alimentos. Rio de Janeiro, 2003.

BRASIL. Lei n° 8.078, de 11 de setembro de 1990. Dispõe sobre a proteção do consumidor e dá outras providências. *Diário Oficial da União*, Brasília, 12 set. 1990.

BRASIL. Ministério da Agricultura e do Abastecimento. Portaria nº 368, de 04 de setembro de 1997. Aprova o regulamento técnico sobre as condições higiênico-sanitárias e de boas práticas de fabricação para estabelecimentos elaboradores/ industrializadores de alimentos. *Diário Oficial da União*, Brasília, 08 set. 1997a.

BRASIL. Ministério da Justiça. Portaria nº 789, de 24 de agosto de 2001. Regula a comunicação, no âmbito do Departamento de Proteção e Defesa do Consumidor - DPDC, relativa à periculosidade de produtos e serviços já introduzidos no mercado de consumo, prevista no art. 10, § 1º da Lei 8078/90. *Diário Oficial da União*, Brasília, ago. 2001.

BRASIL. Ministério da Justiça. Portaria nº 81, de 23 de janeiro de 2002. Estabelece regra para a informação aos consumidores sobre mudança de quantidade de produto comercializado na embalagem. *Diário Oficial [da] República Federativa do Brasil*, Brasília, 24 jan. 2002a.

BRASIL. Ministério da Saúde. Agência Nacional de Vigilância Sanitária (ANVISA). Resolução RDC nº 340, de 13 de dezembro de 2002. As empresas fabricantes de alimentos que contenham na sua composição o corante tartrazina (INS 102) devem obrigatoriamente declarar na rotulagem, na lista de ingredientes, o nome do corante tartrazina por extenso. *Diário Oficial da União*, Brasília, 18 dez. 2002b.

BRASIL. Ministério da Saúde. Agência Nacional de Vigilância Sanitária (ANVISA). Brasília: Agência Nacional de Vigilância Sanitária, c2009. Disponível em: <http://portal.anvisa.gov.br>. Acesso em: 23 fev. 2010.

BRASIL. Ministério da Saúde. Agência Nacional de Vigilância Sanitária (ANVISA). Resolução RDC nº 259, de 20 de setembro de 2002. Aprova o Regulamento Técnico sobre Rotulagem de Alimentos Embalados. *Diário Oficial da União*, Brasília, 23 set. 2002c.

BRASIL. Ministério da Saúde. Agência Nacional de Vigilância Sanitária (ANVISA). Resolução RDC nº 360, de 23 de dezembro de 2003. Aprova regulamento técnico sobre rotulagem nutricional de alimentos embalados, tornando obrigatória a rotulagem nutricional. *Diário Oficial da União*, Brasília, 26 dez. 2003a.

BRASIL. Ministério da Saúde. Agência Nacional de Vigilância Sanitária (ANVISA). Resolução RDC nº 359, de 23 de dezembro de 2003. Aprova regulamento técnico de porções de alimentos embalados para fins de rotulagem nutricional. *Diário Oficial da União*, Brasília, 26 dez. 2003b.

BRASIL. Ministério da Saúde. Agência Nacional de Vigilância Sanitária (ANVISA). Portaria nº 27, de 13 de janeiro de 1998. Aprova o Regulamento Técnico referente à Informação Nutricional Complementar (declarações relacionadas ao conteúdo de nutrientes), constantes do anexo desta Portaria. *Diário Oficial da União*, Brasília, 16 jan. 1998.

BRASIL. Ministério da Saúde. Agência Nacional de Vigilância Sanitária (ANVISA). Decreto-lei nº 986, de 21 de outubro de 1969. Institui normas básicas sobre alimentos. *Diário Oficial da União*, Brasília, 21 set. 1969.

BRASIL. Ministério da Saúde. Agência Nacional de Vigilância Sanitária (ANVISA). Resolução RDC nº 40, de 08 de fevereiro de 2002. Aprova o Regulamento Técnico para ROTULAGEM DE ALIMENTOS E BEBIDAS EMBALADOS QUE CONTENHAM GLÚTEN, constante do anexo desta Resolução. *Diário Oficial da União*, Brasília, 13 fev. 2002d.

BRASIL. Ministério da Saúde. Agência Nacional de Vigilância Sanitária (ANVISA). Portaria MS nº 326 de 30 de Junho de 1997. Aprova o regulamento técnico: considerações higiênico-sanitárias e de boas práticas de fabricação para estabelecimentos produtores/industrializadores de alimentos. *Diário Oficial da União*, Brasília, jun. 1997b.

BRASIL. Ministério da Saúde. Agência Nacional de Vigilância Sanitária (ANVISA). Resolução nº 23, de 15 de março de 2000. Dispõe sobre o manual de procedimentos básicos para registro e dispensa da obrigatoriedade de registro de produtos pertinentes à área de alimentos. *Diário Oficial da União*, Brasília, 16 mar. 2000.

BRASIL. Ministério da Saúde. Agência Nacional de Vigilância Sanitária (ANVISA). Portaria nº 15, de 23 de agosto de 1988. Determina que o registro de produtos saneantes domissanitários com finalidade antimicrobiana seja procedido de acordo com as normas regulamentares. *Diário Oficial da União*, Brasília, 05 set. 1988.

BRASIL. Ministério da Saúde. Agência Nacional de Vigilância Sanitária (ANVISA). Portaria nº 211, de 15 de junho de 2004. Determina que as Secretarias de Estado da Saúde adotem as providências necessárias para organizar e implantar as Redes Estaduais de Assistência em Nefrologia na alta complexidade. *Diário Oficial da União*, Brasília, 17 jun. 2004a.

BRASIL. Ministério da Saúde. Agência Nacional de Vigilância Sanitária (ANVISA). Resolução RDC nº 275, de 21 de outubro de 2002. *Diário Oficial [da] República Federativa do Brasil*, Poder Executivo, Brasília, DF, 23 de out. 2002e.

BRASIL. Ministério da Saúde. Agência Nacional de Vigilância Sanitária (ANVISA). Resolução RDC nº 175, de 08 de julho de 2003. *Diário Oficial [da] República Federativa do Brasil*, Poder Executivo, 09 de julho de 2003c.

BRASIL. Ministério da Saúde. Agência Nacional de Vigilância Sanitária (ANVISA). Portaria nº 1428, de 26 de novembro de 1993. *Diário Oficial [da] República Federativa do Brasil*, Poder Executivo, Brasília, DF, 02 de dez. de 1993.

BRASIL. Ministério da Saúde. Agência Nacional de Vigilância Sanitária. RDC nº 24, de 08 de junho de 2015. Brasília: MS, 2015. Disponível em: <http://portal.anvisa.gov.br/documents/10181/2968795/RDC_24_2015_COMP.pdf/d0d99450-1152-4f7a-91b9-1130fcb17fa2>.

BRASIL. Ministério da Saúde. Portaria nº 2.914, de 12 de dezembro de 2011. Brasília: MS, 2011. Disponível em: < http://bvsms.saude.gov.br/bvs/saudelegis/gm/2011/prt2914_12_12_2011.html>. Acesso em: 28 jul. 2018.

BRASIL. Ministério do Desenvolvimento, Indústria e Comércio Exterior. Instituto Nacional de Metrologia, Normalização e Qualidade Industrial (Inmetro). [Brasília]: Inmetro, [2010]. Disponível em: <http://www.inmetro.gov.br/>. Acesso em: 06 jan. 2010.

BRASIL. Ministério do Desenvolvimento, Indústria e Comércio Exterior. Instituto Nacional de Metrologia, Normalização e Qualidade Industrial (Inmetro). *Portaria INMETRO/DIMEL nº 157*, de 17 de setembro de 2002. Aprova o modelo NTL-I de manômetro mecânico destinado à conexão em braçadeira utilizada na medição de pressão arterial, marcas CLASSIC, PRESSURE, MED PRESS, RL MED, EUMED ALTHAX, bem como as instruções que deverão ser observadas quando da realização das verificações metrológicas. [Brasília]: Inmetro, 2002f. Disponível em: <http://www.inmetro.gov.br/legislacao/detalhe.asp?seq_classe=2&seq_ato=1320>. Acesso em: 23 fev. 2010.

BRASIL. Ministério do Desenvolvimento, Indústria e Comércio Exterior. Instituto Nacional de Metrologia, Normalização e Qualidade Industrial (Inmetro). *Portaria Inmetro nº 248*, de 17 de julho de 2008. Aprova o regulamento técnico metrológico que estabelece os critérios para verificação do conteúdo líquido de produtos pré-medidos com conteúdo nominal igual, comercializados nas grandezas de massa e volume. [Brasília]: Inmetro, 2008. Disponível em: <http://www.inmetro.gov.br /legislacao/rtac/pdf/RTAC001339.pdf>. Acesso em: 23 fev. 2010.

BRASIL. Ministério do Desenvolvimento, Indústria e Comércio Exterior. Instituto Nacional de Metrologia, Normalização e Qualidade Industrial (Inmetro). [Brasília]: Inmetro, [2010]. Disponível em: <http://www.inmetro.gov.br/>.

HAZARD Analysis and Critical Control Point (HACCP) System and Guidelines for its Application. In: CODEX ALIMENTARIUS COMMISSION. *Codex alimentarius*: food hygiene: basic texts. Rome: Food and Agricultural Organization of the United Nations World Health Organization, 2001.

INTERNATIONAL ORGANIZATION FOR STANDARDIZATION. *ISO 14001:2004*: environmental management systems: requirements with guidance for use. 2nd ed. Geneva, 2004.

INTERNATIONAL ORGANIZATION FOR STANDARDIZATION. *ISO 15161:2001*: guidelines on the application of ISO 9001:2000 for the food and drink Industry. Geneva, 2001.

INTERNATIONAL ORGANIZATION FOR STANDARDIZATION. *ISO 19011:2002*: guidelines for quality and/or environmental management systems Auditing. Geneva, 2002.

INTERNATIONAL ORGANIZATION FOR STANDARDIZATION. *ISO 22000:2005*: food safety management systems: requirements for any organization in the food chain. Geneva, 2005.

INTERNATIONAL ORGANIZATION FOR STANDARDIZATION. *ISO 9000:2000*: quality management systems: requirements. 3rd ed. Geneva, 2008.

INTERNATIONAL ORGANIZATION FOR STANDARDIZATION. *ISO 9000:2000*: quality management systems: requirements. 3rd ed. Geneva, 2008.

INTERNATIONAL ORGANIZATION FOR STANDARDIZATION. *ISO 9001:2015*: quality management systems: requirements. Geneva, 2008.

LIVRO Branco sobre a Segurança dos Alimentos. [S.l.], 12 jan. 2000. Disponível em: <http://europa.eu/legislation_summaries/other/l32041_pt.htm>

OCCUPATIONAL HEALTH AND SAFETY ASSESSMENT SERVICES. *OHSAS 18001*: Occupational Health and Safety Zone. [S.l.], [200-]. Disponível em: <http://www.ohsas-18001-occupational-health-and-safety.com/ohsas-18001-kit.htm>. Acesso em: 23 fev. 2010.

UNIÃO EUROPÉIA. Directiva 93/43/CEE do Conselho, 14 de Jun 1993. Relativa à higiene dos géneros alimentícios. *Jornal Oficial*, nº L 175 de 19 jul. 1993, p. 1-011. Disponível em: <http://eur-lex.europa.eu/LexUriServ/LexUriServ.do?uri=CELEX :31993L0043:PT:HTML>. Acesso em: 23 fev. 2010.

Leitura recomendada

ACKOFF, R. L. *Re-creation the corporation*: a design of organizations for the 21st century. New York: Oxford University, 1999.

ALMEIDA, C. R. O sistema HACCP como instrumento para garantir a inocuidade dos alimentos. *Revista Higiene Alimentar*, v. 12, n. 53, p. 12-20, jan./fev. 1998.

AMERICAN INSTITUTE OF CHEMICAL ENGINEERS. *Guidelines for integrating process safety management, environment, safety, health, and quality*. New York: Center for Chemical Process Safety of the American Institute of Chemical Engineers, 1996.

ARNOLD, K. L. *O guia gerencial para a ISO 9000*. Rio de Janeiro: Campus, 1995.

ARTER, D. R. *Quality audits for improved performance*. Milwaukee: ASQC Quality Press, 1999.

ASSOCIAÇÃO BRASILEIRA DA INDÚSTRIA DA ALIMENTAÇÃO. São Paulo: [200-]. Disponível em: <www.abia.org.br>. Acesso em: 07 nov. 2008.

ASSOCIAÇÃO BRASILEIRA DAS EMPRESAS DE REFEIÇÕES COLETIVAS. *Apostila:* Comissão Técnico-operacional. São Paulo: [198-]. v. 2.

AYOADE, A.; GIBB, A. G. F. I. Integration of quality, safety and environmental systems. In: IMPLEMENTATION OF SAFETY AND HEALTH ON CONSTRUCTION SITES, 1996, Lisboa, Proceedings of the international conference of CIB working commission W99. Lisboa, Portugal, set. 1996.

BARBOSA, J. J. *Introdução a tecnologia de alimentos*. Rio de Janeiro: Kosmos, 1976.

BAUMAN, H. E. The HACCP concept and microbiological hazard categories. *Food Technology*, v. 28, n. 9, p. 30-34, 1974.

BECKMERHAGEN, I. A. et al. Integration of management systems: focus on safety in the nuclear industry. *International Journal of Quality & Retiability Management*, v. 20, n. 2, p. 210-228, 2003.

BERGAMINI, C. W. (Org.). *Psicodinâmica da vida organizacional*: motivação e liderança. 2. ed. São Paulo: Atlas, 1997.

BERGAMINI, C. W. *Motivação*. 3. ed. São Paulo: Atlas, 1991.

BERTALANFY, L. V. *Teoria geral dos sistemas*. Petrópolis: Vozes, 1973. (Teoria dos sistemas, v. 2).

BOBBIO, P. A. *Química do processamento de alimentos*. 2. ed. São Paulo: Varela, 1992.

CAMPOS, V. F. *TQC*: controle da qualidade total. 2. ed. Rio de Janeiro: Bloch, 1992.

CENTRO DA QUALIDADE, SEGURANÇA E PRODUTIVIDADE (CSP). *Pesquisa sobre sistemas integrados de gestão no Brasil*. Disponível em: <www.qsp.com.br>. Acesso em 15 nov. 2004.

CERQUEIRA, J. P.; MARTINS, M. C. *O Sistema ISO 9000 na prática*. São Paulo: Pioneira, 1996. (Qualidade Brasil).

CHECKLAND, P. *Systems thinking, system practice*. Chichester: Wiley, 1993.

CHIAVENATO, I. *Gerenciando pessoas*: o passo decisivo para a administração participativa. São Paulo: Makron Books, 1992.

CHIAVENATO, I. *Introdução à teoria geral da administração*. 4. ed. São Paulo: Makron Books, 1993.

CHIAVENATO, I. *Teoria geral da administração*: abordagem prescritiva e normativa da administração. 3. ed. São Paulo: McGraw-Hill. 1987.

CHISSICK, S. S. Emergency planning: part 2: routine planning. In: CHISSICK, S. S.; DERRICOT, R. (Ed.). *Occupational health and safety management*. Chichester: Wiley, 1981.

CHURCHMAN, C. W. *Introdução à teoria dos sistemas*. 2. ed. Petrópolis: Vozes, 1972.

CODEX ALIMENTARIUS COMMISSION. *Codex alimentarius*: food hygiene: basic texts. Rome: Food and Agricultural Organization of the United Nations World Health Organization, 2001.

CODEX ALIMENTARIUS. [S.l.]: FAO/WHO Food Standards, c2010. Disponível em: <http://www.codexalimentarius.net>. Acesso em: 22 fev. 2010.

CORADI, C. D. *O comportamento humano em administração de empresas*. São Paulo: Pioneira. 1985.

CZAJA, M. C. Implementação requer administração pró-ativa. *Revista Banas Ambiental*, v. 2, n. 12, p. 46-50, jun. 2001.

DAVIS, K.; NEWSTROM, J. W. *Comportamento humano no trabalho*: uma abordagem organizacional. 2. ed. São Paulo: Pioneira, 1996.

DAVIS, M. M.; AQUILANO, N. J.; CHASE, R. B. *Fundamentos da administração de produção*. 3. ed. Porto Alegre: Bookman, 2001.

DE CICCO, F. *Sistemas integrados de gestão*: agregando valor aos sistemas ISO 9000. [S. l.]: Centro da Qualidade, Segurança e Produtividade, 2000. Disponível em: <http://www.qsp.org.br/artigo.shtml>. Acesso em: 12 dez. 2004.

EMPRESAS Certificadas ISO 14001. Brasília: INMETRO, [200-]. Disponível em: <www.inmetro.gov.br/gestao14001>. Acesso em: 05 jan. 2005.

FEIGENBAUM, A. V. *Total quality control*. 3rd ed. New York: McGraw-Hill, 1991.

FERNAM, R. K. S. *HACCP e as barreiras técnicas*. [S. l.]: Barreiras Técnicas às Exportações, 2003. Disponível em: <http://www.inmetro.gov.br/producaointelectual/obras_intelectuais/100_obraIntelectual.pdf>. Acesso em: 10 maio 2004.

FOOD DESIGN. *Apostila de treinamento em HACCP creditado pelo IHA*: International HACCP Alliance. São Paulo: FOOD DESIGN, 2004.

FORSYTHE, S. J. *Microbiologia da segurança alimentar*. Porto Alegre: Artmed, 2002.

FRONSINI, L. H.; CARVALHO, A. B. M. de. Segurança e saúde na qualidade e no meio ambiente. *CQ Qualidade*, n. 38, p. 40-45, jul. 1995.

GIORDANO, J. C. Riscos à qualidade de alimentos e fármacos. *Revista Controle de Contaminação*, v. 6, n. 54, p. 22-25, out. 2003.

HAJDENWURCEL, J. R. APPCC: garantindo a qualidade e segurança dos produtos lácteos. *Revista Indústria de Laticínios*, jul./ago. 1998.

HAMMER, W. *Occupational safety management and engineering*. New Jersey: Prentice Hall, 1995.

HAMPTON, D. R. *Administração*: comportamento organizacional. 2. ed. São Paulo: McGraw-Hill, 1990.

INTERNATIONAL ASSOCIATION OF MILK, FOOD AND ENVIRONMENTAL SANITARIANS. *Guia de procedimentos do método de análise de perigos em pontos críticos de controle*. São Paulo: Cítara, 1991.

INTERNATIONAL ORGANIZATION FOR STANDARDIZATION. *ISO 10012:2003*: measurement management systems: requirements for measurement processes and measuring equipment. Geneva, 2003.

INTERNATIONAL ORGANIZATION FOR STANDARDIZATION. *ISO 14159:2002*: safety of machinery: hygiene requirements for the design of machinery. Geneva, 2002.

INTERNATIONAL ORGANIZATION FOR STANDARDIZATION. *ISO 9004:2000*: quality management systems: guidelines for performance Improvements. Geneva, 2000.

INTERNATIONAL ORGANIZATION FOR STANDARDIZATION. *ISO/IEC Guide 51:1999*: safety aspects: guidelines for their inclusion in standards. Geneva, 1999.

INTERNATIONAL ORGANIZATION FOR STANDARDIZATION. *ISO/IEC Guide 62:1996*: general requirements for bodies operating assessment and certification/registration of quality systems. Geneva, 1996.

JURAN, J. M. *Juran planejando para a qualidade*. São Paulo: Pioneira, 1990.

JURAN, J. M.; GRYNA, F. M. *Juran's quality control handbook*. 4th ed. New York: McGrawHill, 1988.

KAUFMAN JUNIOR, D. L. *Sistema um*: uma introdução ao pensamento sistêmico. Minneapolis: Carlton Publisher, 1980.

LAPEAR, S. (Ed.). *HACCP*: a practical guide. [S. l.]: Food and Drink Research Association, 1997. (Technical manual, 38).

LOONGENECKER, J. G. *Introdução à administração*: uma abordagem comportamental. São Paulo: Atlas, 1981.

LOPES, E. A. *Guia para elaboração dos procedimentos operacionais padronizados*: exigidos pela RDC nº 275 da ANVISA. São Paulo: Varela, 2004.

LOPES, T. de V. M. *Motivação no trabalho*. Rio de Janeiro: Fundação Getúlio Vargas. 1980.

MACIEL, J. *Elementos da teoria geral dos sistemas*. Petrópolis: Vozes, 1974.

MACIEL, J. L. de L. *Proposta de um modelo de integração da gestão da segurança e da saúde ocupacional à gestão da qualidade total*. 2001. 136 f. Dissertação (Mestrado em Engenharia de Produção) – Universidade Federal de Santa Catarina, Florianópolis, 2001.

MAFFEI, J. C. *Estudo da potencialidade da integração de sistemas de gestão da qualidade, meio ambiente e segurança e saúde ocupacional*. 2001. 106 f. Dissertação (Mestrado em Engenharia de Produção) – Universidade Federal de Santa Catarina, Florianópolis, 2001.

MARANHÃO, M. *ISO série 9000*: manual de implementação versão 2000. 6. ed. Rio de Janeiro: Qalitymark, 2001.

MARTINS, A. I. S. *Desenvolvimento de um modelo para a avaliação de impactos e danos na indústria química*. 2000. 131 f. Dissertação (Mestrado em Engenharia Química) – Escola Politécnica, Universidade de São Paulo, São Paulo, 2000.

MAXIMIANO, A. C. A. *Introdução à administração*. 5. ed. São Paulo: Atlas. 2000.

MCLEAN, A. C.; HAZELWOOD, D. *Manual de higiene para manipuladores de alimento*. São Paulo: Varela, 1994.

MEGGINSON, L. C.; MOSLEY, D. C.; PIETRI, P. H. *Administração*: conceitos e aplicações. São Paulo: Harper & Row do Brasil. 1986.

MORTIMORE, S.; WALLACE, C. *HACCP*: enfoque práctico. Zaragoza: Acribia, 1996.

PELCZAR, M. J. et al. *Microbiologia*: conceitos e aplicações. São Paulo: ABDR, 1996.

PETERS, P. S. NBR 14900: o futuro da indústria de alimentos e bebidas. *Revista Falando de Qualidade: Banas*, v. 14, n. 151, p. 52-53, dez. 2004.

PICCHI, F. A. *Sistemas de qualidade*: uso em empresas de construção e edifícios. 1993. Tese (Doutorado em Engenharia Civil) – Escola Politécnica, Universidade de São Paulo, São Paulo, 1993.

PROGRAMA alimentos seguros. [S. l.]: SENAI, [200-]. Disponível em: http://www.alimentos.senai.br>. Acesso em: 10 nov. 2004.

REIS, P. F. *Análise dos impactos da implementação de sistemas de gestão da qualidade nos processos de produção de pequenas e médias empresas de construção de edifícios.* 1998. 254f. Dissertação (Mestrado em Engenharia Civil) – Escola Politécnica, Universidade de São Paulo, São Paulo, 1998.

RIEDEL, G. *Controle sanitário dos alimentos*. 2. ed. São Paulo: Atheneu, 1992.

RUIVO, U. E. O plano HACCP na indústria pesqueira brasileira. *Revista Engenharia de Alimentos*, n. 19, p. 28-30.

SENGE, M. P. *A Quinta disciplina*: arte e prática da organização de aprendizagem. 2. ed. São Paulo: Best Seller, 1998.

SERVIÇO NACIONAL DE APRENDIZAGEM INDUSTRIAL (SENAI). *Guia para elaboração do sistema APPCC*: geral. 2. ed. Brasília, 2000. (Série Qualidade e Segurança Alimentar: Projeto APPCC Indústria. Convênio CNI/SENAI/SEBRAE).

SILVA JUNIOR, E. A. da. *Manual de controle higiênico-sanitário em alimentos*. São Paulo: Varela, 1995.

SIQUEIRA, R. S. *Manual de microbiologia dos alimentos*. Brasília: EMBRAPA-SPI, 1995.

SOCIEDADE BRASILEIRA DE CIÊNCIA E TECNOLOGIA DE ALIMENTOS (SBCTA). *Noções básicas sobre sanidade e conservação de alimentos*. Campinas/SP, 1996.

SOCIEDADE BRASILEIRA DE CIÊNCIA E TECNOLOGIA DE ALIMENTOS (SBCTA). Associação Brasileira dos Profissionais da Qualidade de Alimentos. *Controle integrado de pragas:* manual. São Paulo, 1996. (Série Qualidade).

SOUZA, R. *Metodologia para desenvolvimento e implantação de sistemas de gestão da qualidade em organizações construtoras de pequeno e médio porte*. 1997. 335 f. Tese (Doutorado em Engenharia Civil) – Escola Politécnica, Universidade de São Paulo, São Paulo, 2001.

STEUDEL, H. J. *ISO 9001*: como escrever as rotinas da qualidade: orientações e abordagens. Rio de Janeiro: Infobook, 1993.

TARALLI, G. *Gerenciamento de riscos:* apostila do curso PECE (Programa de Educação Continuada em Engenharia) da Escola Politécnica da USP. 1º ciclo. São Paulo, 1999.

VASCONCELLOS, J. L. F.; GEWANDSZNAJDER, F. *Programas de saúde*. 12. ed. Rio de Janeiro: Ática, 1986.

VITERBO JUNIOR, E. *ISO 9000 na indústria química e de processos*. Rio de Janeiro: Qualitymark, 1996.

VITERBO JUNIOR, E. *Sistemas integrados de gestão ambiental*: como implementar a ISO 14001 a partir da ISO 9000, dentro de um ambiente de GQT. São Paulo: Aauqriana, 1998.

WARING, A.; GLEDON, I. A. *Managing risk*: critical issues for survival and success into 21st century. London: International Thomson, 1998.

Índice

Números de página seguidos de f referem-se a figuras, q a quadros e t a tabelas

A

Ação (A – *act*), 253-272
  ações corretivas e preventivas, 253, 255-266, 275
    ações para tratar não conformidades, 257f, 259q
    matriz de priorização SETFI, 258q
    solução de problemas, 260-266
  análise crítica pela administração, 268-271
  análise de dados, 253, 254q
  melhoria contínua, 266-267
Acreditação, 275
Aditivo, 275
  alimentar, 275
  incidental, 275
  intencional, 275
Alimento(s), 275-276
  comercialmente estéreis, 276
  de fantasia ou artificial, 276
  diet, 276
  enriquecido, 276
  in natura, 276
  irradiado, 276
  light, 276
Análise, 155, 171-190, 277
  crítica, 276
  de perigos e pontos críticos de controle (APPCC), 155, 171-190, 277

Assegurar a qualidade, 277
Atualização, 277
Auditor, 277
Auditoria, 277
  da qualidade, 277
Avaliação do risco, 278

B

Benchmark, 278
Benchmarking, 278

C

Cadeia produtiva de alimentos, 278
Calibração, 278
Capacitação de pessoal, 278
Cliente, 278-279
Coadjuvante de tecnologia de fabricação, 279
Confiabilidade, 279
Consumidores, 279
Contaminação cruzada, prevenção da, 153-154
  cuidados em caso de goteiras, 154-155
  política de vidros e plásticos rígidos, 154
Controle, 14f, 99-107, 279
  da qualidade, 14f, 279
  do processo, 279
  operacional, 99-107

por que controlar o processo, 102-107

desvio padrão, 105-107

determinação dos limites para os gráficos, 104

média, 105

uso dos gráficos, 103-104

Correção, 279-280

D

Dados, 280

Declaração de propriedades nutricionais, 280

Desempenho global, 280

Desvio padrão, 280

Disposição (correção) de uma não conformidade, 280

Documentação e controle de documentos, 67-73

hierarquia documental, 70q

Doença veiculada por alimento (DVA), 280

E

Efetividade, 281

Eficácia, 281

Eficiência, 281

Embalagem, 281

Escala de Maslow, 88f

Especificação, 281

Excelência, 281

Execução (D – *do*), 99-239

análise de perigos e pontos críticos de controle (APPCC), 155, 171-190

aplicabilidade do sistema, 175

definição, abrangência e objetivos do sistema, 172

e contexto comercial mundial, 175-176

normatização do sistema, 176-190

origem do sistema, 171-172

sete princípios do sistema, 172-174

aquisição, 216-222, 223q

qualificação dos fornecedores, 220-222

reavaliação, manutenção ou desqualificação dos fornecedores, 222

comunicação, 210-216

controle de instrumentos de medição e ensaio, 190-197

controle de produto não conforme, 197-199

controle operacional, 99-107

emergências e *recall*, 203-210

gestão de crises, 207

pesquisa e desenvolvimento, 222-232

ciclo de vida do produto, 223, 226-228

matriz BCG, 228-230

modelo de Fuller, 230-232

preservação do produto, 200

programa de pré-requisitos, 107-155

adesão, 155, 156-171

boas práticas de fabricação, 109-114

controle de potabilidade da água, 114-115, 116t

controle integrado de pragas urbanas, 119-142

diretrizes para boas práticas de fabricação, 109

diretrizes para limpeza e higienização, 142-152

higiene dos manipuladores, 117-118

manejo e gerenciamento de resíduos, 115, 117

manutenção corretiva e preventiva, 152-153

prevenção da contaminação cruzada, 153-154

rastreabilidade, 200-203

F

Fabricação, boas práticas de, 109-114
   armazenamento, 114
   capacitação dos funcionários, 110
   carregamento e expedição, 114
   conduta pessoal, 110-111
   recebimento, 114
   regras gerais, 113-114
   uniformes, 111-112
   vestiários e sanitários, 112-113
   visitantes e terceiros, 112
Falha, 281
Fluxograma, 282
Fornecedores, 221, 223, 282
   critérios de avaliação periódica, 223q
   critérios de classificação, 221q

G

Garantia da qualidade, 14f, 282
Gerenciamento da qualidade total, 13-35
   abordagem segundo modelo japonês, 16-18
   controle de qualidade, 14f
   garantia da qualidade, 14f
   sistemas de gestão da qualidade e de segurança dos alimentos, 18-33
Gestão da qualidade, 282

H

Hierarquia do sistema metrológico, 195f

I

Identificação do perigo, 282

L

Limite crítico (LC), 282
Limpeza e higienização, diretrizes para, 142-152

desinfecção de equipamentos por agentes químicos, 147-152
fatores básicos, 146-147
métodos de limpeza, 145-146
Lote, 282

M

Manual do Sistema de Gestão Integrado (SGI), 282-283
Manutenção, 283
   corretiva ou não programada, 283
   preditiva, 283
   preventiva ou programada, 283
Marca, 283
Matriz, 189, 220, 228-230
   BCG, 228-230
   de criticidade, 220f
   de significância: gravidade x frequência, 189t
Medida de controle, 284
Melhoria contínua, 266-267, 284
Meta, 284
Metodologia de análise e solução de problemas (MASP), 261f
Modelo, 16-18, 188, 230-232
   de Fuller, 230-232
   de matriz para avaliar a gravidade de perigos, 188t
   japonês, 16-18
Monitoramento, 284

N

Não conformidade, 284
Normas, 284

O

Objetivo, 284
Organização, 284-285
Órgão competente, 285

P

Padrão, 285
   de identidade e qualidade, 285
Padronização, 285
Parâmetro, 285
Parte(s) interessada(s), 285
PDCA, 19f
Perigo, 285
   à segurança de alimentos, 285-286
Permissão de desvio pré-produção, 286
Planejamento (P - *plan*), 39-96, 286
   competência, treinamento e conscientização, 84-87
   comprometimento da direção, 41-47
   do SGQ + SA, 39, 40
   documentação e controle de documentos, 67-73
   escopo, 39-41
   funções, responsabilidade e autoridade, 81-84
   gerenciamento do crescimento do ser humano, 87-92
      escala de Maslow, 88f
      plano de cargos e salários, 90
      plano de carreira, 90
      plano de educação e treinamento contínuos, 90
      programas que envolvam os funcionários, 90-91
   objetivos e metas, 48-51
   planejamento do produto, 92-94
   recursos, 76-81
      requisitos de boas práticas de fabricação estrutural, 78-81q
   registros e controle de, 73-75
      características desejadas para o controle dos registros, 75q
   requisitos legais e outros requisitos, 52-67
      alergênicos, 65-66
      armazenamento e conservação do produto, 67

      códigos e diretrizes do *Codex Alimentarius*, 55-58
      glúten, 66
      identificação da origem, 59
      identificação do lote, 59-60
      informações nutricionais, 60-64
      legislações brasileiras, 58-59
      lista de ingredientes, 65
      modelo de tabela nutricional, 64t
      peso líquido – gramatura, 59
      prazo de validade, 60
      sulfitos, 66
      valores de IDR de nutrientes de declaração voluntária, 62t
      VDR de nutrientes de declaração obrigatória, 63t
Plano, 286
   da qualidade, 286
   de ação, 286
   de inspeção, 286
Política do Sistema de Gestão Integrado (SGI), 286-287
Ponto Crítico de Controle (PCC), 287
Porção, 287
Procedimento, 287
Processo, 287
Produto, 287
   alimentício, 287
   conforme, 288
   final, 288
   não conforme, 288
Programa de Pré-Requisitos (PPR), 288
Programa de Pré-Requisitos Operacional (PPRO), 288

Q

Qualidade, 288-289
   higiênica, 289
   intrínseca, 289
   total, 289 *ver também* Gerenciamento da qualidade total

R

Rastreabilidade, 289
Registro em documento, 289
Requisitos, 289
   da qualidade, 289
   legais, 290
Resposta, 290
Resultados, 290
Risco, 290
   tolerável, 290
Rotulagem nutricional, 290
Rótulo, 290

S

Satisfação do cliente, 290
Segurança, 290, 291
   dos alimentos, 291
Sistema(s), 18-33, 291
   de Gestão Ambiental (SGA), 291
   de gestão da qualidade e de
      segurança dos alimentos, 18-33
      abrangência da gestão, 23f
      construção do conceito, 20-25
      elementos de um SGQ + SA,
        28-33
      integração de sistemas, 25-28
      mudanças nos princípios de
        gestão, 21q
      objetivos específicos do SGQ,
        24-25q
      objetivos específicos do SGSA,
        24-25q
      PDCA, 19f
      representação de um sistema, 22f
      sistemas integrados e não
        integrados, 27f
   de Gestão da Segurança e Saúde
      Ocupacional (SGSSO), 291
   de qualidade, 291
Solução de problemas, 260-266
   7 ferramentas da qualidade, 261-263
   7 novas ferramentas, 263-264
   gestão de riscos e oportunidades,
      264-266
   metodologia de análise e solução de
      problemas (MASP), 261f

T

Técnicas estatísticas, 291
Tendência, 292
Teste de avaliação de balanças, 196q

V

Validação, 292
Verificação (C – *check*), 243-250, 292
   auditoria interna, 243, 245-249
   monitoramento e medição, 243, 244q
Visão estratégica de qualidade, 292

Z

Zero defeito, 292